钢筋工程岗位技能培训教材

钢筋工程施工图识读

吴　明　主编

中国建材工业出版社

图书在版编目(CIP)数据

钢筋工程施工图识读/吴明主编. —北京:中国建材工业出版社,2014.1

钢筋工程岗位技能培训教材

ISBN 978-7-5160-0629-0

Ⅰ.①钢… Ⅱ.①吴… Ⅲ.①配筋工程—工程施工—工程制图—识别—岗位培训—教材 Ⅳ.①TU755.3

中国版本图书馆 CIP 数据核字(2013)第 265570 号

内 容 提 要

本书以实际需求出发,以面广、实用、精练、方便查阅为原则,以最新现行国家标准和行业标准为主要依据编写,是能反映当代钢筋识图方法的一本科技书。全书共分五章,其主要内容包括:钢筋基础知识、平法结构钢筋图识读基础、基础构件的平法识图、主体构件的平法识图和现浇混凝土板式楼梯的平法识图。

本书可作为工程施工管理人员和工程监理人员的实际工作指导用书,也可以作为大中专院校和培训机构相关专业的教材或参考书。

钢筋工程岗位技能培训教材

钢筋工程施工图识读

吴 明 主编

出版发行:中国建材工业出版社

地 址:北京市西城区车公庄大街 6 号

邮 编:100044

经 销:全国各地新华书店

印 刷:北京雁林吉兆印刷有限公司

开 本:787mm×1092mm 1/16

印 张:11.75

字 数:286 千字

版 次:2014 年 1 月第 1 版

印 次:2014 年 1 月第 1 次

定 价:36.00 元

本社网址:www.jccbs.com.cn

本书如出现印装质量问题,由我社发行部负责调换。联系电话:(010)88386906

编委会

吴　明　高爱军　郭玉忠　闫　盈

陈佳思　刘晓飞　贾玉梅　葛新丽

祖兆旭　孙晓林　张　玲　郑丽平

张　跃　陈东旭　刘小勇　张爱荣

张忍忍　张　蕾

前　言

钢筋工程可以说是建筑工程中价格最高的工程，是建筑工程的核心，稍有不慎就可能酿造严重事故，后果不堪设想。为了加强读者对钢筋工程的理解和掌握，同时为了普及最实用、最高效、最简洁、最权威、最新型、最全面的钢筋工程技术，我们编写人员经过不懈努力，终于编写完成了“钢筋工程岗位技能培训教材”系列丛书。

在当前国内建筑行业中，能够熟练运用平法制图、识图，准确对钢筋计算并下料的人为数不多。本套丛书从钢筋工程识图、钢筋工程计算、钢筋工程施工三个重点也是难点入手，由浅及深、循序渐进的诠释了钢筋工程技术。

本套丛书有如下几个特点：

1.内容好。目前由于我国建筑工程正处在与国际不断交流的过程中，而且新颁布的标准、规范、规程如雨后春笋，因此很多书籍的内容不能够与时俱进。本书动用大量人力查阅并反映最新规范、规程的内容，综合编写而成。

2.资料全。截止到目前，建筑工程中钢筋工程相关的规范、规程已有数百部，相应的可借鉴的经验更是不计其数。本书编委会成员集中思想，多管齐下，分类编制，坚决杜绝漏编、错编、重复的情况。

3.表述新。为了适应年轻化的教学理念，本书在内容的表达上标新立异，编写方式具有新时代特征。从现代学生的思维习惯、学习方式入手，保证内容的新颖独特，避免以往枯燥无趣的平淡叙述，可以有效的调动学生的学习热情。

4.主线明。总所周知，钢筋工程大大小小的分支多如牛毛，内容繁杂而且涉及面广。在有限的时间内，很难做到面面俱到、有条不紊。因此，本书编委会成员通过探讨决定，以工程进度为依据，从不同阶段，例如设计、施工等逐一介绍。

5.条理清。本书内容在条理上，保持了高度的清晰、简明，对难以理解的地方着重做出解释，同时又严格避免喋喋不休的平淡叙述，杜绝重复繁琐的情况。

对于在本书编写过程中，给予我们大量帮助的单位和部门，我们致以真诚的感谢。

由于钢筋工程体系庞大、复杂、涉及面广，加之编者缺乏经验，书中难免有不足之处，恳请广大读者朋友提出宝贵意见，我们会虚心接受，并期待为读者提供更好的服务。

编者

2013 年 10 月

目　录

钢筋基础知识

第一节　钢筋的等级

1. 钢筋牌号解释

(1)钢筋牌号中字母的含义。

HRB——普通热轧带肋钢筋；

HRBF——细晶粒热轧带肋钢筋；

RRB——余热处理带肋钢筋；

HPB——热轧光圆钢筋。

(2)钢筋牌号中的数字表示强度级别。

(3)举例："HRB500"的含义为：强度级别为 500 MPa 的普通热轧带肋钢筋。

2. 普通钢筋的强度标准值

钢筋的强度标准值应具有不小于 95%的保证率。

普通钢筋的屈服强度标准值 f_{yk}、极限强度标准值 f_{stk} 应按表 1-1 采用；预应力钢丝、钢绞线和预应力螺纹钢筋的屈服强度标准值 f_{pyk}、极限强度标准值 f_{ptk} 应按表 1-2 采用。

表 1-1　普通钢筋强度标准值　（单位：N/mm^2）

牌号	符号	公称直径 d(mm)	屈服强度标准值 f_{yk}	极限强度标准值 f_{stk}
HPB300	Φ	6～22	300	420
HRB335 HRBF335	Φ Φ^{F}	6～50	335	455
HRB400 HRBF400 RRB400	Φ Φ^{F} Φ^{R}	6～50	400	540
HRB500 HRBF500	Φ Φ^{F}	6～50	500	630

表 1-2　预应力筋强度标准值　　（单位：N/mm^2）

种类		符号	公称直径 d(mm)	屈服强度标准值 f_{pyk}	极限强度标准值 f_{ptk}
中强度预应力钢丝	光面 螺旋肋	ϕ^{PM} ϕ^{HM}	5、7、9	620	800
				780	970
				980	1 270
预应力螺纹钢筋	螺纹	ϕ^{T}	18、25、32、40、50	785	980
				930	1 080
				1 080	1 230
消除应力钢丝	光面	ϕ^{P}	5	—	1 570
				—	1 860
			7	—	1 570
	螺旋肋	ϕ^{H}	9	—	1 470
				—	1 570
钢绞线	1×3（三股）	ϕ^{S}	8.6、10.8、12.9	—	1 570
				—	1 860
				—	1 960
	1×7（七股）		9.5、12.7、15.2、17.8	—	1 720
				—	1 860
				—	1 960
			21.6	—	1 860

注：极限强度标准值为 1 960 N/mm^2 的钢绞线作后张预应力配筋时，应有可靠的工程经验。

3. 钢筋的抗拉强度设计值

普通钢筋的抗拉强度设计值 f_y、抗压强度设计值 f'_y 应按表 1-3 采用；预应力筋的抗拉强度设计值 f_{py}、抗压强度设计值 f'_{py} 应按表 1-4 采用。

表 1-3　普通钢筋强度设计值　　（单位：N/mm^2）

牌号	抗拉强度设计值 f_y	抗压强度设计值 f'_y
HPB300	270	270
HRB335、HRBF335	300	300
HRB400、HRBF400、RRB400	360	360
HRB500、HRBF500	435	410

表 1-4　预应力筋强度设计值　（单位：N/mm^2）

种类	极限强度标准值 f_{ptk}	抗拉强度设计值 f_{py}	抗压强度设计值 f'_{py}
中强度预应力钢丝	800	510	410
	970	650	
	1 270	810	
消除应力钢丝	1 470	1 040	410
	1 570	1 110	
	1 860	1 320	
钢绞线	1 570	1 110	390
	1 720	1 220	
	1 860	1 320	
	1 960	1 390	
预应力螺纹钢筋	980	650	410
	1 080	770	
	1 230	900	

注：当预应力筋的强度标准值不符合表 1-4 的规定时，其强度设计值应进行相应的比例换算。

当构件中配有不同种类的钢筋时，每种钢筋应采用各自的强度设计值。横向钢筋的抗拉强度设计值 f_{yv} 应按表中 f_y 的数值采用；当用作受剪、受扭、受冲切承载力计算，且其数值大于 360 N/mm^2 时应取 360 N/mm^2。

4. 钢筋的伸长率

普通钢筋及预应力筋在最大力下的总伸长率 δ_{gt} 不应小于表 1-5 规定的数值。

表 1-5　普通钢筋及预应力筋在最大力下的总伸长率限值

钢筋品种	普通钢筋			预应力筋
	HPB300	HRB335、HRBF335、HRB400、HRBF400、HRB500、HRBF500	RRB400	
δ_{gt}/%	10.0	7.5	5.0	3.5

5. 钢筋的弹性模量

普通钢筋和预应力筋的弹性模量 E_s 应按表 1-6 采用。

表 1-6　钢筋的弹性模量　（单位：$\times10^5$ N/mm^2）

牌号或种类	弹性模量 E_s
HPB300 钢筋	2.10

（续表）

牌号或种类	弹性模量 E_s
HRB335、HRB400、HRB500 钢筋 HRBF335、HRBF400、HRBF500 钢筋 RRB400 钢筋 预应力螺纹钢筋	2.00
消除应力钢丝、中强度预应力钢丝	2.05
钢绞线	1.95

注：必要时可采用实测的弹性模量。

6. 钢筋的疲劳幅限值

普通钢筋和预应力筋的疲劳应力幅限值 Δf_y^f 和 Δf_{py}^f 应根据钢筋疲劳应力比值 ρ_s^f、ρ_p^f，分别按表 1-7、表 1-8 线性内插取值。

表 1-7 普通钢筋疲劳应力幅限值 （单位：N/mm²）

疲劳应力比值 ρ_s^f	疲劳应力幅限值 Δf_y^f	
	HRB335	HRB400
0	175	175
0.1	162	162
0.2	154	156
0.3	144	149
0.4	131	137
0.5	115	123
0.6	97	106
0.7	77	85
0.8	54	60
0.9	28	31

注：当纵向受拉钢筋采用闪光接触对焊连接时，其接头处的钢筋疲劳应力幅限值应按表中数值乘以 0.8 取用。

表 1-8 预应力筋疲劳应力幅限值 （单位：N/mm²）

疲劳应力比值 ρ_p^f	钢绞线 $f_{ptk}=1\ 570$	消除应力钢丝 $f_{ptk}=1\ 570$
0.7	144	240
0.8	118	168
0.9	70	88

注：1. 当 ρ_p^f 不小于 0.9 时，可不作预应力筋疲劳验算；

2. 当有充分依据时，可对表中规定的疲劳应力幅限值作适当调整。

第二节 钢筋的分类与作用

钢筋按其在构件中起的作用不同，通常加工成各种不同的形状。构件中常见的钢筋可分为主钢筋（纵向受力钢筋）、弯起钢筋（斜钢筋）、箍筋、架立钢筋、腰筋、拉筋和分布钢筋几种类型，如图 1-1 所示。各种钢筋在构件中的作用如下：

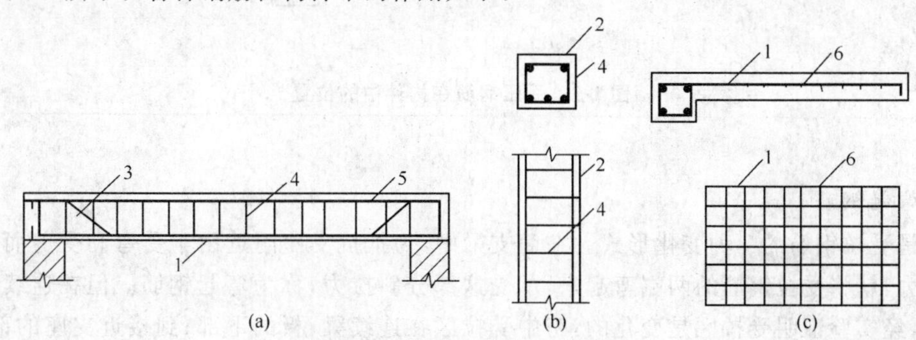

图 1-1 钢筋在构件中的种类

(a)梁；(b)柱；(c)悬臂板

1—受拉钢筋；2—受压钢筋；3—弯起钢筋；4—箍筋；5—架立钢筋；6—分布钢筋

1. 主钢筋

主钢筋又称纵向受力钢筋，可分受拉钢筋和受压钢筋两类。受拉钢筋配置在受弯构件的受拉区和受拉构件中承受拉力；受压钢筋配置在受弯构件的受压区和受压构件中，与混凝土共同承受压力。一般在受弯构件受压区配置主钢筋是不经济的，只有在受压区混凝土不足以承受压力时，才在受压区配置受压主钢筋以补强。受拉钢筋在构件中的位置如图1-2所示。

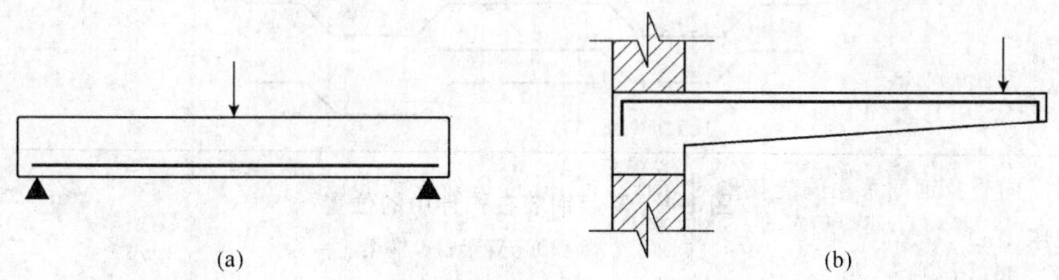

图 1-2 受拉钢筋在构件中的位置

(a)简支梁；(b)雨篷

受压钢筋是通过计算用以承受压力的钢筋，一般配置在受压构件中，例如各种柱子、桩或屋架的受压腹杆内，还有受弯构件的受压区内也需配置受压钢筋。虽然混凝土的抗压强度较大，然而钢筋的抗压强度远大于混凝土的抗压强度，在构件的受压区配置受压钢筋，帮助混凝土承受压力，就可以减小受压构件或受压区的截面尺寸。受压钢筋在构件中的位置如图 1-3 所示。

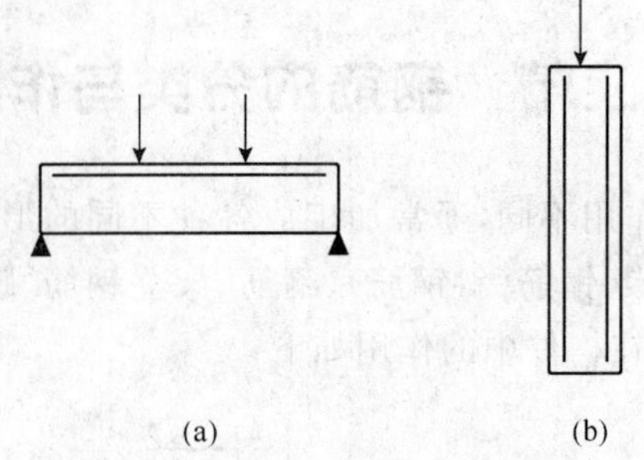

图 1-3 受压钢筋在构件中的位置

(a)梁;(b)柱

2. 弯起钢筋

它是受拉钢筋的一种变化形式。在简支梁中,为抵抗支座附近由于受弯和受剪而产生的斜向拉力,就将受拉钢筋的两端弯起来,承受这部分斜拉力,称为弯起钢筋。但在连续梁和连续板中,经实验证明受拉区是变化的:跨中受拉区在连续梁、板的下部;到接近支座的部位时,受拉区主要移到梁、板的上部。为了适应这种受力情况,受拉钢筋到一定位置就须弯起。弯起钢筋在构件中的位置如图 1-4 所示。斜钢筋一般由主钢筋弯起,当主钢筋长度不够弯起时,也可采用吊筋(图 1-5),但不得采用浮筋。

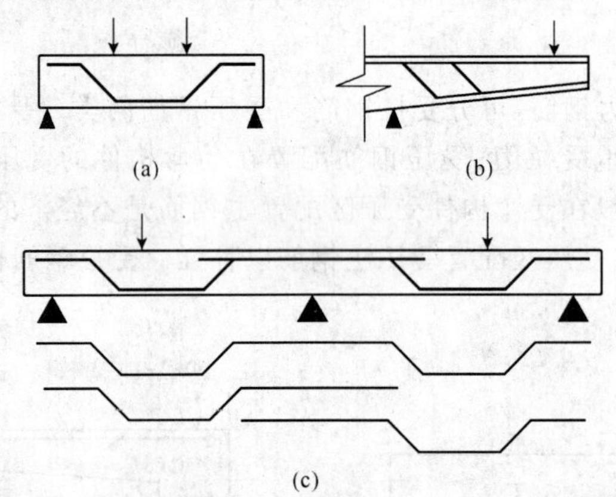

图 1-4 弯起钢筋在构件中的位置

(a)简支梁;(b)悬臂梁;(c)横梁

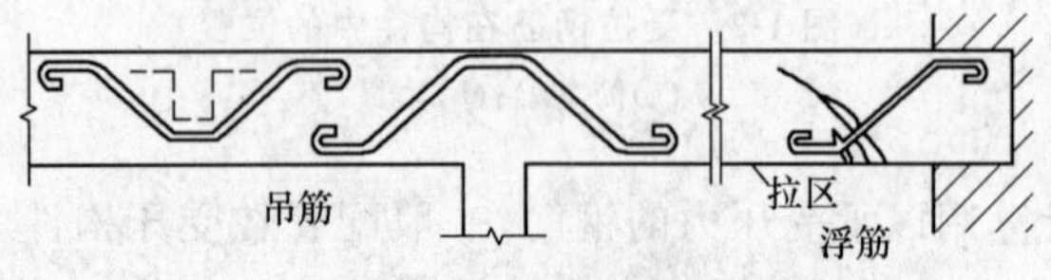

图 1-5 吊筋布置图

3. 架立钢筋

架立钢筋能够固定箍筋,并与主筋等一起连成钢筋骨架,保证受力钢筋的设计位置,使其在浇筑混凝土过程中不发生移动。

架立钢筋的作用是使受力钢筋和箍筋保持正确位置，以形成骨架。但当梁的高度小于150 mm时，可不设箍筋，在这种情况下，梁内也不设架立钢筋。架立钢筋的直径一般为8～12 mm。架立钢筋在钢筋骨架中的位置，如图1-6所示。

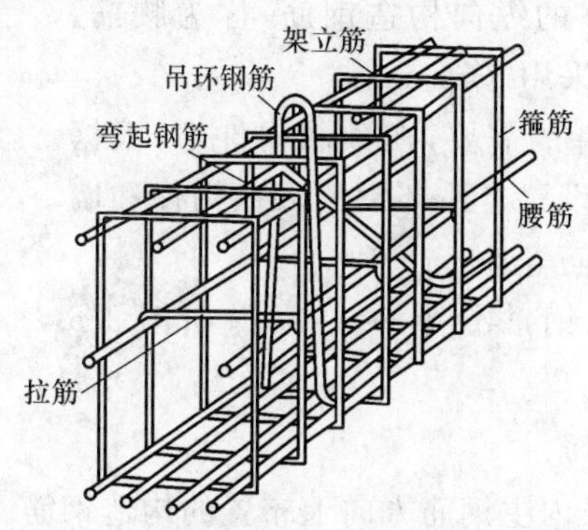

图1-6 架立筋、腰筋等在钢筋骨架中的位置

4. 箍筋

箍筋除了可以满足斜截面抗剪强度外，还有使连接的受拉主钢筋和受压区的混凝土共同工作的作用。此外，亦可用于固定主钢筋的位置而使梁内各种钢筋构成钢筋骨架。

箍筋的主要作用是固定受力钢筋在构件中的位置，并使钢筋形成坚固的骨架，同时箍筋还可以承担部分拉力和剪力等。

箍筋的形式主要有开口式和闭口式两种。闭口式箍筋有三角形、圆形和矩形等多种形式。单个矩形闭口式箍筋也称双肢箍；两个双肢箍拼在一起称为四肢箍。在截面较小的梁中可使用单肢箍；在圆形或有些矩形的长条构件中也有使用螺旋形箍筋的。

箍筋的构造形式，如图1-7所示。

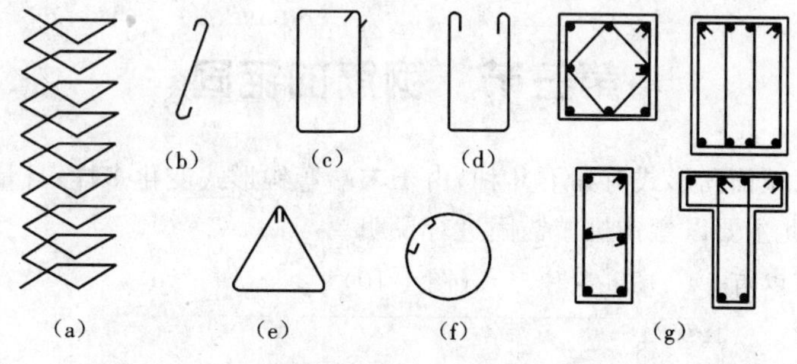

图1-7 箍筋的构造形式

(a)螺旋形箍筋；(b)单肢箍；(c)闭口双肢箍；(d)开口双肢箍；(e)闭口三角箍；(f)闭口圆形箍；(g)各种组合箍筋

5. 腰筋与拉筋

腰筋的作用是防止梁太高时，由于混凝土收缩和温度变化导致梁变形而产生的竖向裂缝，同时亦可加强钢筋骨架的刚度。腰筋用拉筋连系，如图1-8所示。

当梁的截面高度超过 700 mm 时，为了保证受力钢筋与箍筋整体骨架的稳定，以及承受构件中部混凝土收缩或温度变化所产生的拉力，在梁的两侧面沿高度每隔 300～400 mm 设置一根直径不小于 10 mm 的纵向构造钢筋，称为腰筋。腰筋要用拉筋连系，拉筋直径采用 6～8 mm。

由于安装钢筋混凝土构件的需要，在预制构件中，根据构件体形和质量，在一定位置设置有吊环钢筋。在构件和墙体连接处，部分还预埋有锚固筋等。

腰筋、拉筋、吊环钢筋在钢筋骨架中的位置如图 1-6 所示。

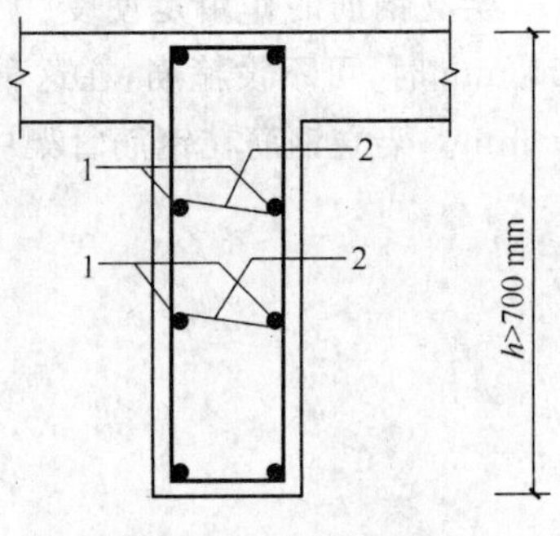

图 1-8　腰筋与拉筋布置

1—腰筋；2—拉筋

6. 分布钢筋

分布钢筋是指在垂直于板内主钢筋方向上布置的构造钢筋。其作用是将板面上的荷载更均匀地传递给受力钢筋，也可在施工中通过绑扎或点焊以固定主钢筋位置，还可抵抗温度应力和混凝土收缩应力。

分布钢筋在构件中的位置如图 1-9 所示。

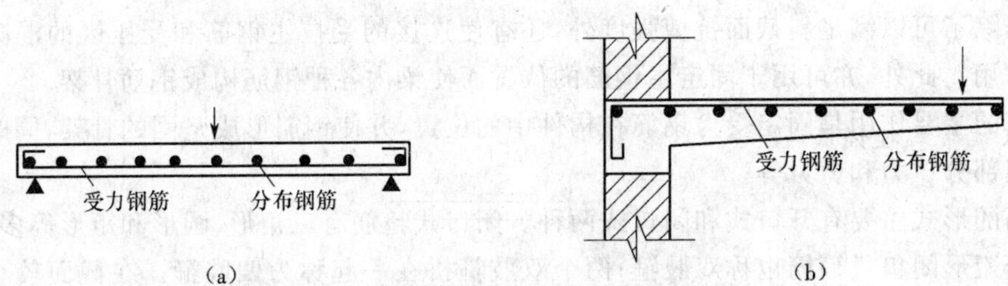

图 1-9　分布钢筋在构件中的位置

(a)简支板；(b)雨篷

第三节　钢筋的锚固

受力钢筋的机械锚固形式有如下几种，由于末端弯钩形式变化多样，且量度方法的不同会产生较大误差，因此主要以弯钩机械锚固进行说明。

1. 弯钩锚固可以有 90°、135°多种形式(图 1-10)

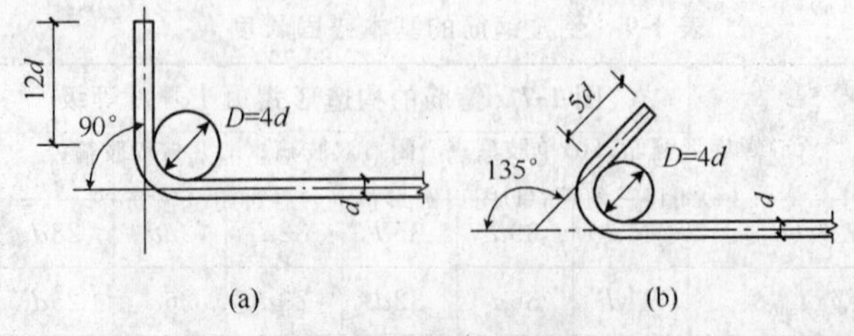

图 1-10　弯钩锚固形式

(a)末端带 90°弯钩锚固；(b)末端带 135°弯钩锚固

2.末端与钢板穿孔角焊(图 1-11)

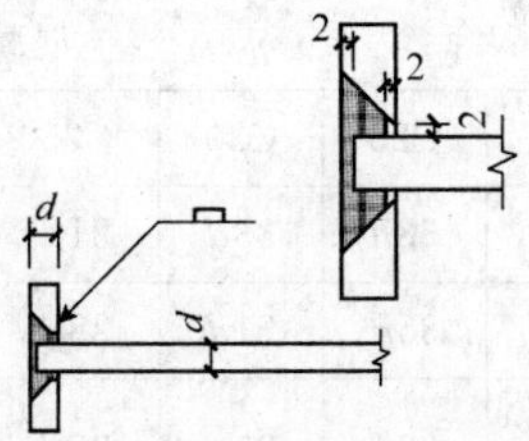

图 1-11　末端与钢板穿孔角焊

3.末端两(一)侧贴焊锚筋(图 1-12)

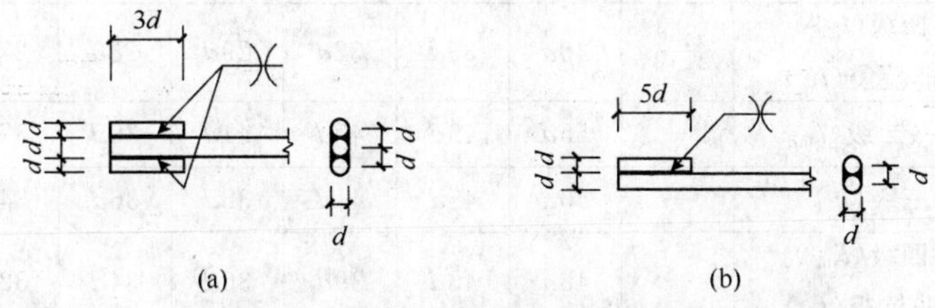

图 1-12　末端两侧贴焊锚筋和末端一侧贴焊锚筋

(a)末端两侧贴焊锚筋;(b)末端一侧贴焊锚筋

4.末端带螺栓锚头(图 1-13)

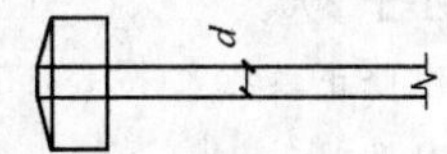

图 1-13　末端带螺栓锚头

对于钢筋的末端作弯钩,弯钩形式应符合设计要求,当设计无具体要求时,HPB300 级钢筋制作的箍筋,其弯钩的圆弧直径应大于受力钢筋直径,且不小于箍筋直径的 2.5 倍,弯钩平直部分长度对一般结构不小于箍筋直径的 5 倍,对有抗震要求的结构,不应小于箍筋直径的 10 倍。下列钢筋可不作弯钩:

(1)焊接骨架和焊接网中的光面钢筋,绑扎骨架中的受压光圆钢筋;

(2)钢筋骨架中的受力带肋钢筋。

对于纵向受力钢筋,如果设计计算充分利用其强度,受力钢筋伸入支座的锚固长度 l_{ab} 应符合基本锚固长度的要求(表 1-9 至表 1-11)。

表 1-9　受拉钢筋的基本锚固长度 l_{ab}、l_{abE}

钢筋种类	抗震等级	混凝土强度等级								
		C20	C25	C30	C35	C40	C45	C50	C55	≥C60
HPB300	一、二级(l_{abE})	45d	39d	35d	32d	29d	28d	26d	25d	24d
	三级(l_{abE})	41d	36d	32d	29d	26d	25d	24d	23d	22d
	四级(l_{abE}) 非抗震(l_{ab})	39d	34d	30d	28d	25d	24d	23d	22d	21d

（续表）

钢筋种类	抗震等级	混凝土强度等级								
		C20	C25	C30	C35	C40	C45	C50	C55	≥C60
HRB335 HRBF335	一、二级（l_{abE}）	44d	38d	33d	31d	29d	26d	25d	24d	24d
	三级（l_{abE}）	40d	35d	31d	28d	26d	24d	23d	22d	22d
	四级（l_{abE}） 非抗震（l_{ab}）	38d	33d	29d	27d	25d	23d	22d	21d	21d
HRB400 HRBF400 RRB400	一、二级（l_{abE}）	—	46d	40d	37d	33d	32d	31d	30d	29d
	三级（l_{abE}）	—	42d	37d	34d	30d	29d	28d	27d	26d
	四级（l_{abE}） 非抗震（l_{ab}）	—	40d	35d	32d	29d	28d	27d	26d	25d
HRB500 HRBF500	一、二级（l_{abE}）	—	55d	49d	45d	41d	39d	37d	36d	35d
	三级（l_{abE}）	—	50d	45d	41d	38d	36d	34d	33d	32d
	四级（l_{abE}） 非抗震（l_{ab}）	—	48d	43d	39d	36d	34d	32d	31d	30d

表 1-10　受拉钢筋锚固长度 l_a、抗震锚固长度 l_{aE}

非抗震	抗震	注：
$l_a=\zeta_a l_{ab}$	$l_{aE}=\zeta_{aE} l_a$	1. l_a 不应小于 200。 2. 锚固长度修正系数 ζ_a 按表 1-11 取用，当多于一项时，可按连乘计算，但不应小于 0.6。 3. ζ_{aE} 为抗震锚固长度修正系数，对一、二级抗震等级取 1.15，对三级抗震等级取 1.05，对四级抗震等级取 1.00。

表 1-11　受拉钢筋锚固长度修正系数

锚固条件		ζ_a	
带肋钢筋的公称直径大于 25		1.10	
环氧树脂涂层带肋钢筋		1.25	
施工过程中易受扰动的钢筋		1.10	
锚固区保护层厚度	3d	0.80	注：中间时按内插值。d 为锚固钢筋直径。
	5d	0.70	

注：1. HPB300 级钢筋在受拉时，其末端应做成 180°弯钩，弯钩平直段长度不应小于 3d；在受压时，可不做弯钩。

2. 当锚固钢筋的保护层厚度不大于 5d 时，锚固钢筋长度范围内应设置横向构造钢筋，其直径不应小于 $d/4$（d 为锚固钢筋的最大直径）；对梁、柱等构件间距不应大于 5d，对板、墙等构件不应大于 10d，且均不应大于 100 mm（d 为锚固钢筋的最小直径）。

5. 钢筋锚固长度计算

（续表）

钢筋锚固长度取决于钢筋强度及混凝土抗拉强度，并与钢筋外形有关。当计算中充分利用钢筋的抗拉强度时，受拉钢筋的锚固长度，可按下式计算。

普通钢筋：
$$l_{ab}=\alpha\frac{f_y}{f_t}d \tag{1-1}$$

预应力筋：
$$l_{ab}=\alpha\frac{f_{py}}{f_t}d \tag{1-2}$$

式中，l_{ab}——受拉钢筋的锚固长度(mm)；

f_t——混凝土轴心抗拉强度设计值(N/mm²)，当混凝土强度等级高于 C40 时，按 C40 取值；

f_{py}——预应力筋的抗拉强度设计值(N/mm²)；

f_y——普通钢筋的抗拉强度设计值(N/mm²)；

d——钢筋的公称直径(mm)；

α——锚固钢筋的外形系数，按表 1-12 取用。

表 1-12 锚固钢筋的外形系数 α

钢筋类型	光圆钢筋	带肋钢筋	螺旋肋钢筋	三股钢绞线	七股钢绞线
α	0.16	0.14	0.13	0.16	0.17

注：光圆钢筋末端应做 180°的弯钩，弯后平直段长度不应小于 $3d$，但作受压钢筋时可不做弯钩。

【例】某箱型基础底板纵向受拉钢筋采用 HRB335 级直径为 28 mm 的钢筋，钢筋抗拉强度设计值 f_y=300 N/mm²，底板混凝土采用 C25 级，轴心抗拉强度设计值 f_t=1.27 N/mm²，试求所需锚固长度。

解：取 α=0.14，由式(1-1)可得：

$$l_a=\alpha\frac{f_y}{f_t}d=0.14\times\frac{300}{1.27}d\approx 40d$$

所以纵向受拉钢筋锚固长度为 $40d$。

第四节 钢筋的焊接

钢筋焊接时，各种焊接方法的适用范围应符合表 1-13 的规定。

表 1-13 钢筋焊接方法的适用范围

焊接方法	接头形式	适用范围	
		钢筋牌号	钢筋直径/mm
电阻点焊		HPB300 HRB335 HRBF335 HRB400 HRBF400 HRB500 HRBF500 CRB550 CDW550	6～16 6～16 6～16 6～16 4～12 3～8

（续表）

焊接方法			接头形式	适用范围	
				钢筋牌号	钢筋直径/mm
闪光对焊				HPB300 HRB335　HRBF335 HRB400　HRBF400 HRB500　HRBF500 RRB400W	8～22 8～40 8～40 8～40 8～32
箍筋闪光对焊			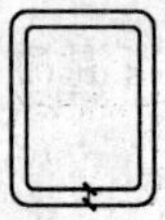	HPB300 HRB335　HRBF335 HRB400　HRBF400 HRB500　HRBF500 RRB400W	6～18 6～18 6～18 6～18 8～18
电弧焊	帮条焊	双面焊	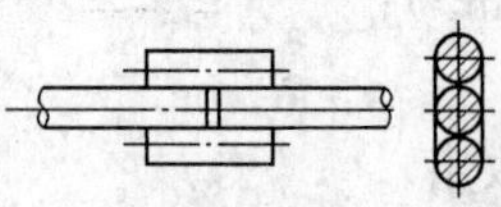	HPB300 HRB335　HRBF335 HRB400　HRBF400 HRB500　HRBF500 RRB400W	10～22 10～40 10～40 10～32 10～25
电弧焊	帮条焊	单面焊	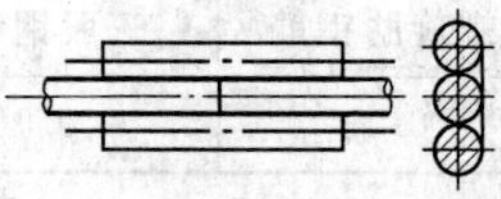	HPB300 HRB335　HRBF335 HRB400　HRBF400 HRB500　HRBF500 RRB400W	10～22 10～40 10～40 10～32 10～25
电弧焊	搭接焊	双面焊	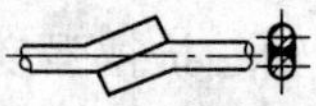	HPB300 HRB335　HRBF335 HRB400　HRBF400 HRB500　HRBF500 RRB400W	10～22 10～40 10～40 10～32 10～25
电弧焊	搭接焊	单面焊	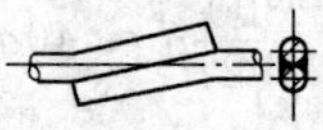	HPB300 HRB335　HRBF335 HRB400　HRBF400 HRB500　HRBF500 RRB400W	10～22 10～40 10～40 10～32 10～25
电弧焊	熔槽帮条焊		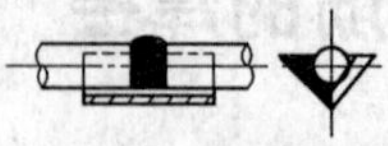	HPB300 HRB335　HRBF335 HRB400　HRBF400 HRB500　HRBF500 RRB400W	20～22 20～40 20～40 20～32 20～25
电弧焊	坡口焊	平焊	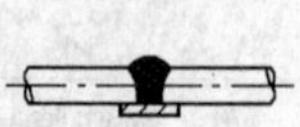	HPB300 HRB335　HRBF335 HRB400　HRBF400 HRB500　HRBF500 RRB400W	18～22 18～40 18～40 18～32 18～25
电弧焊	坡口焊	立焊		HPB300 HRB335　HRBF335 HRB400　HRBF400 HRB500　HRBF500 RRB400W	18～22 18～40 18～40 18～32 18～25

（续表）

焊接方法		接头形式	适用范围	
			钢筋牌号	钢筋直径/mm
电弧焊	钢筋与钢板搭接焊	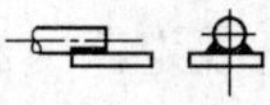	HPB300 HRB335 HRBF335 HRB400 HRBF400 HRB500 HRBF500 RRB400W	8～22 8～40 8～40 8～32 8～25
电弧焊	窄间隙焊	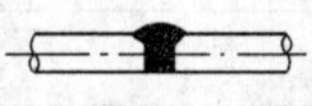	HPB300 HRB335 HRBF335 HRB400 HRBF400 HRB500 HRBF500 RRB400W	16～22 16～40 16～40 18～32 18～25
电弧焊	预埋件钢筋 角焊	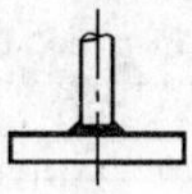	HPB300 HRB335 HRBF335 HRB400 HRBF400 HRB500 HRBF500 RRB400W	6～22 6～25 6～25 10～20 10～20
电弧焊	预埋件钢筋 穿孔塞焊	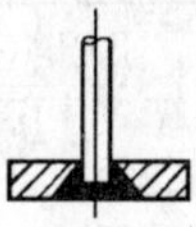	HPB300 HRB335 HRBF335 HRB400 HRBF400 HRB500 RRB400W	20～22 20～32 20～32 20～28 20～28
电弧焊	预埋件钢筋 埋弧压力焊 埋弧螺柱焊	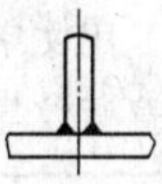	HPB300 HRB335 HRBF335 HRB400 HRBF400	6～22 6～28 6～28
电渣压力焊			HPB300 HRB335 HRB400 HRB500	12～22 12～32 12～32 12～32
气压焊	固态 熔态	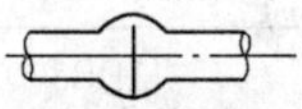 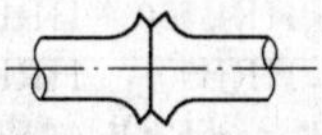	HPB300 HRB335 HRB400 HRB500	12～22 12～40 12～40 12～32

注：1. 电阻点焊时，适用范围的钢筋直径指两根不同直径钢筋交叉叠接中较小钢筋的直径。

2. 电弧焊含焊条电弧焊和二氧化碳气体保护电弧焊两种工艺方法。

3. 在生产中，对于有较高要求的抗震结构用钢筋，在牌号后加 E，焊接工艺可按同级别热轧钢筋施焊；焊条应采用低氢型碱性焊条。

第五节　钢筋的制图表示

1. 钢筋的一般表示方法

(1)普通钢筋的一般表示方法应符合表 1-14 的规定。预应力钢筋的表示方法应符合表 1-15的规定。钢筋网片的表示方法应符合表 1-16 的规定。钢筋的焊接接头的表示方法应符合表 1-17 的规定。

表 1-14　普通钢筋

名称	图例	说明
钢筋横断面	●	—
无弯钩的钢筋端部	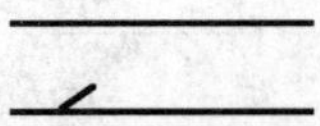	下图表示长、短钢筋投影重叠时，短钢筋的端部用 45°斜画线表示
带半圆形弯钩的钢筋端部		—
带直钩的钢筋端部		—
带丝扣的钢筋端部		—
无弯钩的钢筋搭接		—
带半圆弯钩的钢筋搭接		—
带直钩的钢筋搭接		—
花篮螺丝钢筋接头	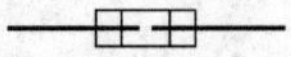	—
机械连接的钢筋接头		用文字说明机械连接的方式(如冷挤压或直螺纹等)

表 1-15　预应力钢筋

名称	图例
预应力钢筋或钢绞线	
后张法预应力钢筋断面无粘结预应力钢筋断面	⊕
预应力钢筋断面	+
张拉端锚具	
固定端锚具	
锚具的端视图	
可动连接件	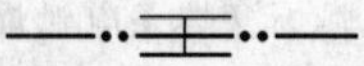
固定连接件	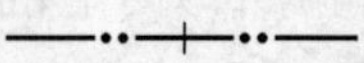

表 1-16 钢筋网片

名称	图例
一片钢筋网平面图	 W-1
一行相同的钢筋网平面图	 3W-1

注:用文字注明焊接网或绑扎网片。

表 1-17 钢筋的焊接接头

名称	接头形式	标注方法
单面焊接的钢筋接头		
双面焊接的钢筋接头		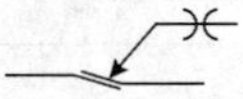
用帮条单面焊接的钢筋接头	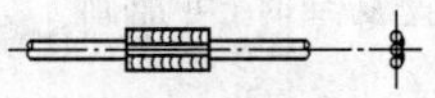	
用帮条双面焊接的钢筋接头	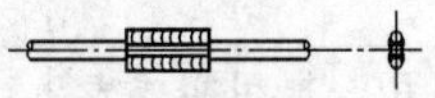	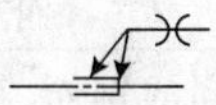
接触对焊的钢筋接头(闪光焊、压力焊)		
坡口平焊的钢筋接头	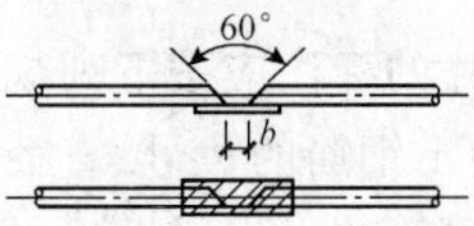 60° b	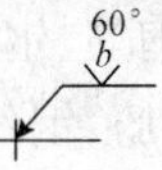 60° b
坡口立焊的钢筋接头	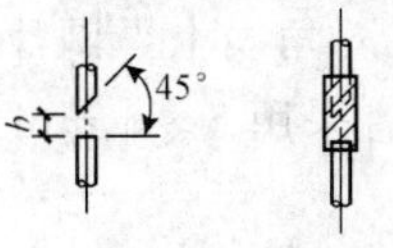 b 45°	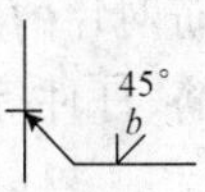 45° b
用角钢或扁钢做连接板焊接的钢筋接头	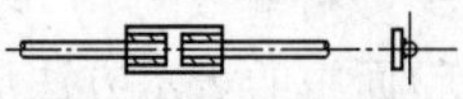	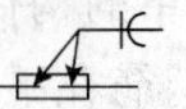
钢筋或螺(锚)栓与钢板穿孔塞焊的接头	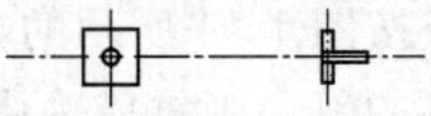	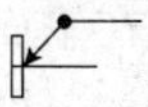

(2)钢筋的画法应符合表 1-18 的规定。

表 1-18 钢筋画法

说明	图例
在结构楼板中配置双层钢筋时,低层钢筋的弯钩应向上或向左,顶层钢筋的弯钩则向下或向右	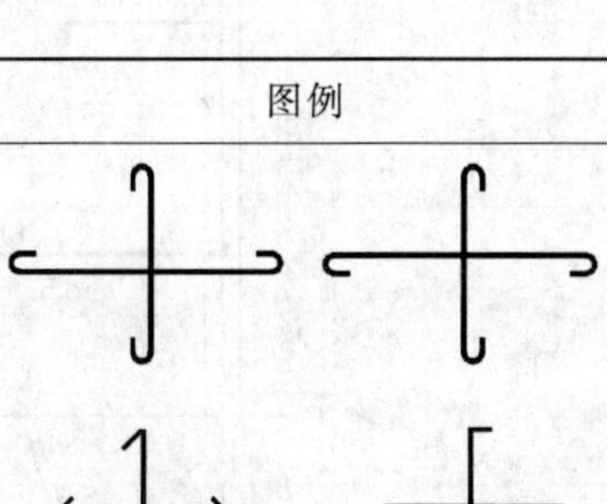 (底层) (顶层)

（续表）

说明	图例
钢筋混凝土墙体配双层钢筋时在配筋立面图中，远面钢筋的弯钩应向上或向左，而近面钢筋的弯钩向下或向右（JM 近面，YM 远面）	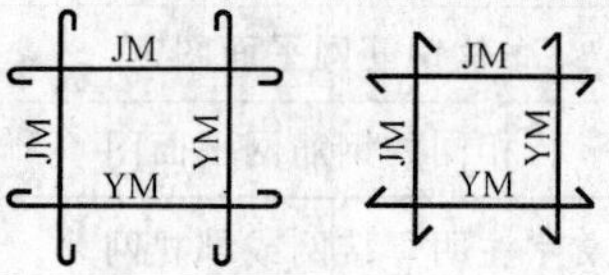
若在断面图中不能表达清楚的钢筋布置，应在断面图外增加钢筋大样图（如：钢筋混凝土墙，楼梯等）	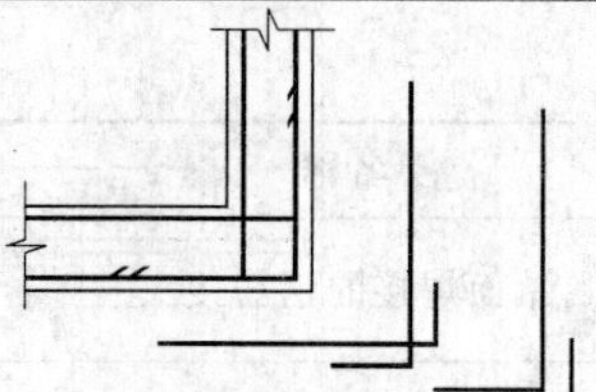
图中所表示的箍筋、环筋等若布置复杂时，可加画钢筋大样及说明	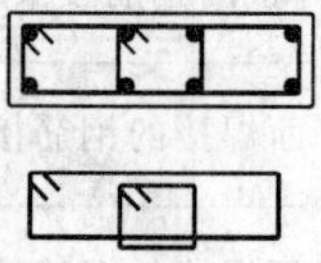
每组相同的钢筋、箍筋或环筋，可用一根粗实线表示，同时用一两端带斜短画线的横穿细线，表示其钢筋及起止范围	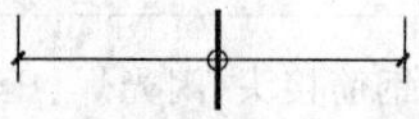

(3)钢筋、钢丝束及钢筋网片的标注应按下列规定进行标注。

1)钢筋、钢丝束的说明应给出钢筋的代号、直径、数量、间距、编号及所在位置，其说明应沿钢筋的长度标注或标注在相关钢筋的引出线上。

2)钢筋网片的编号应标注在对角线上。网片的数量应与网片的编号标注在一起。

3)钢筋、杆件等编号的直径宜采用 5～6 mm 的细实线圆表示，其编号应采用阿拉伯数字按顺序编写。

4)简单的构件、钢筋种类较少可不编号。

(4)钢筋在平面、立面、剖(断)面中的表示方法应符合下列规定。

1)钢筋在平面图中的配置应按图 1-14 所示的方法表示。当钢筋标注的位置不够时，可采用引出线标注。引出线标注钢筋的斜短画线应为中实线或细实线。

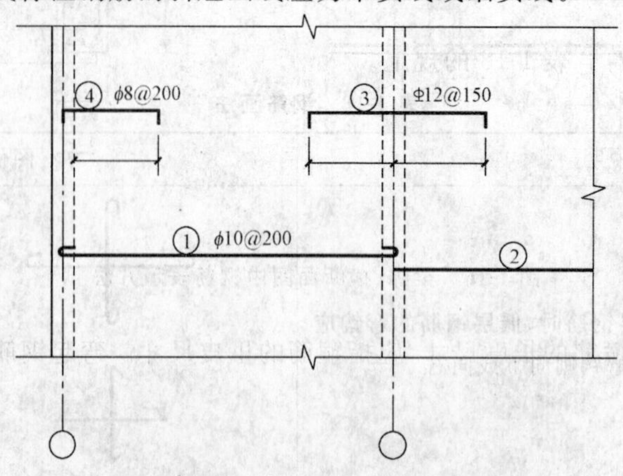

图 1-14　钢筋在楼板配筋图中的表示方法

2)当构件布置较简单时,结构平面布置图可与板配筋平面图合并绘制。

3)平面图中的钢筋配置较复杂时,可按表 1-18 及图 1-15 的方法绘制。

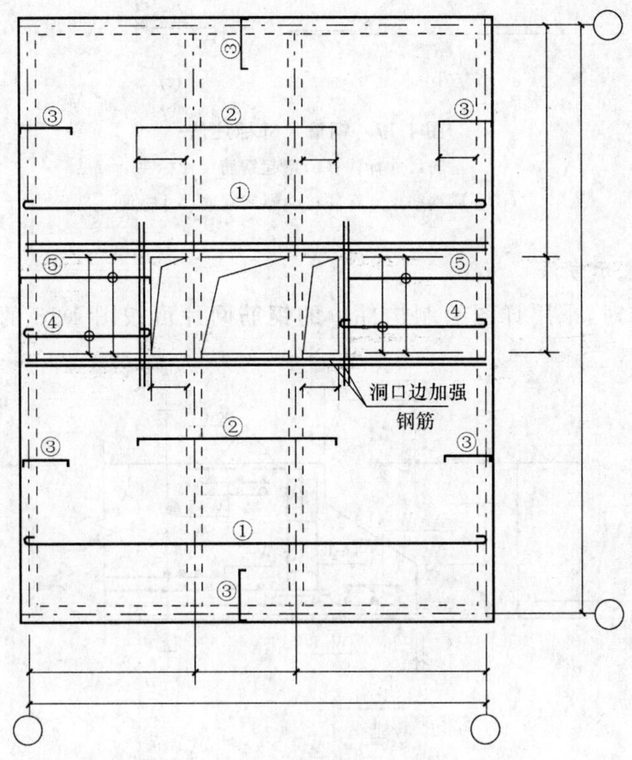

图 1-15　楼板配筋较复杂的表示方法

4)钢筋在梁纵、横断面图中的配置,应按图 1-16 所示的方法表示。

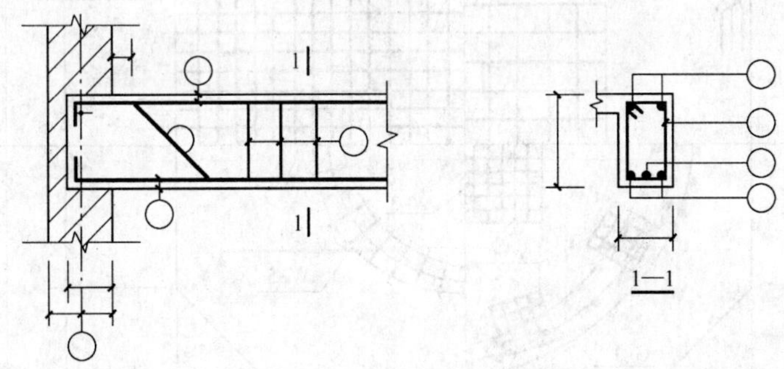

图 1-16　梁纵、横断面图中钢筋表示方法

(5)构件配筋图中箍筋的长度尺寸,应指箍筋的里皮尺寸。弯起钢筋的高度尺寸应指钢筋的外皮尺寸(图 1-17)。

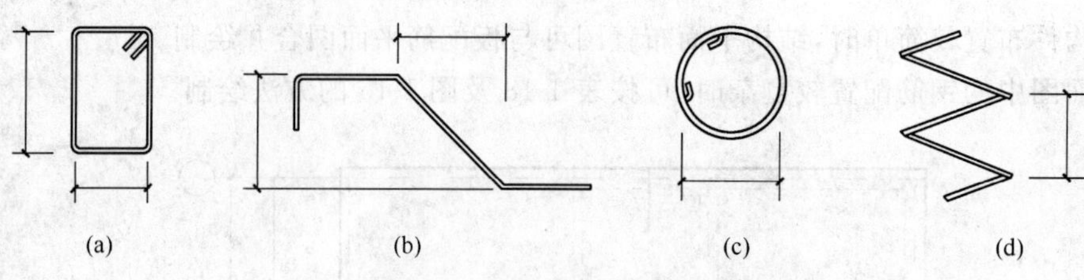

图 1-17　钢箍尺寸标注法

(a)箍筋尺寸标注；(b)弯起钢筋尺寸标注

(c)环形钢筋尺寸标注；(d)螺旋钢筋尺寸标注

2. 钢筋的简化表示方法

(1)当构件对称时，采用详图绘制构件中的钢筋网片可按图 1-18 的方法用 1/2 或 1/4 表示。

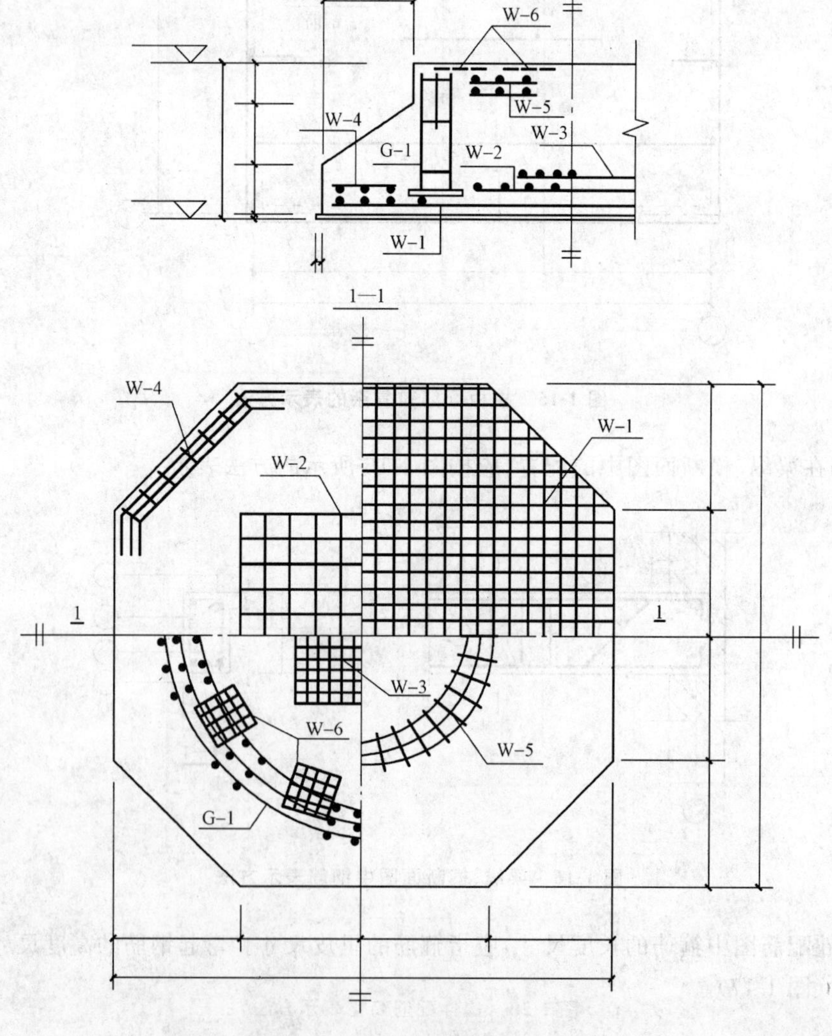

图 1-18　构件中钢筋简化表示方法

(2)钢筋混凝土构件配筋较简单时,宜按下列规定绘制配筋平面图:

1)独立基础宜按图 1-19(a)的规定在平面模板图左下角绘出波浪线,绘出钢筋并标注钢筋的直径、间距等。

2)其他构件宜按图 1-19(b)的规定在某一部位绘出波浪线,绘出钢筋并标注钢筋的直径、间距等。

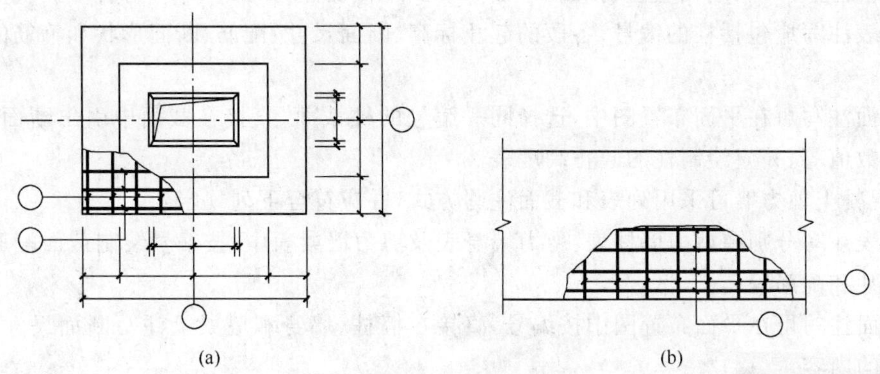

图 1-19 构件配筋简化表示方法

(a)独立基础;(b)其他构件

(3)对称的混凝土构件,宜按图 1-20 的规定在同一图样中一半表示模板,另一半表示配筋。

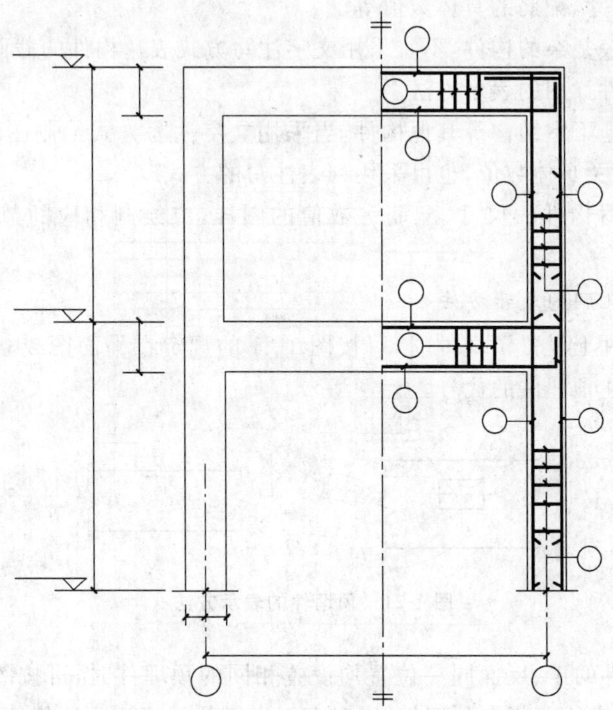

图 1-20 构件配筋简化表示方法

3. 文字注写构件的表示方法

(1)在现浇混凝土结构中，构件的截面和配筋等数值可采用文字注写方式表达。

(2)按结构层绘制的平面布置图中，直接用文字表达各类构件的编号(编号中含有构件的类型代号和顺序号)、断面尺寸、配筋及有关数值。

(3)混凝土柱可采用列表注写和在平面布置图中截面注写方式，并应符合下列规定：

1)列表注写应包括柱的编号、各段的起止标高、断面尺寸、配筋、断面形状和箍筋的类型等有关内容；

2)截面注写可在平面布置图中，选择同一编号的柱截面，直接在截面中引出断面尺寸、配筋的具体数值等，并应绘制柱的起止高度表。

(4)混凝土剪力墙可采用列表和截面注写方式，并应符合下列规定：

1)列表注写分别在剪力墙柱表、剪力墙身表及剪力墙梁表中，按编号绘制截面配筋图并注写断面尺寸和配筋等；

2)截面注写可在平面布置图中按编号，直接在墙柱、墙身和墙梁上注写断面尺寸、配筋等具体数值的内容。

(5)混凝土梁可采用在平面布置图中的平面注写和截面注写方式，并应符合下列规定：

1)平面注写可在梁平面布置图中，分别在不同编号的梁中选择一个，直接注写编号、断面尺寸、跨数、配筋的具体数值和相对高差(无高差可不注写)等内容；

2)截面注写可在平面布置图中，分别在不同编号的梁中选择一个，用剖面号引出截面图形并在其上注写断面尺寸、配筋的具体数值等。

(6)重要构件或较复杂的构件，不宜采用文字注写方式表达构件的截面尺寸和配筋等有关数值，宜采用绘制构件详图的表示方法。

(7)基础、楼梯、地下室结构等其他构件，当采用文字注写方式绘制图纸时，可采用在平面布置图上直接注写有关具体数值，也可采用列表注写的方式。

(8)采用文字注写构件的尺寸、配筋等数值的图样，应绘制相应的节点做法及标准构造详图。

4. 预埋件、预留孔洞的表示方法

(1)在混凝土构件上设置预埋件时，可按图 1-21 的规定在平面图或立面图上表示。引出线指向预埋件，并标注预埋件的代号。

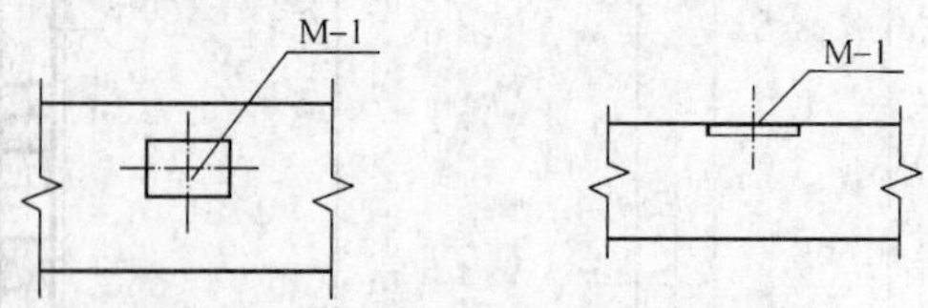

图 1-21 预埋件的表示方法

(2)在混凝土构件的正、反面同一位置均设置相同的预埋件时，可按图 1-22 的规定，引出线为一条实线和一条虚线并指向预埋件，同时在引出横线上标注预埋件的数量及代号。

(3)在混凝土构件的正、反面同一位置设置编号不同的预埋件时，可按图 1-23 的规定引一条实线和一条虚线并指向预埋件。引出横线上标注正面预埋件代号，引出横线下标注反面预埋件代号。

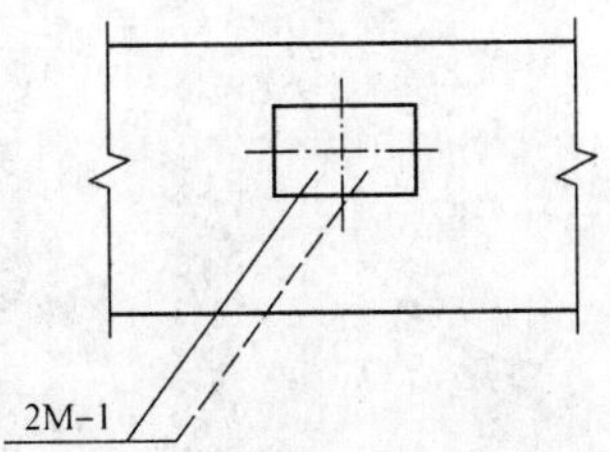

图 1-22　同一位置正、反面预埋件相同的表示方法

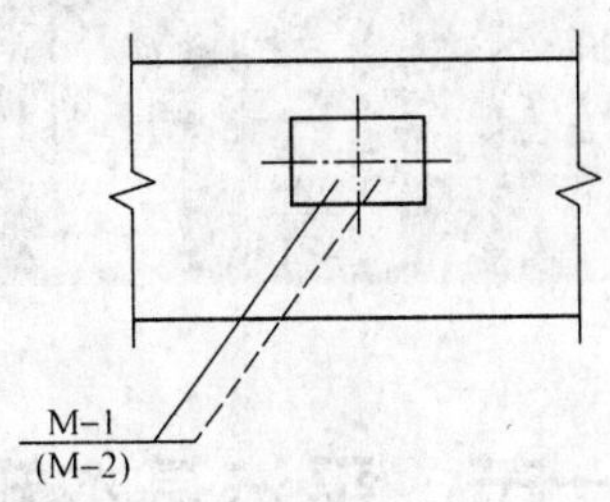

图 1-23　同一位置正、反面预埋件不相同的表示方法

(4)在构件上设置预留孔、洞或预埋套管时，可按图 1-24 的规定在平面或断面图中表示。引出线指向预留(埋)位置，引出横线上方标注预留孔、洞的尺寸，预埋套管的外径。横线下方标注孔、洞(套管)的中心标高或底标高。

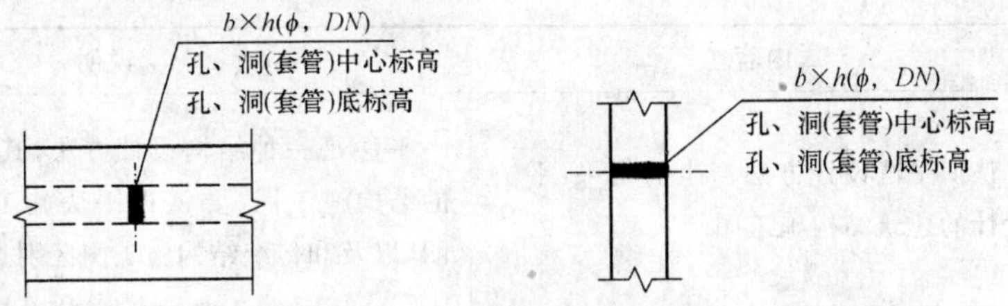

图 1-24　预留孔、洞及预埋套管的表示方法

第二章 平法结构钢筋图识读基础

第一节 平法基本知识

一、平法的认识

认识平法的方法，见表 2-1。

表 2-1 认识平法的方法

层次	内容	说明
第一层次	认识平法设计方法产生的结果：平法设计的建筑结构施工图	平法是一种结构设计方法，其结果是平法设计的结构施工图，要认识平法施工图构件、如何识图，以及和传统结构施工图区别
第二层次	认识了平法设计产生的结果之后，就要根据自己的角色，认识自己应该把握的工作内容	不同角色，在平法设计方法下完成本职工作，比如结构工程师，按平法制图规则绘制平法施工图；造价工程师按平法标注及构造详图进行钢筋算量；施工人员按平法标注及构造详图进行钢筋施工
第三层次	从平法这种结构设计方法产生的结果，以及针对该结果要做的工作，这样层层往后追溯，逐渐理解平法设计方法背后蕴含的平法理论，站在一个更高的高度来认识由结构设计方法演变带来的整个行业演变	不同角色，在平法设计方法下有新的定位，比如结构工程师应该重点着力于结构分析，而非重复性的劳动；比如造价工程师，着力研究平法施工图下的钢筋快速算量；施工、监理人员着力研究平法构造，在实践中继续发展结构构造

1. 第一层次

“平法”是“建筑结构平面整体设计方法”的简称。应用平法设计方法，就对结构设计的结果——“建筑结构施工图”的结果表现有了大的变革。钢筋混凝土结构中，结构施工图表达钢筋和混凝土两种材料的具体配置。设计文件要由两部分组成，一是设计图样，二是文字说明。

从传统结构设计方法的设计图样，到平法设计方法的设计图样，其演进情况，如图 2-1 所示，传统结构施工图中的平面图及断面图上的构件平面位置、截面尺寸及配筋信息，演变为平法施工图的平面图；传统结构施工图中剖面上的钢筋构造，演变为国家标准构造即《混凝土结构施工图平法整体表示方法制图规则和构造详图》(11G101)。

应用平法设计方法，就取消传统设计方法中的“钢筋构造标注”，将钢筋构造标准形成《混凝土结构施工图平法整体表示方法制图规则和构造详图》(11G101)系列国家标准构造图集。

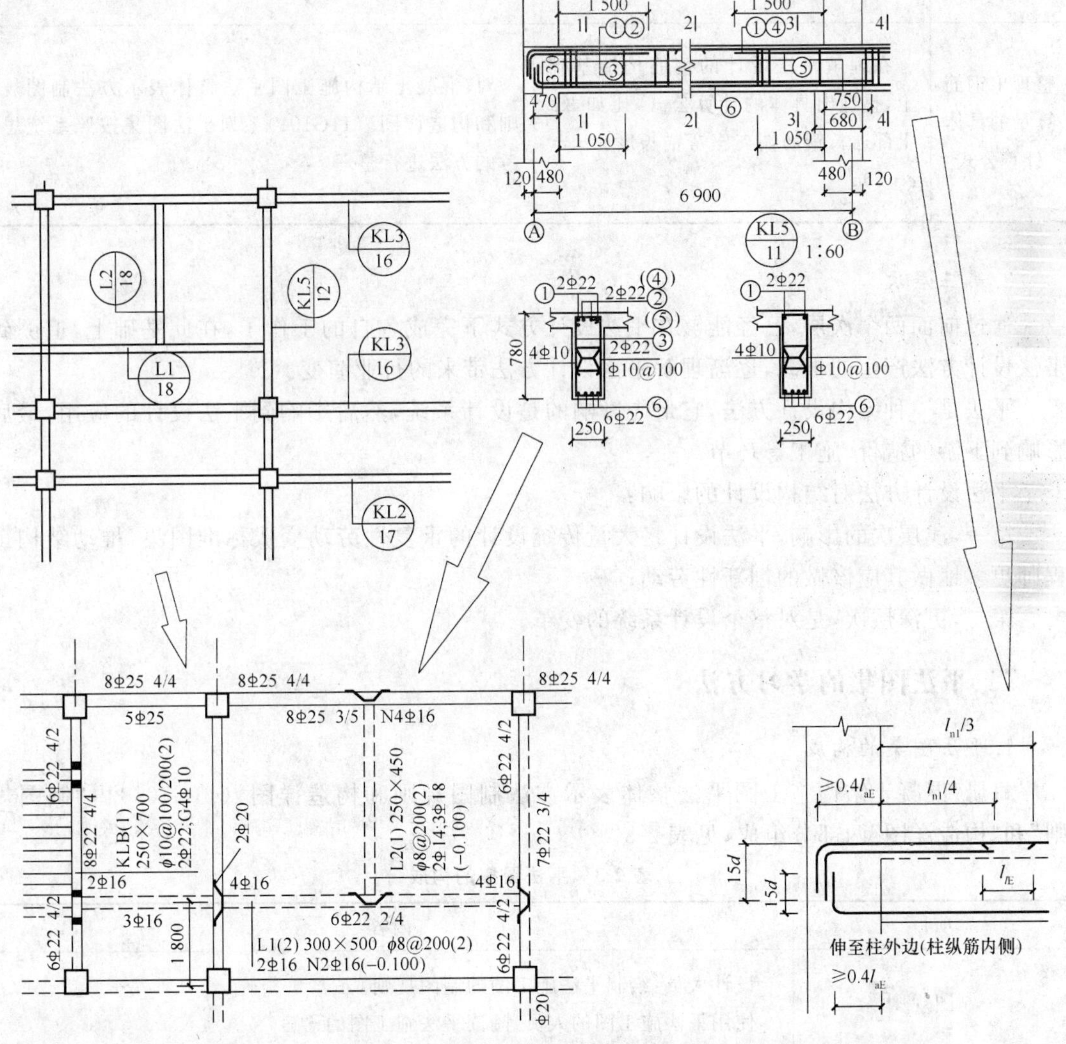

图 2-1　结构施工图设计图样的演进

2. 第二层次

平法设计方式下，设计、造价、施工等工程相关人员有相应的学习及工作内容，工程造价人员在钢筋算量过程中，对平法设计方式下的结构施工图设计文件要学习的内容，见表 2-2。

表 2-2 平法学习内容

内容	目的	内容
学习识图	能看懂平法施工图	学习《混凝土结构施工图平法整体表示方法制图规则和构造详图》(11G101)系列平法图集的"制图规则"
理解标准构造	理解平法设计和各构件的各钢筋的锚固、连接、根数的构造	学习《混凝土结构施工图平法整体表示方法制图规则和构造详图》(11G101)系列平法图集的"构造详图"
整理出钢筋算量的具体计算公式	在理解平法设计的钢筋构造基础上,整理出具体的计算公式,比如 KL 上部通长钢筋端支座弯锚长度$=h_c-c+15d$	对《混凝土结构施工图平法整体表示方法制图规则和构造详图》(11G101)系列平法图集按照系统思考的方法进行整理

3. 第三层次

通过前面两个次层,已经能够在平法设计方式下完成各自的工作了,在此基础上,追溯到平法设计方法产生的根源,逐渐理解平法设计方法带来的行业演变。

平法是一种结构设计方法,它最先影响的是设计系统,然后影响到平法设计的应用,最后影响到下游的造价、施工等环节。

平法设计方法对结构设计的影响:

第一,浅层次的影响,平法设计将大量传统设计的重复性劳动变成标准图集,推动结构工程师更多地做其应该做的创新性劳动;

第二,更深层次,是对整个设计系统的变革。

二、平法图集的学习方法

1. 平法图集的构成

每册《混凝土结构施工图平法整体表示方法制图规则和构造详图》(11G101)由"制图规则"和"构造详图"两部分组成,见表 2-3。

表 2-3 平法图集的构成

项目	内容
制图规则	设计人员:绘制平法施工图的制图规则。 使用平法施工图的人员:阅读平法施工图的语言
构造详图	标准构造做法,钢筋算量的计算规则

2. 平法图集的学习方法

平法图集中的学习方法总结为系统梳理和前后对照,见表 2-4。

表 2-4　平法图集学习方法

<table>
<tr><th>学习方法</th><th>内容</th><th colspan="4">举例说明</th></tr>
<tr><td rowspan="10">系统梳理</td><td rowspan="9">以单根钢筋为基础，围绕钢筋计算的三项核心内容（锚固、连接、根数），对各构件的各钢筋进行梳理</td><td colspan="4">抗震楼层框架梁上部通长筋的锚固与连接</td></tr>
<tr><td colspan="4">情况</td></tr>
<tr><td rowspan="2">端支座</td><td>直锚</td><td colspan="2">$\max(0.5h_c+5d, l_{aE})$</td></tr>
<tr><td>弯锚</td><td colspan="2">$h_c-c+15d$</td></tr>
<tr><td rowspan="4">中间支座变截面</td><td rowspan="2">梁顶有高差且 $c/h_c>1/6$</td><td>高标高钢筋弯锚</td><td>$h_c-c+15d$</td></tr>
<tr><td>低标高钢筋直锚</td><td>l_{aE}</td></tr>
<tr><td>梁顶有高差且 $c/h\geqslant 1/6$</td><td colspan="2">上部通长筋斜弯通过，不断开</td></tr>
<tr><td>梁宽度不同</td><td>宽出的不断直通的钢筋弯锚</td><td>$h_c-c+15d$</td></tr>
<tr><td colspan="4"></td></tr>
<tr><td colspan="5">对同一构件，分布在不同图集中的内容进行整理</td></tr>
<tr><td>前后对照</td><td colspan="5">(1)同类构件中：楼层与屋面、地下与地上等的对照理解。
比如，楼层框架梁和屋面框架梁在梁顶有高差时的构造，就有差别，通过这种差别可以帮助我们对照理解不同构件的钢筋构造
$\geqslant 0.4l_a$　$15d+c$　$1.6l_{aE}(1.6l_a)$　　$\geqslant 0.4l_{aE}(\geqslant 0.4l_a)$　c　$15d$　$l_{aE}(l_a)$
(2)不同类构件，但同类钢筋的对照理解。
比如，条形基础底板受力筋的分布筋，与现浇楼板屋面的支座负筋分布筋可以对照理解</td></tr>
</table>

三、平法施工图的制图规则

(1)按平法设计绘制的施工图，一般是由各类结构构件的平法施工图和标准构造详图两大部分构成，但对于复杂的工业与民用建筑，还需增加模板、开洞和预埋件等平面图。只有在特殊情况下才需增加剖面配筋图。

(2)按平法设计绘制结构施工图时，必须根据具体工程设计，按照各类构件的平法制图规则，在按结构（标准）层绘制的平面布置图上直接表示各构件的尺寸、配筋。

(3)在平面布置图上表示各构件尺寸和配筋的方式，分平面注写方式、列表注写方式和截面注写方式三种。

(4)按平法设计绘制结构施工图时,应将所有柱、剪力墙、梁和板等构件进行编号,编号中含有类型代号和序号等。其中,类型代号的主要作用是指明所选用的标准构造详图;在标准构造详图上,已经按其所属构件类型注明代号,以明确该详图与平法施工图中该类型构件的互补关系,使两者结合构成完整的结构设计图。

(5)按平法设计绘制结构施工图时,应当用表格或其他方式注明包括地下和地上各层的结构层楼(地)面标高、结构层高及相应的结构层号。

其结构层楼面标高和结构层高在单项工程中必须统一,以保证基础、柱与墙、梁、板、楼梯等构件用同一标准竖向定位。为施工方便,应将统一的结构层楼面标高和结构层高分别放在柱、墙、梁等各类构件的平法施工图中。

注:1. 结构层楼面标高是指将建筑图中的各层地面和楼面标高值扣除建筑面层及垫层做法厚度后的标高,结构层号应与建筑楼层号对应一致。

2. 当具体工程的全部基础底面标高相同时,基础底面基准标高即为基础底面标高。当基础底面标高不同时,应取多数相同的底面标高为基础底面基准标高;对其他少数不同标高者应标明范围并注明标高。

(6)为了确保施工人员准确无误地按平法施工图进行施工,在具体工程施工图中必须写明以下与平法施工图密切相关的内容。

1)注明所选用平法标准图的图集号,以免图集改版后在施工中用错版本。

2)写明混凝土结构的设计使用年限。

3)当抗震设计时,应写明抗震设防烈度及抗震等级,以明确选用相应抗震等级的标准构造详图;当非抗震设计时,也应注明,以明确选用非抗震的标准构造详图。

4)写明各类构件在不同部位所选用的混凝土的强度等级和钢筋级别,以确定相应纵向受拉钢筋的最小锚固长度及最小搭接长度等。

当采用机械锚固形式时,设计者应指定机械锚固的具体形式、必要的构件尺寸以及质量要求。

5)当标准构造详图有多种可选择的构造做法时,写明在何部位选用何种构造做法。当未写明时,则为设计人员自动授权施工人员可以任选一种构造做法进行施工。例如:框架顶层端节点配筋构造、复合箍中拉筋弯钩做法、无支撑板端部封边构造等。

某些节点要求设计者必须写明在何部位选用何种构造做法,例如:非框架梁(板)的上部纵向钢筋在端支座的锚固(需注明"设计按铰接"或"充分利用钢筋的抗拉强度"时)、地下室外墙与顶板的连接、剪力墙上柱 QZ 纵筋构造方式、剪力墙水平钢筋是否计入约束边缘构件体积配箍率计算等。

6)写明柱(包括墙柱)纵筋、墙身分布筋、梁上部贯通筋等在具体工程中需接长时所采用的连接形式及有关要求。必要时,还应注明对接头的性能要求。

轴心受拉及小偏心受拉构件的纵向受力钢筋不得采用绑扎搭接,设计者应在平法施工图中注明其平面位置及层数。

7)写明结构不同部位所处的环境类别。

8)注明上部结构的嵌固部位位置。

9)设置后浇带时,注明后浇带的位置、浇筑时间和后浇混凝土的强度等级以及其他特殊要求。

10）当采用防水混凝土时，应注明抗渗等级；还应注明施工缝、变形缝、后浇带、预埋件等采用的防水构件类型。

11）当柱、墙或梁与填充墙需要拉结时，其构造详图应由设计者根据墙体材料和规范要求选用相关国家建筑标准设计图集或自行绘制。

12）当具体工程需要对《混凝土结构施工图平法整体表示方法制图规则和构造详图》（11G101）的标准构造详图做局部变更时，应注明变更的具体内容。

13）当具体工程中有特殊要求时，应在施工图中另加说明。

（7）为方便设计表达和施工识图，规定结构平面的坐标方向为：

1）当两项轴网正交布置时，图面从左至右为 X 向，从下至上为 Y 向；当轴网在位置转向时，局部坐标方向顺轴网的转向角度做相应转动，转动后的坐标应加图示。

2）当轴网向心布置时，切向为 X 向，径向为 Y 向，并应加图示。

3）对于平面布置比较复杂的区域，如轴网转折交界区域、向心布置的核心区域等，其平面坐标方向由设计者另行规定并加图示。

（8）对钢筋的混凝土保护层厚度、钢筋搭接和锚固长度，除在结构施工图中另有注明者外，均需按《混凝土结构施工图平面整体表示方法制图规则和构造详图》（11G101）中的有关构造规定执行。

第二节　传统制图表达方法

要想了解钢筋混凝土结构图的平法制图概念，这里首先复习一下钢筋混凝土结构图的传统制图表达方法的特点。

结构工程师根据建筑师所设计的建筑楼层平面图和建筑屋顶平面图，结合楼板及所负荷载，设计这些楼层梁板结构平面图、屋顶梁板结构平面图、钢筋梁的立面图、钢筋梁的截面图和钢筋材料明细表。

图 2-2 是梁板结构平面图的传统制图表达方法。此图在这里是为了说明梁的，所以板的

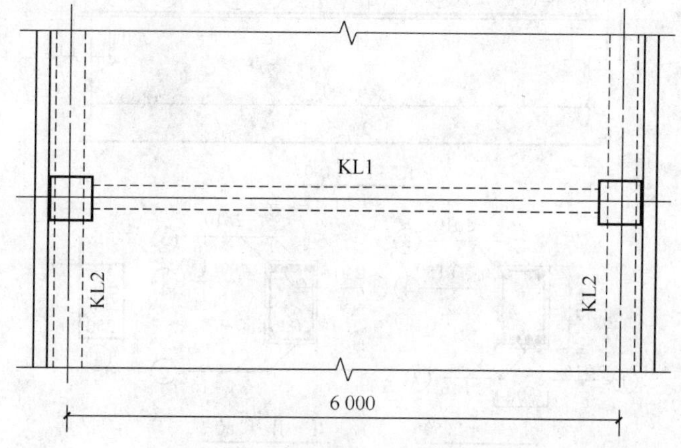

图 2-2　标准层梁板结构平面图 1∶100

配筋就省略未画出。梁的侧面之所以画成虚线，是因为：假想在混凝土楼板稍高一点的地方，沿水平方向，把房屋切开，移去上部，从上面往下看，梁的两侧面被板挡在下面看不见。梁板结构平面图的梁，只标注梁的代号和序号——KL1、KL2。“KL”是框架梁的代号；“1”和“2”是序号。为了便于读图，标注梁的代号，还可以根据楼层的不同更进一步具体化。例如，地下室的梁可以写成 KL0；首层的梁可以写成 KL1；二层的梁可以写成 KL2，依此类推。当构件代号有楼层数字时，习惯上，常在序号前加“—”。

框架梁的构件代号和序号的规则注法和习惯注法参看表 2-5。

表 2-5　框架梁的构件代号、序号注法

规则注法	习惯注法	习惯注法
KL 1 KL：构件代号 1：构件序号	KL—1 KL：构件代号 1：构件序号	KL 1—1 KL：构件代号 1：构件序号 1：楼层（包括地下层）

传统的梁板结构平面图，只是给出了梁板结构的水平投影——平面图，也就是梁板的施工模板轮廓。也可以说是给梁画配筋的索引图。根据图上的 KL1、KL2，去找它们的钢筋绑扎施工图——图 2-3。

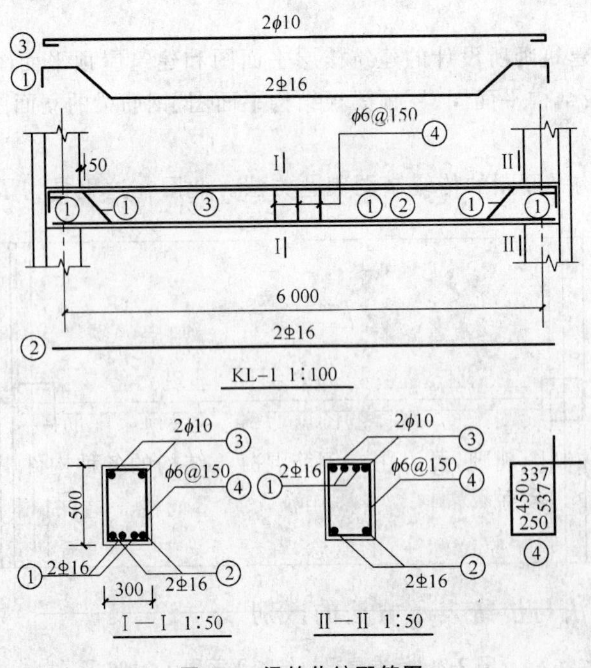

图 2-3　梁的传统配筋图

图 2-4 的上半部，相当于梁钢筋的立面图，给梁画出了配筋图。它具备了空间笛卡尔直角坐标系中的 *XOZ* 坐标平面。图 2-4 的下半部，相当于梁钢筋的侧面图，它实际上是钢筋梁正截面的侧面投影。截面图是画在了 *YOZ* 坐标平面里。两个坐标面合起来，*X*、*Y* 和 *Z* 三个方向的尺寸就全了。上面把钢筋的形状和摆放部位都表达清楚了。从截面图上所引出的线，又标注了各个钢筋的规格和数量。梁钢筋的立面图和梁钢筋的截面图结合起来，就把钢筋梁的施工意图表达清楚了。

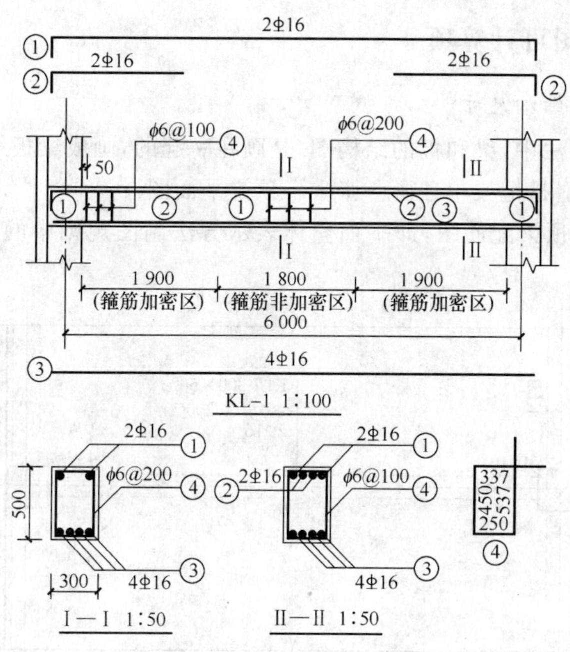

图 2-4　梁的平法配筋图

第三节　平法制图基本概念

一、平法图的概念

在框架结构体系中，根据设计者的表达意图不同，所画出的图纸，包括的内容也不尽相同。从传统沿袭下来的画法，梁、板和柱或梁和板的配筋，都进行表达，这样的图叫做“结构平面图”。如果平面图中，只画梁的配筋，这样的图就叫做“×层顶梁配筋图”。

平面整体表示方法制图规则，可以用在钢筋混凝土结构的各种构件中。在这个规则中，有“集中标注”和“原位标注”的新名词概念。应用这个新名词概念的，有框架梁、楼板、屋面板和筏形基础等。“集中标注”和“原位标注”的概念，在框架梁中体现得最为明显。

二、平法表示方法与传统表示方法的区别

平法施工图把结构构件的尺寸和配筋等，按照平面整体表示方法的制图规则，整体直接地

表示在各类构件的结构布置平面图上，再与标准构造详图配合，结合成了一套新型完整的结构设计表示方法。改变了传统的那种将构件（柱、剪力墙、梁）从结构平面设计图中索引出来，再逐个绘制模板详图和配筋详图的繁琐办法。

平法适用的结构构件为柱、剪力墙、梁三种。内容包括两大部分，即平面整体表示图和标准构造详图。在平面布置图上表示各种构件尺寸和配筋方式。表示方法分平面注写方式、列表注写方式和截面注写方式三种。

三、通过平法制图可计算项

1. 计算梁中主筋的结构尺寸

在传统制图表达方法中，梁和板的结构图，是画在一起的，画成梁板结构平面图。但是，在平法制图规则中，习惯上是把梁单独画一张——顶梁平面图。

图 2-5 是一层局部顶梁配筋图，即平面整体表示方法制图规则中的梁的平法施工图。这幅图属于二维平面图。

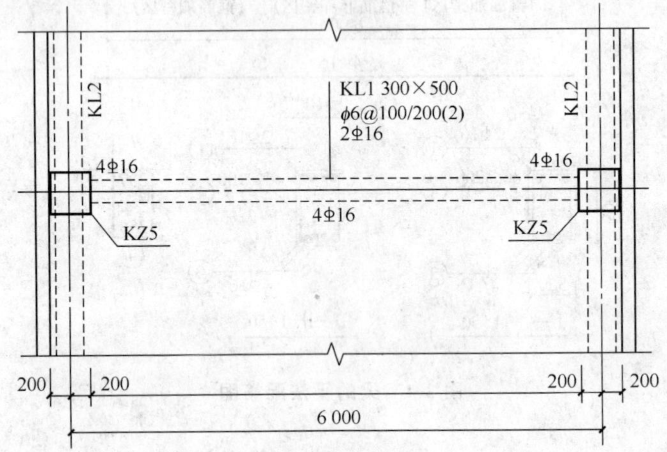

图 2-5　一层顶梁配筋图 1 ∶ 100

过去也有二维图形的工程图。如等高线地形图，加上高程数据，就具备了三维图的效果。

图 2-5 是通过二维图形再加上注解，加上备有的“构造详图”册子，达到说明空间形体、材料规格和材料数量的目的，可以实现传统工程制图的同样技术效果。

在图 2-5 中，水平方向的梁，是 1 号框架梁（即图中标注的 KL1）。从这个框架梁的上边缘，引出一条铅垂线。在这条铅垂线的右侧，注有几行字：第一行“KL1”（1 号框架梁）梁的截面尺寸为 300×500；第二行 ϕ6@100/200 (2) 表示箍筋采用直径为 6 mm 的 HPB300 级钢筋（旧称Ⅰ级钢筋），加密箍距为 100 mm，非加密箍距为 200 mm，全区钢箍均为双肢；第三行 2Φ16 表示采用两根直径为 16 mm 的 HRB335 级钢筋（旧称Ⅱ级钢筋），作为梁的通长筋（也叫做贯通筋）。按规定第三行的内容，写在第二行内容的后面，变成两行。通长筋是沿梁的全长布置的。梁的左、右两端上方所标注的 4Φ16，里边包括了 2Φ16 通长筋，剩下的 2Φ16 是两段直角形筋。直角形筋和 2Φ16 通长筋，是承受梁端部的负弯矩的。梁下部中间的 4Φ16 是承受梁中下部的正弯矩的（抗拉作用），钢筋贯通全梁。

图 2-6 为简支梁钢筋轴测投影示意图。

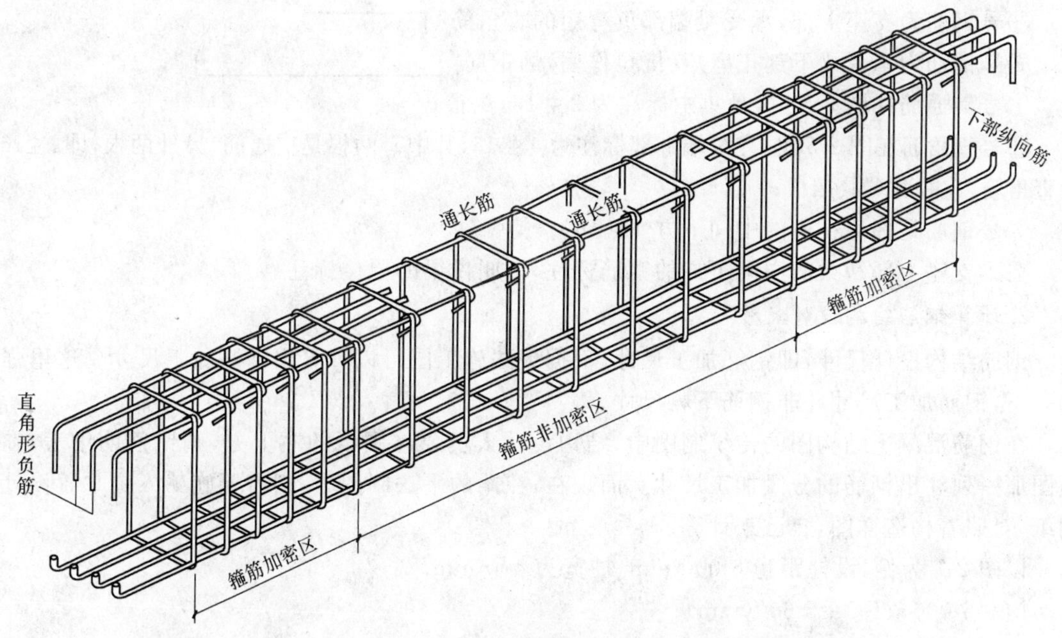

图 2-6　简支梁钢筋轴测投影示意图

只有图 2-5 这样的平面图，还是不能施工。还要根据设计说明，了解该梁是不是抗震设防，根据这些信息去查《混凝土结构施工图平法整体表示方法制图规则和构造详图（现浇混凝土框架、剪力墙、梁、板）》（11G101—1）。

设给出的框架结构，为三级抗震设防。设计中混凝土的强度等级采用 C30。柱距为 6 000 mm，柱宽 400 mm。这里首先去查“抗震等级楼层框架梁 KL”部分，标准详图的化简内容如图 2-7 所示。

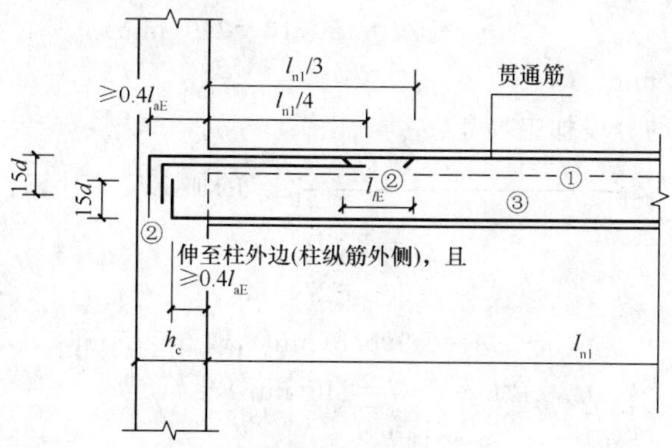

图 2-7　抗震等级楼层框架梁 KL

为了便于从《混凝土结构施工图平面整体表示方法制图规则和构造详图（现浇混凝土框架、剪力墙、梁、板）》（11G101—1）的构造详图中选取 KL1 所需要的钢筋，这里额外在图 2-5 中添加了①、②、②和③四个钢筋序号。

①号钢筋为贯通筋“┌──────────┐”；

②号钢筋为支座上部，承受梁端部负弯矩的直角筋“┌──────”；

③号钢筋为承受梁下部正弯矩(抗拉作用)的钢筋“└──────────┘”；

①号贯通筋在图 2-5 里，是集中标注为 2⌀16，两根；

②号直角筋在图 2-5 里，在梁端上部标注为 4⌀16，其中有两根是贯通筋，另外两根，即2⌀16为直角筋，左右两端共四根；

③号钢筋是标注在梁的中间下方 4⌀16。

在梁支座上部和梁的中间下方的钢筋标注，均叫做梁的原位标注。

2. 计算钢筋结构设计尺寸

钢筋结构设计尺寸，即钢筋加工尺寸，根据平法施工图可以计算出钢筋加工尺寸。这里强调一下，钢筋加工尺寸并非钢筋下料尺寸。

在钢筋混凝土结构图的传统制图中，结构设计人员要在图纸的右上方，画钢筋明细表，在简图那一列注出钢筋的分段加工尺寸。而现在，在梁的平法制图中，则需要施工人员拿着设计图纸，对照着构造详图，自己来计算。

以图 2-7 为例，设柱距为 6 000 mm，柱宽为 400 mm。

$l_{n1}=6\ 000-400=5\ 600$(mm)；

$l_{n1}/3=5\ 600/3\approx1\ 867$(mm)，取 1 870 mm；

l_{aE}值，是根据混凝土和钢筋各自的强度等级，去查“受拉钢筋抗震锚固长度 l_{ab}，l_{aE}”表——当混凝土为 C30 级、钢筋为 HRB335 级、三级抗震等级和直径 $d\leqslant25$ mm 时，$l_{aE}=31d$；

$$\begin{aligned}0.4l_{aE}&=0.4\times l_{aE}\\&=0.4\times31d\\&=0.4\times31\times16\\&=198.4\\&\approx198(\text{mm})\end{aligned}$$

$$15d=15\times16=240(\text{mm})$$

设柱筋直径 $d_z=22$ mm。

现在开始计算钢筋的分段加工尺寸：

①号钢筋为贯通筋“L_2┌──L_1──┐L_2”的加工尺寸计算：

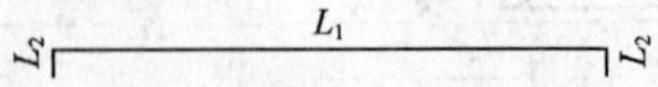

$$\begin{aligned}L_1&=l_{n1}+2\times0.4\times l_{aE}\\&=5\ 600+2\times198\\&=5\ 996.8(\text{mm})，取\ 5\ 997\ \text{mm}\end{aligned}$$

$$L_2=15d=240(\text{mm})$$

即：“240┌──5997──┐240”。

②号钢筋直角筋“L_2┌──L_1──”的加工尺寸计算：

$$\begin{aligned}L_1&=l_{n1}/3+0.4l_{aE}\\&=1\ 870+198\\&=2\ 068(\text{mm})\end{aligned}$$

$$L_2=15d=240(\text{mm})$$

即："240 ┌ 2 068 ──"。

③号钢筋"L_2 └── L_1 ──┘ L_2"的加工尺寸计算：

$$\begin{aligned}L_1&=l_{n1}+2\times\max(0.4\times l_{aE},h_c-\text{保护层}-22-30)\\&=5\,600+2\times\max(0.4\times l_{aE},h_c-\text{保护层}-22-30)\\&=5\,600+2\times\max(198,400-30-22-30)\\&=5\,600+2\times\max(198,318)\\&=5\,600+2\times318\\&=5\,600+636\\&=6\,236(\text{mm})\end{aligned}$$

$$L_2=15d=240(\text{mm})$$

即："240 └── 6 236 ──┘ 240"。

再次强调，上面计算出来的尺寸，只是钢筋加工尺寸，不是钢筋下料尺寸。

3. 计算钢箍数量

钢箍数量也是要用平法施工图进行计算的。

在《混凝土结构施工图平面整体表示方法制图规则和构造详图(现浇混凝土框架、剪力墙、梁、板)》(11G101—1)的构造详图中可查到箍筋的摆放要求和数量。为了便于解读该图，图2-8是对《混凝土结构施工图平面整体表示方法制图规则和构造详图(现浇混凝土框架、剪力墙、梁、板)》(11G101—1)的构造详图中没有用到的钢筋，有所省略和改动。

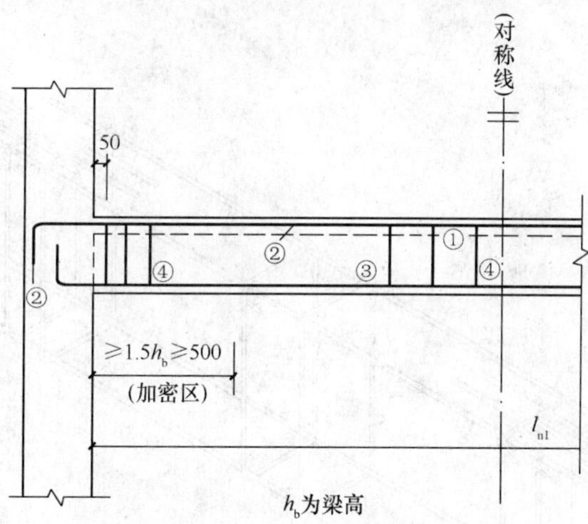

图 2-8 三级抗震等级框架梁 KL 箍筋配置

下面计算箍筋的加密区和非加密区各自区间的大小，以及箍筋的各自区间数量。

首先，计算加密区的大小 B1：

加密区 $B_1=\max(1.5h_b,500)$——在 $1.5h_b$ 和 500 两者之间取最大值。

加密区 $B_1=750$ mm。

其次，计算非加密区的大小 B_2：

非加密区 $B_2 = l_{n1} - 2\times$加密区

$= 5\ 600 - 2\times 750$

$= 4\ 100$(mm)。

然后，计算加密区里的箍筋数量：

一个加密箍筋布置区 $BB_1 = B_1 - 50 = 750 - 50 = 700$(mm)，

一个加密区的箍筋数量(个)＝700÷100＋1＝8(个)，

两个加密区的箍筋数量＝8×2＝16(个)。

最后，计算非加密区箍筋数量：

非加密区箍筋"空"＝4 100÷200＝20.5(个)。

为了趋于安全，令非加密区箍筋数量＝21"空"，但是，箍筋数量比箍筋的"空"少1，所以，

非加密区箍筋数量＝21－1＝20(个)。

实际上，非加密箍筋布置区的箍筋间距，应该是用21个"空"，去除非加密区尺寸4 100，即4 100÷21＝195.38(mm)。

标注如图2-9所示。

这个梁的钢筋绑扎轴测投影，示意简图，如图2-10所示。

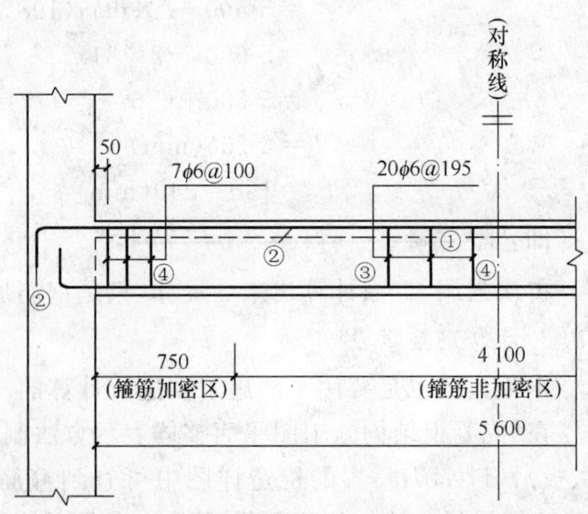

图 2-9 三级抗震等级框架梁箍筋配置尺寸

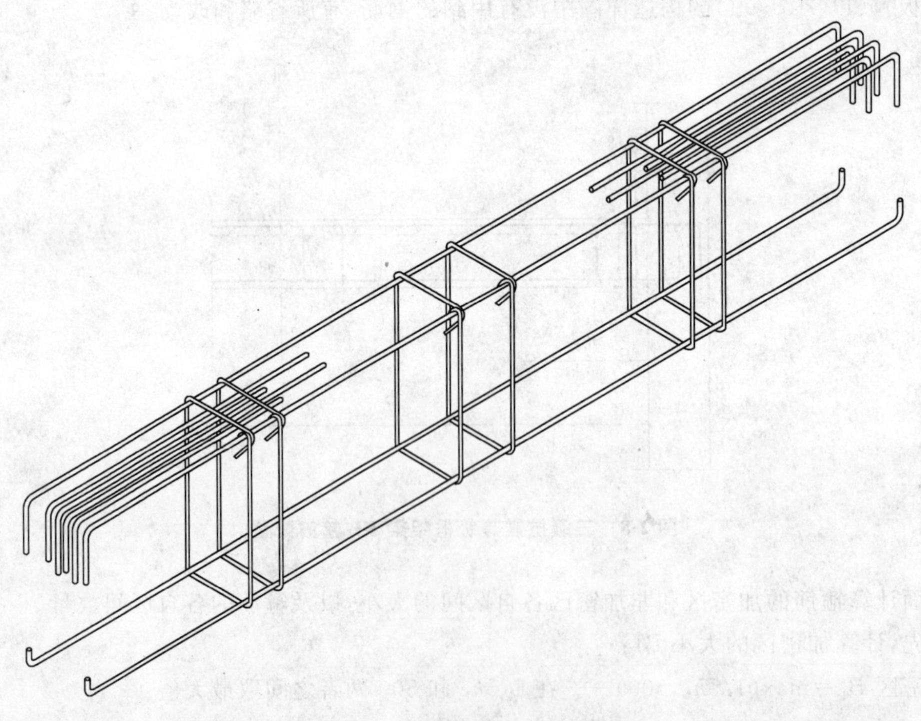

图 2-10 梁的轴测投影示意简图

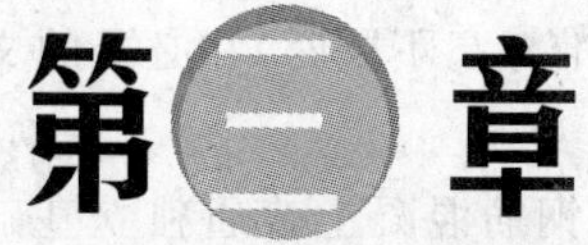

第三章 基础构件的平法识图

第一节 独立基础

一、独立基础平法施工图制图规则

1. 独立基础平法施工图的表示方法

(1)独立基础平法施工图,有平面注写与截面注写两种表达方式,设计者可根据具体工程情况选择一种,或两种方式相结合进行独立基础的施工图设计。

(2)当绘制独立基础平面布置图时,应将独立基础平面与基础所支承的柱一起绘制。当设置基础连系梁时,可根据图面的疏密情况,将基础连系梁与基础平面布置图一起绘制,或将基础连系梁布置图单独绘制。

(3)在独立基础平面布置图上应标注基础定位尺寸;当独立基础的柱中心线或杯口中心线与建筑轴线不重合时,应标注其定位尺寸。编号相同且定位尺寸相同的基础,可仅选择一个进行标注。

2. 独立基础编号

各种独立基础编号按表 3-1 规定。

设计时应注意:当独立基础截面形状为坡形时,其坡面应采用能保证混凝土浇筑、振捣密实的较缓坡度;当采用较陡坡度时,应要求施工采用在基础顶部坡面加模板等措施,以确保独立基础的坡面浇筑成型、振捣密实。

表 3-1 独立基础编号

类型	基础底板截面形状	代号	序号
普通独立基础	阶形	DJ_J	××
	坡形	DJ_P	××
杯口独立基础	阶形	BJ_J	××
	坡形	BJ_P	××

3.独立基础的平面注写方式

(1)独立基础的平面注写方式,分为集中标注和原位标注两部分内容。

(2)普通独立基础和杯口独立基础的集中标注。在基础平面图上集中引注:基础编号、截面竖向尺寸、配筋三项必注内容,以及基础底面标高(与基础底面基准标高不同时)和必要的文字注解两项选注内容。

素混凝土普通独立基础的集中标注,除无基础配筋内容外均与钢筋混凝土普通独立基础相同。

独立基础集中标注的具体内容,规定如下。

1)注写独立基础编号(必注内容),见表 3-1。

独立基础底板的截面形状通常有两种:

①阶形截面编号加下标“J”,如 DJ_J××、BJ_J××;

②坡形截面编号加下标“P”,如 DJ_P××、BJ_P××。

2)注写独立基础截面竖向尺寸(必注内容)。下面按普通独立基础和杯口独立基础分别进行说明。

①普通独立基础。

a. 当基础为阶形截面时,如图 3-1 所示。

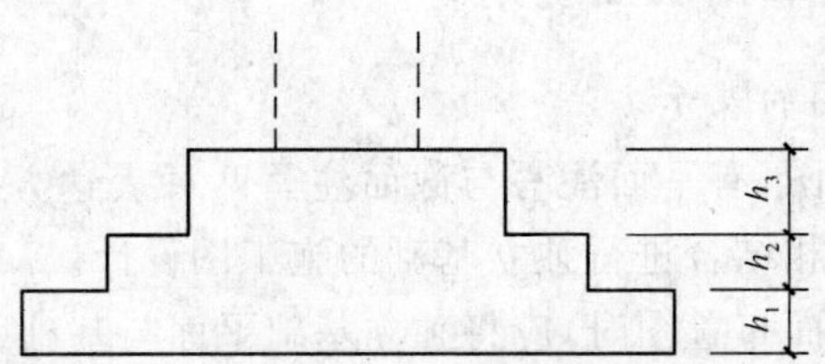

图 3-1 阶形截面普通独立基础竖向尺寸

【例】当阶形截面普通独立基础 DJ_J××的竖向尺寸注写为 400/300/300 时,表示 $h_1=400$、$h_2=300$、$h_3=300$,基础底板总厚度为 1 000。

上例及图 3-1 为三阶;当为更多阶时,各阶尺寸自下而上用“/”分隔顺写。

当基础为单阶时,其竖向尺寸仅为一个,且为基础总厚度,如图 3-2 所示。

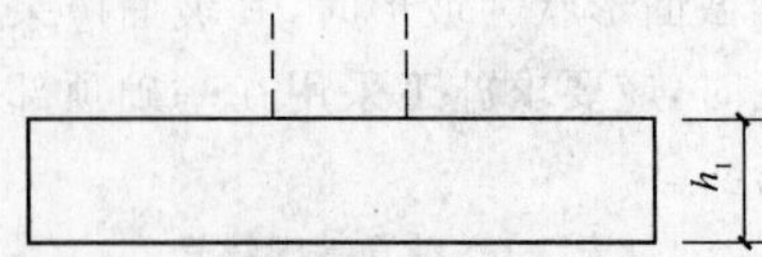

图 3-2 单阶普通独立基础竖向尺寸

b. 当基础为坡形截面时,注写为 h_1/h_2,如图 3-3 所示。

【例】当坡形截面普通独立基础 DJ_P××的竖向尺寸注写为 350/300 时,表示 $h_1=350$、$h_2=300$,基础底板总厚度为 650。

②杯口独立基础。

a. 当基础为阶形截面时,其竖向尺寸分两组,一组表达杯口内,另一组表达杯口外,两组

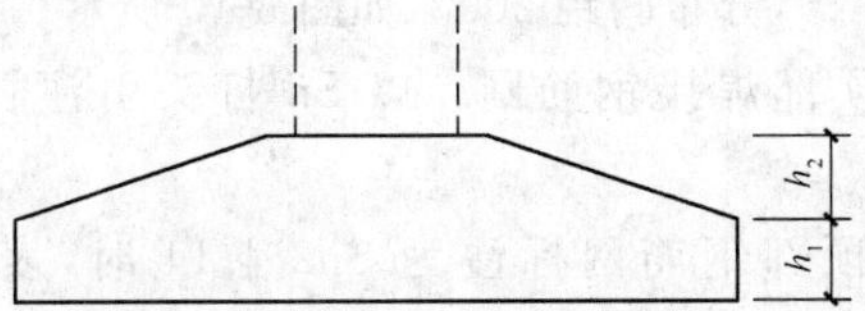

图 3-3　坡形截面普通独立基础竖向尺寸

尺寸以“,”分隔，注写为：a_0/a_1，$h_1/h_2/h_3$……，其含义如图 3-4～图 3-7 所示，其中杯口深度 a_0 为柱插入杯口的尺寸加 50 mm。

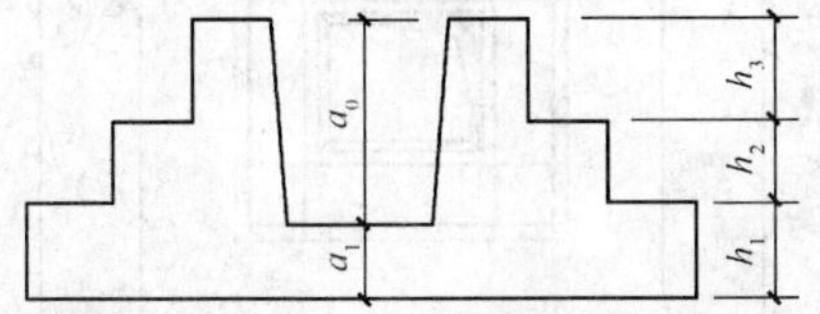

图 3-4　阶形截面杯口独立基础竖向尺寸(一)

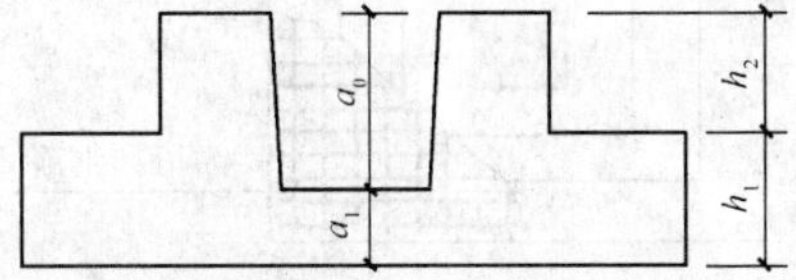

图 3-5　阶形截面杯口独立基础竖向尺寸(二)

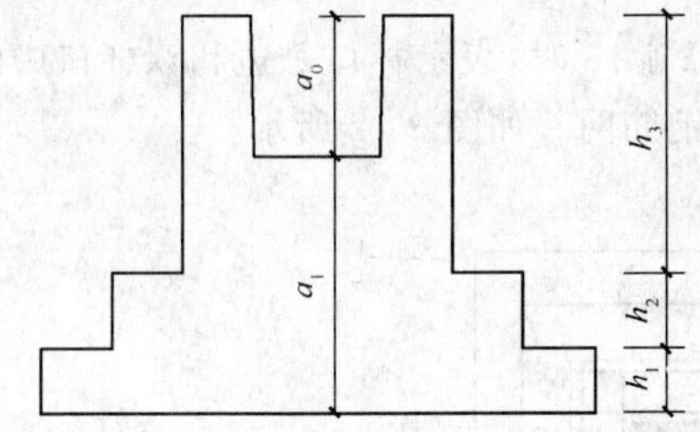

图 3-6　阶形截面高杯口独立基础竖向尺寸(一)

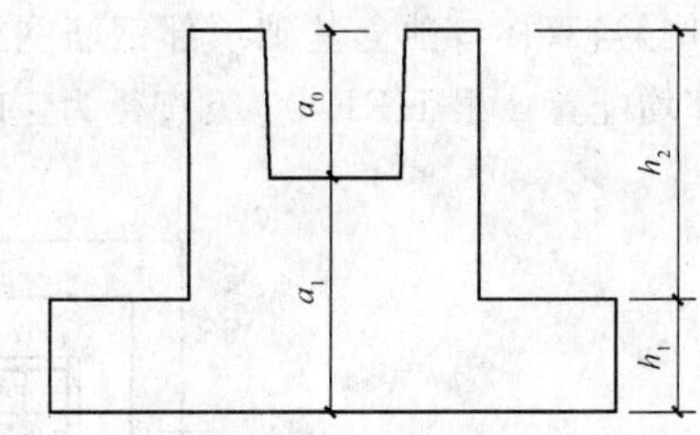

图 3-7　阶形截面高杯口独立基础竖向尺寸(二)

b. 当基础为坡形截面时，注写为：a_0/a_1，$h_1/h_2/h_3$……，其含义如图 3-8 和图 3-9 所示。

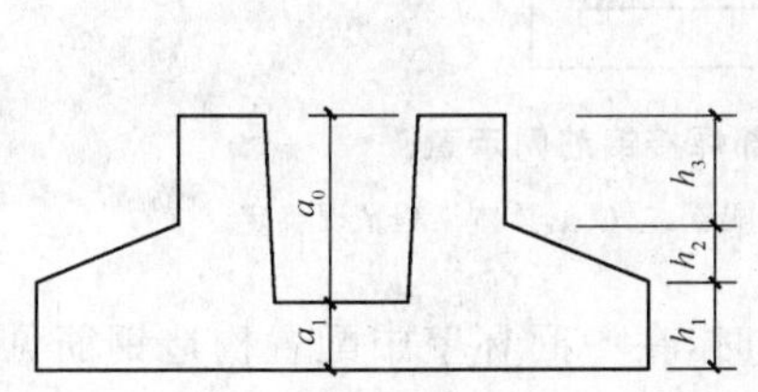

图 3-8　坡形截面杯口独立基础竖向尺寸

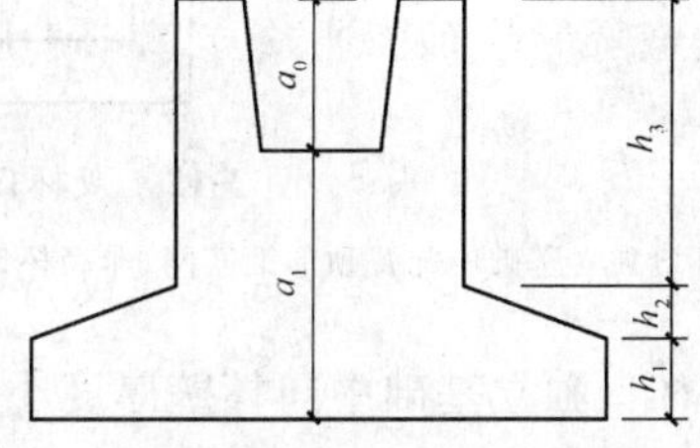

图 3-9　坡形截面高杯口独立基础竖向尺寸

3)注写独立基础配筋(必注内容)。

①注写独立基础底板配筋。普通独立基础和杯口独立基础的底部双向配筋注写规定如下：

a. 以 B 代表各种独立基础底板的底部配筋；

b. X 向配筋以 X 打头、Y 向配筋以 Y 打头注写；当两向配筋相同时，则以 X&Y 打头注写。

【例】独立基础底板配筋标注如下。

B：X⏀16@150，Y⏀16@200：表示基础底板底部配置 HRB400 级钢筋，X 向直径为⏀16，

分布间距 150；Y 向直径为⌀16，分布间距 200。如图 3-10 所示。

②注写杯口独立基础顶部焊接钢筋网。以 Sn 打头引注杯口顶部焊接钢筋网的各边钢筋。

【例】当杯口独立基础顶部钢筋网标注为 Sn2 ⌀14 时，表示杯口顶部每边配置 2 根 HRB400 级直径为⌀14 的焊接钢筋网。如图 3-11 所示。

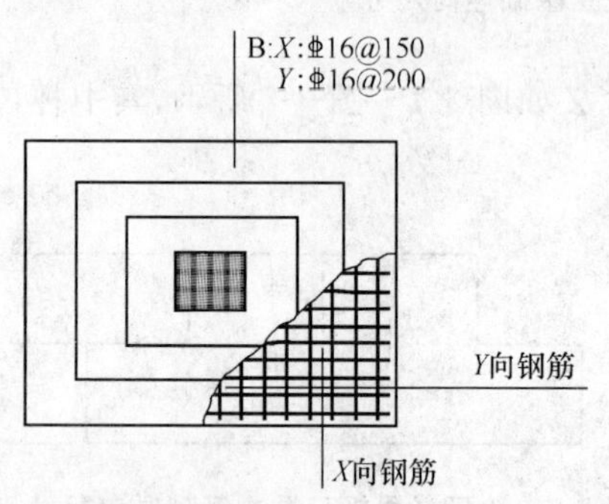

图 3-10 独立基础底板底部双向配筋示意

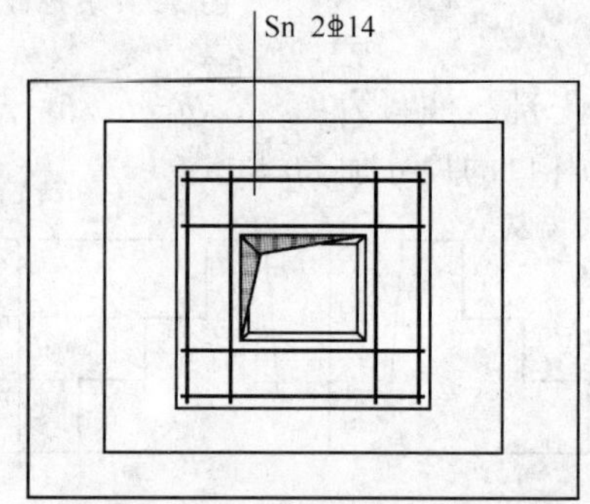

图 3-11 单杯口独立基础顶部焊接钢筋网示意

【例】当双杯口独立基础顶部钢筋网标注为 Sn2 ⌀16 时，表示杯口每边和双杯口中间杯壁的顶部均配置 2 根 HRB400 级直径为⌀16 的焊接钢筋网。如图 3-12 所示。

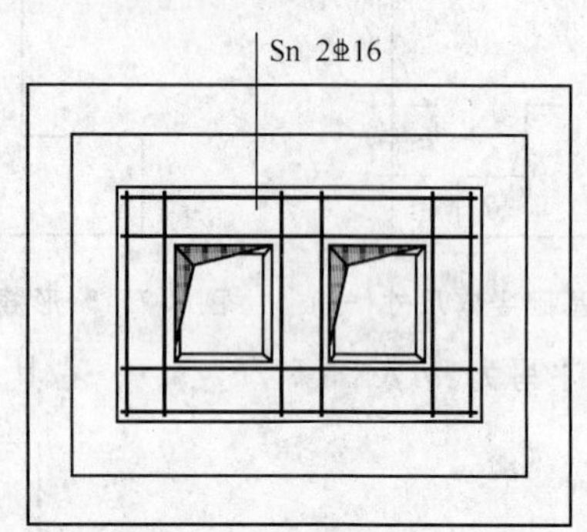

图 3-12 双杯口独立基础顶部焊接钢筋网示意

注：高杯口独立基础应配置顶部钢筋网；非高杯口独立基础是否配置，应根据具体工程情况确定。

当双杯口独立基础中间杯壁厚度小于 400 mm 时，在中间杯壁中配置构造钢筋见相应标准构造详图，设计不注。

③注写高杯口独立基础的杯壁外侧和短柱配筋。具体注写规定如下。

a. 以 O 代表杯壁外侧和短柱配筋。

b. 先注写杯壁外侧和短柱纵筋，再注写箍筋。注写为：角筋/长边中部筋/短边中部筋，箍筋（两种间距）；当杯壁水平截面为正方形时，注写为：角筋/x 边中部筋/y 边中部筋，箍筋（两种间距，杯口范围内箍筋间距/短柱范围内箍筋间距）。

【例】当高杯口独立基础的杯壁外侧和短柱配筋标注为 O：4 ⌀20/⌀16@220/⌀16@200，ϕ10@150/300 时，表示高杯口独立基础的杯壁外侧和短柱配置 HRB400 级竖向钢筋和 HPB300 级箍筋。

其竖向钢筋为:4Φ20角筋、Φ16@220长边中部筋和Φ16@200短边中部筋;其箍筋直径为10,杯口范围间距150,短柱范围间距300。如图3-13所示。

c. 对于双高杯口独立基础的杯壁外侧配筋,注写形式与单高杯口相同,施工区别在于杯壁外侧配筋为同时环住两个杯口的外壁配筋。如图3-14所示。

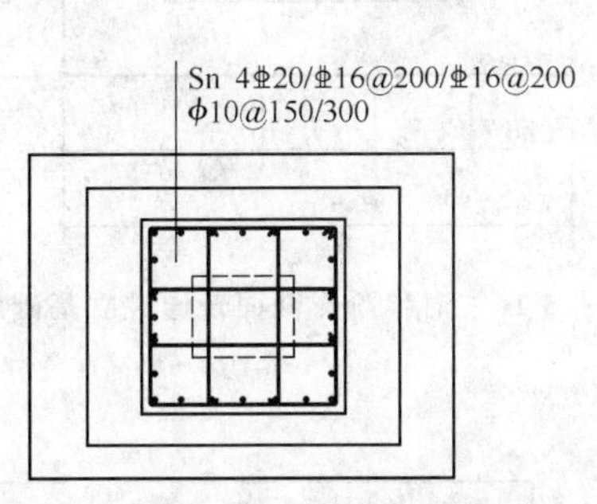

图3-13　高杯口独立基础杯壁配筋示意

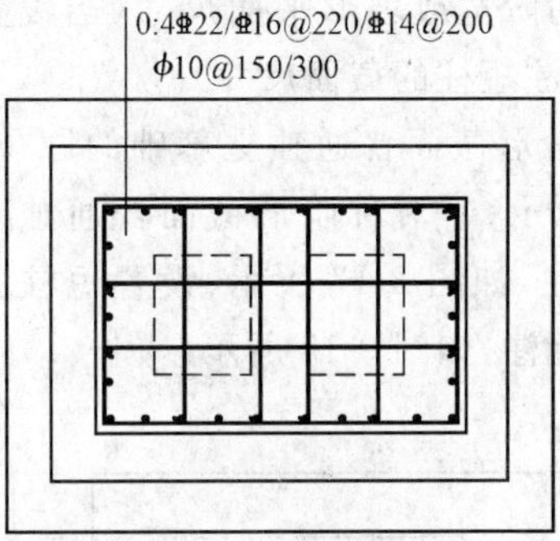

0:4Φ22/Φ16@220/Φ14@200
ϕ10@150/300

图3-14　双高杯口基础杯壁配筋示意

当双高杯口独立基础壁厚度小于400 mm,在中间杯壁中配置构造钢筋见相应标准构造详图,设计不注。

④注写普通独立深基础短柱竖向尺寸及钢筋。当独立基础埋深较大,设置短柱时,短柱配筋应注写在独立基础中。

具体注写规定如下:

a. 以DZ代表普通独立深基础短柱;

b. 先注写短柱纵筋,再注写箍筋,最后注写短柱标高范围。注写为:角筋/长边中部筋/短边中部筋,箍筋,短柱标高范围;当短柱水平截面为正方形时,注写为:角筋/x边中部筋/y边中部筋,箍筋,短柱标高范围。

【例】当短柱配筋标注为:DZ:4Φ20/5Φ18/5Φ18,ϕ10@100,-2.500～-0.050时,表示独立基础的短柱设置在-2.500～-0.050高度范围内,配置HRB400级竖向钢筋和HPB300级箍筋。

其竖向钢筋为:4Φ20角筋、5Φ18x边中部筋和5Φ18y边中部筋;其箍筋直径为ϕ10,间距100。如图3-15所示。

4)注写基础底面标高(选注内容)。当独立基础的底面标高与基础底面基准标高不同时,应将独立基础底面标高直接注写在“()”内。

5)必要的文字注解(选注内容)。当独立基础的设计有特殊要求时,宜增加必要的文字注解。例如,基础底板配筋长度是否采用减短方式等,可在该项内注明。

(3)钢筋混凝土和素混凝土独立基础的原位标注,是在基础平面布置图上标注独立基础的平面尺寸。对相同编号的基础,可选择一个进行原位标注;当平面图形较小时,可将所选定进行原位标注的基础按比例适当放大;其他相同编号者仅注编号。

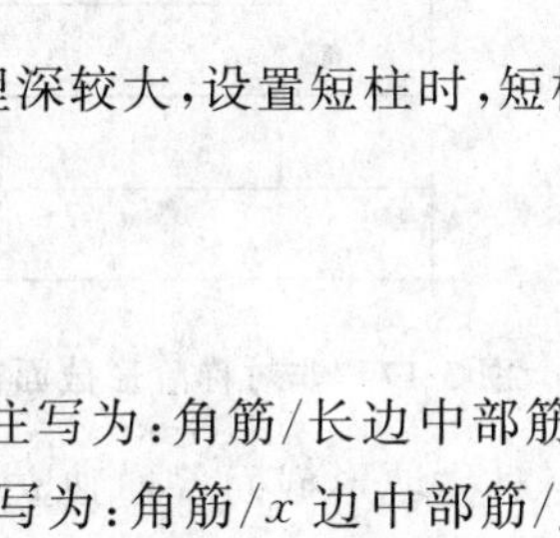

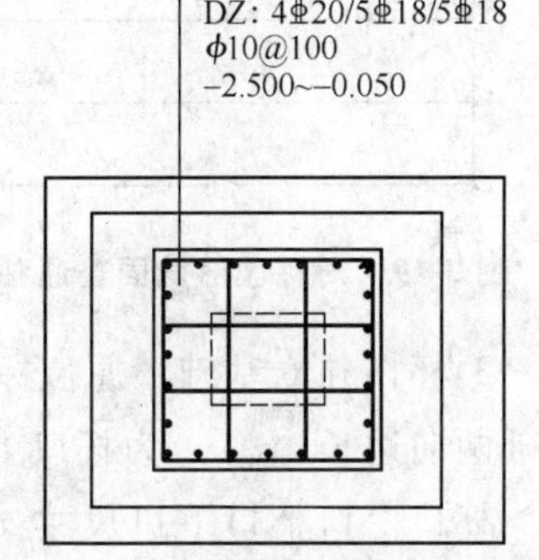

图3-15　独立基础短柱配筋示意

原位标注的具体内容规定如下。

1)普通独立基础。原位标注 x、y，x_c、y_c（或圆柱直径），x_i、y_i，$i=1,2,3\cdots\cdots$。其中，x、y 为普通独立基础两向边长，x_c、y_c 为柱截面尺寸，x_i、y_i 为阶宽或坡形平面尺寸（当设置短柱时，还应标注短柱的截面尺寸）。

对称阶形截面普通独立基础的原位标注，如图3-16所示；非对称阶形截面普通独立基础的原位标注，如图 3-17 所示；设置短柱独立基础的原位标注，如图 3-18 所示。

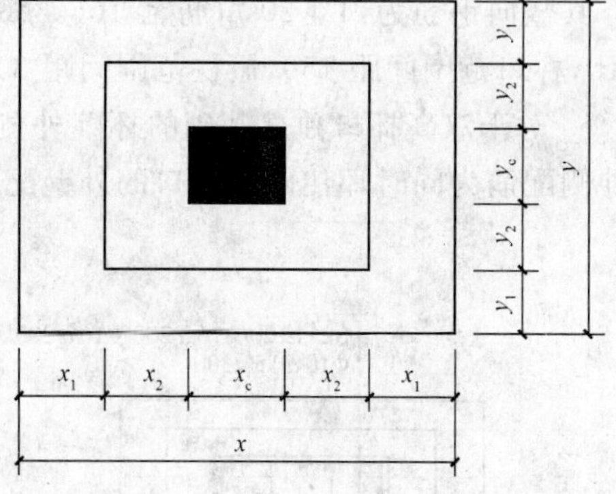

图 3-16　对称阶形截面普通独立基础原位标注

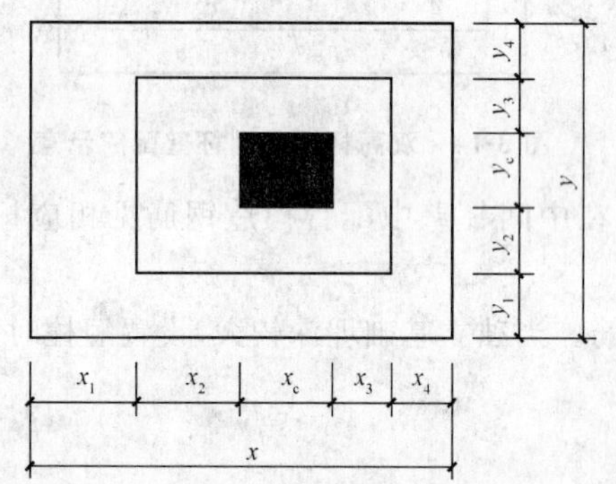

图 3-17　非对称阶形截面普通独立基础原位标注

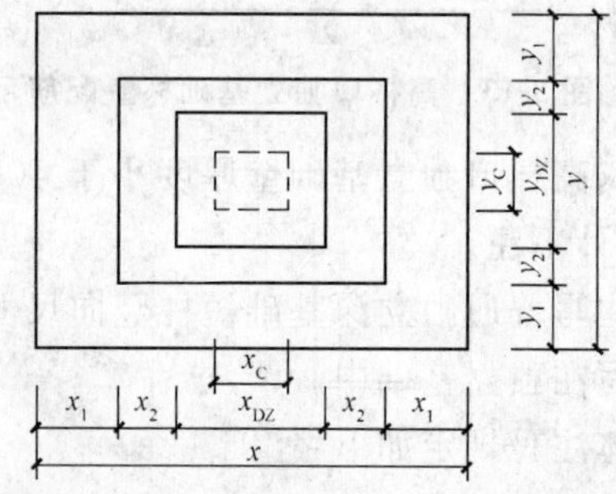

图 3-18　设置短柱独立基础的原位标注

对称坡形截面普通独立基础的原位标注，如图 3-19 所示；非对称坡形截面普通独立基础的原位标注，如图 3-20 所示。

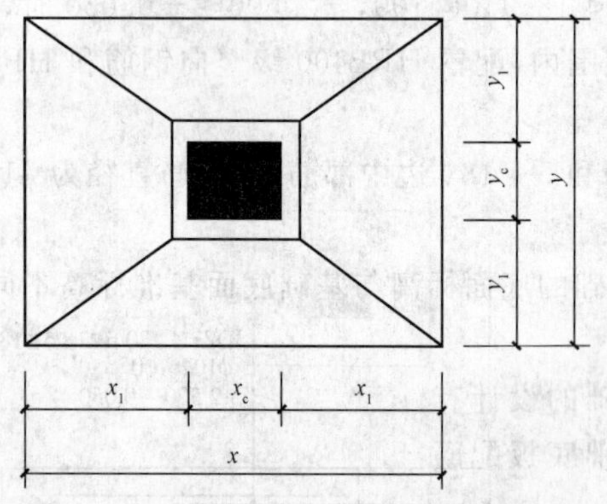

图 3-19　对称坡形截面普通独立基础原位标注

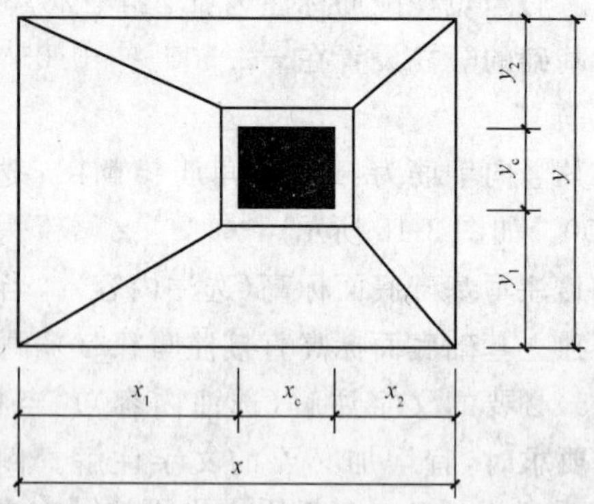

图 3-20　非对称坡形截面普通独立基础原位标注

2)杯口独立基础。原位标注 x、y，x_u、y_u，t_i，x_i、y_i，$i=1,2,3\cdots\cdots$。其中，x、y 为杯口独立基础两向边长，x_u、y_u 为杯口上口尺寸，t_i 为杯壁厚度，x_i、y_i 为阶宽或坡形截面尺寸。

杯口上口杯口下口尺寸 x_u、y_u，按柱截面边长两侧双向各加 75 mm；按标准构造详图（为插入杯口的相应柱截面边长尺寸，每边各加 50 mm），设计不注。

阶形截面杯口独立基础的原位标注，如图 3-21 和图 3-22 所示。高杯口独立基础原位标注与杯口独立基础完全相同。

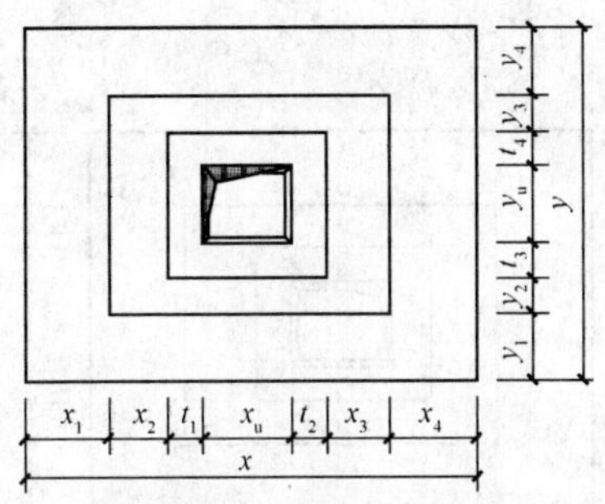

图 3-21　阶形截面杯口独立基础原位标注(一)

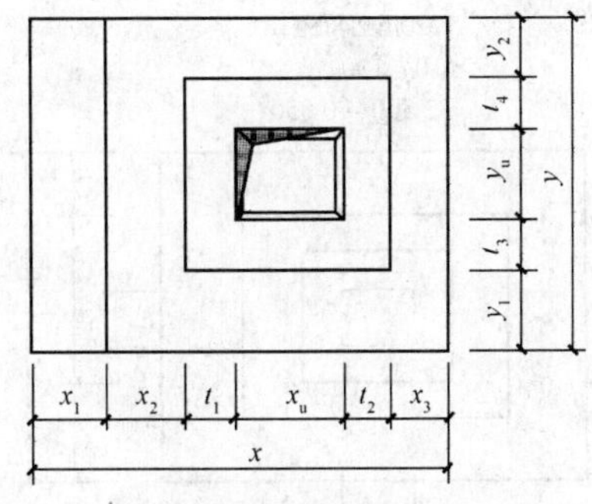

图 3-22　阶形截面杯口独立基础原位标注(二)

(本图所示基础底板的一边比其他三边多一阶)

坡形截面杯口独立基础的原位标注，如图 3-23 和图 3-24 所示。高杯口独立基础的原位标注与杯口独立基础完全相同。

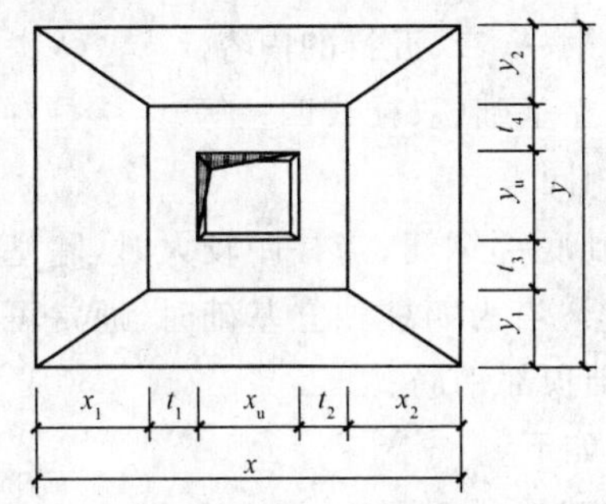

图 3-23　坡形截面杯口独立基础原位标注(一)

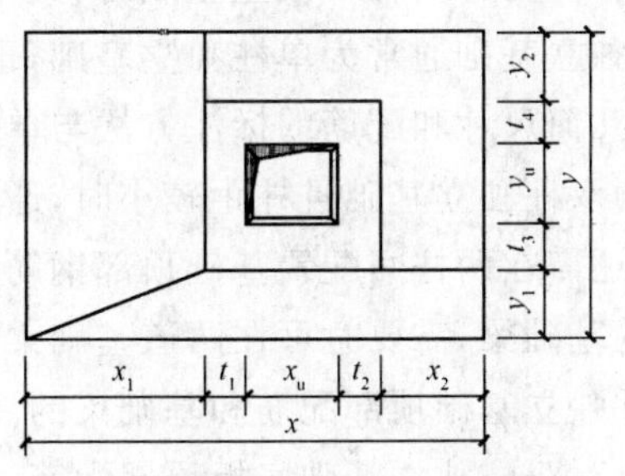

图 3-24　坡形截面杯口独立基础原位标注(二)

(本图所示基础底板有两边不放坡)

设计时应注意：当设计为非对称坡形截面独立基础且基础底板的某边不放坡时，在采用双比例原位放大绘制的基础平面图上，或在圈引出来放大绘制的基础平面图上，应按实际放坡情况绘制分坡线，如图 3-24 所示。

(4)普通独立基础采用平面注写方式的集中标注和原位标注综合设计表达示意，如图 3-25所示。

设置短柱独立基础采用平面注写方式的集中标注和原位标注综合设计表达示意，如图 3-26所示。

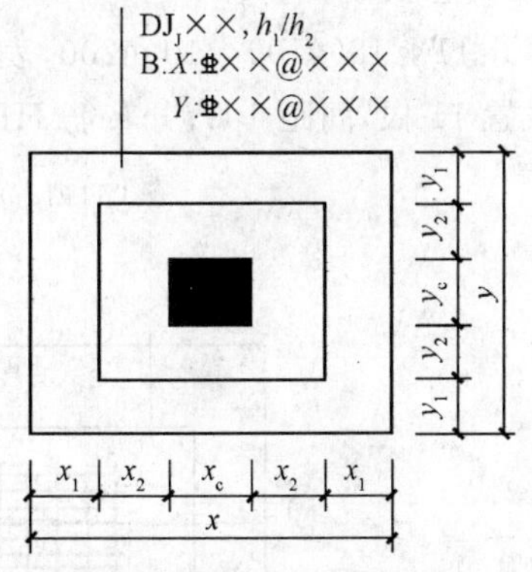

图 3-25　普通独立基础平面注写方式设计表达示意

(5)杯口独立基础采用平面注写方式的集中标注和原位标注综合设计表达示意，如图3-27所示。

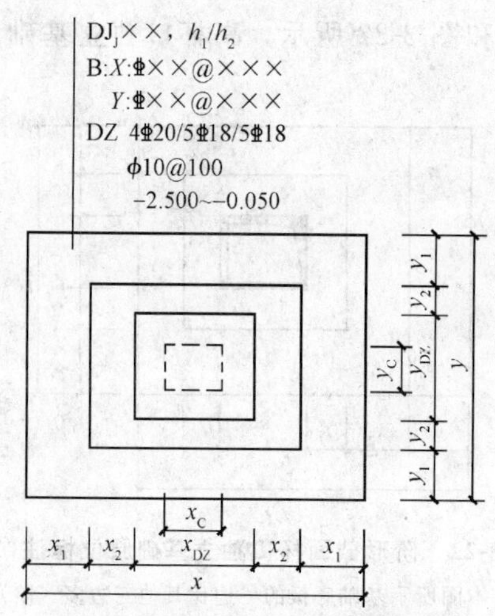

图 3-26 普通独立基础平面注写方式设计表达示意

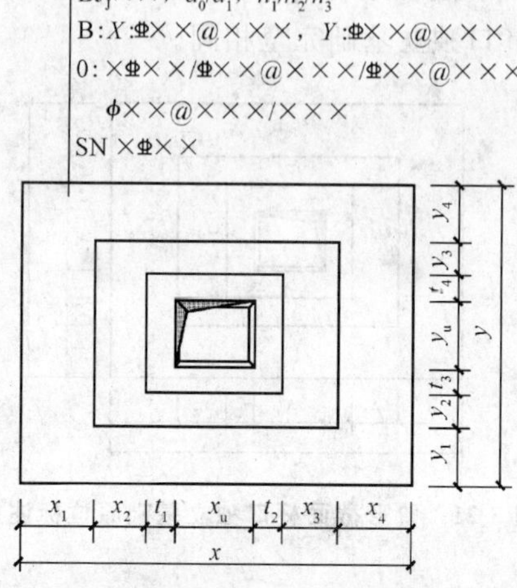

图 3-27 杯口独立基础平面注写方式表达示意

在图 3-27 中，集中标注的第三、四行内容，是表达高杯口独立基础杯壁外侧的竖向纵筋和横向箍筋；当为非高杯口独立基础时，集中标注通常为第一、二、五行的内容。

(6)独立基础通常为单柱独立基础，也可为多柱独立基础（双柱或四柱等）。多柱独立基础的编号、几何尺寸和配筋的标注方法与单柱独立基础相同。

当为双柱独立基础且柱距较小时，通常仅配置基础底部钢筋；当柱距较大时，除基础底部配筋外，还需在两柱间配置基础顶部钢筋或设置基础梁；当为四柱独立基础时，通常可设置两道平行的基础梁，需要时可在两道基础梁之间配置基础顶部钢筋。

多柱独立基础顶部配筋和基础梁的注写方法规定如下。

1)注写双柱独立基础底板顶部配筋。双柱独立基础的顶部配筋，通常对称分布在双柱中心线两侧，注写为：双柱间纵向受力钢筋/分布钢筋。当纵向受力钢筋在基础底板顶面非满布时，应注明其总根数。

【例】T:11⊈18@100/ϕ10@200，表示独立基础顶部配置纵向受力钢筋 HRB400 级，直径为⊈18 设置 11 根，间距 100；分布筋 HPB300 级，直径为 ϕ10，分布间距 200，如图 3-28 所示。

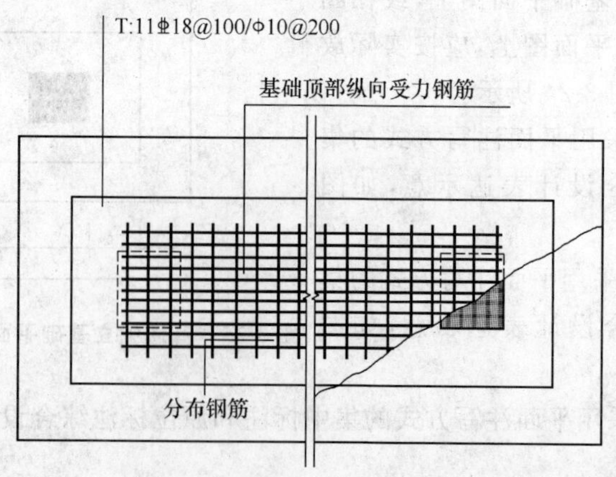

图 3-28 双柱独立基础顶部配筋示意

2)注写双柱独立基础的基础梁配筋。当双柱独立基础为基础底板与基础梁相结合时,注写基础梁的编号、几何尺寸和配筋。如JL××(1)表示该基础梁为1跨,两端无外伸;JL××(1A)表示该基础梁为1跨,一端有外伸;JL××(1B)表示该基础梁为1跨,两端均有外伸。

通常情况下,双柱独立基础宜采用端部有外伸的基础梁,基础底板则采用受力明确、构造简单的单向受力配筋与分布筋。基础梁宽度宜比柱截面宽出不小于100 mm(每边不小于50 mm)。

基础梁的注写规定与条形基础的基础梁注写规定相同,注写示意图如图3-29所示。

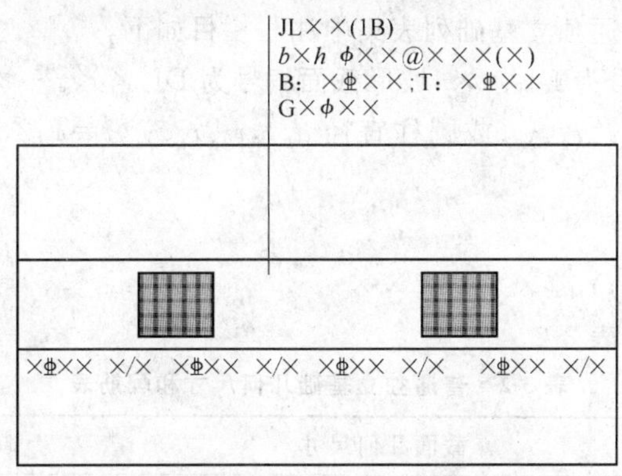

图3-29 双柱独立基础的基础梁配筋注写示意图

3)注写双柱独立基础的底板配筋。双柱独立基础底板配筋的注写,可以按条形基础底板的注写规定,也可以按独立基础底板的注写规定。

4)注写配置两道基础梁的四柱独立基础底板顶部配筋。当四柱独立基础已设置两道平行的基础梁时,根据内力需要可在双梁之间及梁的长度范围内配置基础顶部钢筋,注写为:梁间受力钢筋/分布钢筋。

【例】T:ⲫ16@120/ϕ10@200,表示在四柱独立基础顶部两道基础梁之间配置受力钢筋HRB400级,直径为ⲫ16,间距120;分布筋HPB300级,直径为ϕ10,分布间距200,如图3-30所示。

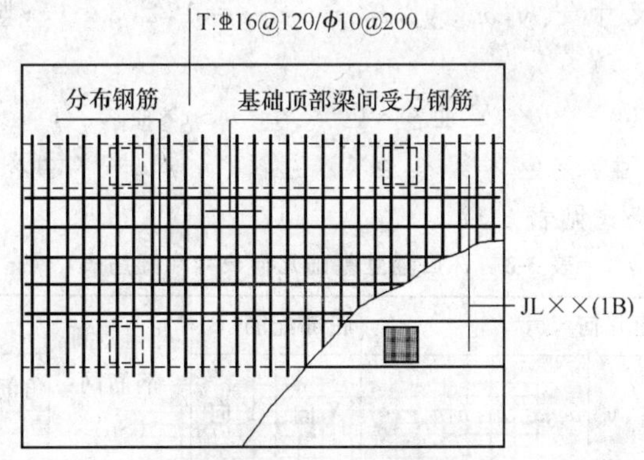

图3-30 四柱独立基础底板顶部基础梁间配筋注写示意

平行设置两道基础梁的四柱独立基础底板配筋,也可按双梁条形基础底板配筋的注写规定。

4.独立基础的截面注写方式

(1)独立基础的截面注写方式,又可分为截面标注和列表注写(结合截面示意图)两种表达方式。

采用截面注写方式，应在基础平面布置图上对所有基础进行编号，见表3-1。

(2)对单个基础进行截面标注的内容和形式，与传统"单构件正投影表示方法"基本相同。对于已在基础平面布置图上原位标注清楚的该基础的平面几何尺寸，在截面图上可不再重复表达。

(3)对多个同类基础，可采用列表注写(结合截面示意图)的方式进行集中表达。表中内容为基础截面的几何数据和配筋等，在截面示意图上应标注与表中栏目相对应的代号。列表的具体内容规定如下。

1)普通独立基础。普通独立基础列表集中注写栏目如下。

①编号：阶形截面编号为DJ_J××，坡形截面编号为DJ_P××。

②几何尺寸：水平x、y、x_c、y_c(或圆柱直径d_c)，t_i、x_i、y_i，$i=1,2,3$……；竖向尺寸a_0、a_1，$h_1/h_2/h_3$……

③配筋：

B：X：⌀××@×××，Y：⌀××@×××。

普通独立基础列表见表3-2。

表3-2 普通独立基础几何尺寸和配筋表

基础编号/截面号	截面几何尺寸				底部配筋(B)	
	x、y	x_c、y_c	x_i、y_i	$h_1/h_2/h_3$……	X向	Y向

注：可根据实际情况增加表中栏目。例如，当基础底面标高与基础底面基准标高不同时，加注基础底面标高；当为双柱独立基础时，加注基础顶部配筋或基础梁几何尺寸和配筋；当设置短柱时增加短柱尺寸及配筋等。

2)杯口独立基础。杯口独立基础列表集中注写栏目如下。

①编号：阶形截面编号为BJ_J××，坡形截面编号为BJ_P××。

②几何尺寸：水平尺寸x、y，x_u、y_u，t_i，x_i、y_i，$i=1,2,3$……；竖向尺寸a_0、a_i，$h_1/h_2/h_3$……。

③配筋：B：X：⌀××@×××，Y：⌀××@×××，Sn×⌀××；

O：×⌀××/⌀××@×××/⌀××@×××，ϕ××@×××/×××。

杯口独立基础列表格式见表3-3。

表3-3 杯口独立基础几何尺寸和配筋表

基础编号/截面号	截面几何尺寸				底部配筋(B)		杯口顶部钢筋网(Sn)	杯壁外侧配筋(O)	
	x、y	x_c、y_c	x_i、y_i	a_0、a_1，h_1/h_2h_3……	X向	Y向		角筋/长边中部筋/短边中部筋	杯口箍筋/短柱箍筋

注：可根据实际情况增加表中栏目。如当基础底面标高与基础底面基准标高不同时，加注基础底面标高；或增加说明栏目等。

二、独立基础平法施工图识图

1. 采用平面注写方式表达的独立基础设计施工图示意(图 3-31)

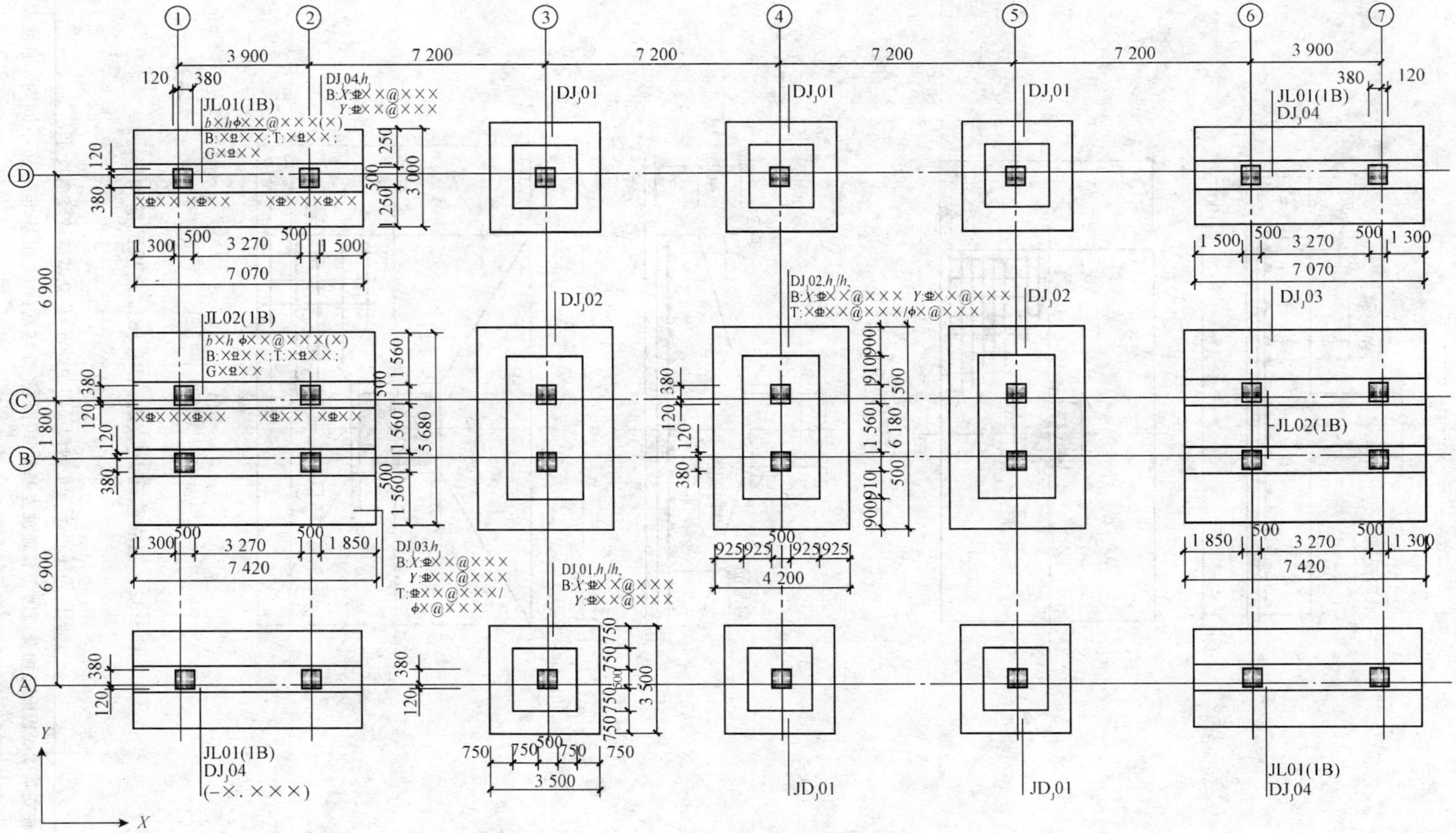

图 3-31　采用平面注写方式表达的独立基础设计施工图示意

注：1. X、Y 为图面方向；

2. ±0.000 的绝对标高(m)：×××.×××；基础底面基准标高(m)：−×.×××。

2. 独立基础 DJ_J、DJ_P、BJ_J、BJ_P 底板配筋构造(图 3-32)

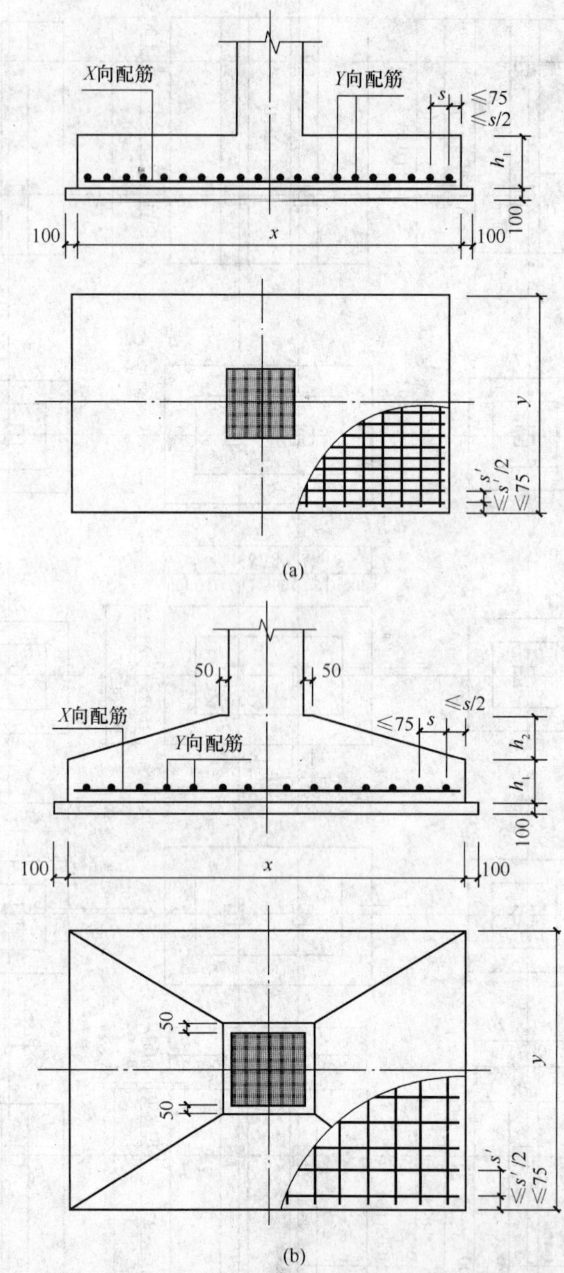

图 3-32 独立基础 DJ_J、DJ_P、BJ_J、BJ_P 底板配筋构造

(a)阶形;(b)坡形

s—Y 向配筋间距;s'—X 向配筋间距;h_1—独立基础的竖向尺寸

注:1. 独立基础底板配筋构造适用于普通独立基础和杯口独立基础;

2. 几何尺寸和配筋按具体结构设计和图 3-32 构造确定;

3. 独立基础底板双向交叉钢筋长向设置在下,短向设置在上。

3. 双柱普通独立基础底部与顶部配筋构造

双柱普通独立基础底部与顶部配筋构造，如图 3-33 所示。

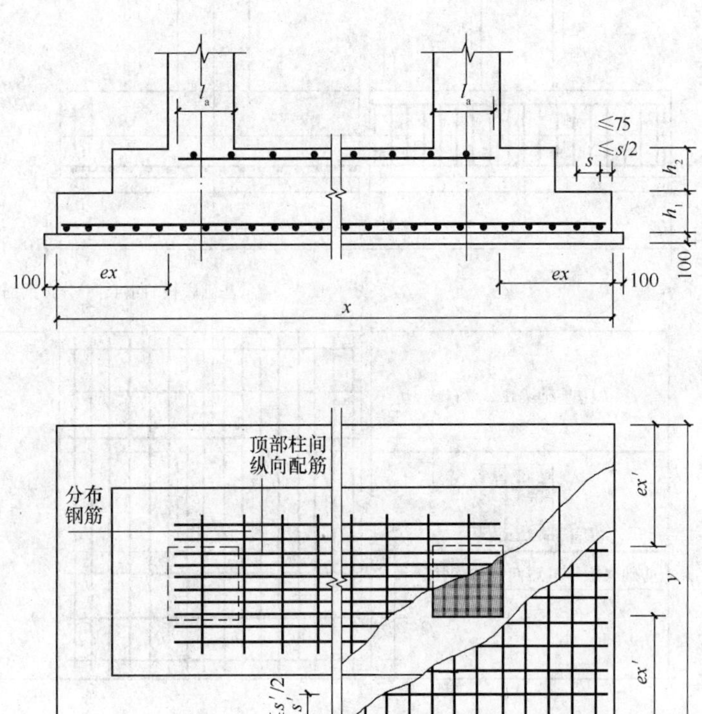

图 3-33 双柱普通独立基础配筋构造

s—Y 向配筋间距；

s'—X 向配筋间距；

h_1，h_2—独立基础的竖向尺寸；

ex、ex'—基础两个方向从柱外缘至基础外缘的伸出长度

注：1. 双柱普通独立基础底板的截面形状，可为阶形截面 DJ_J 或坡形截面 DJ_P；

2. 几何尺寸和配筋按具体结构设计和图 3-33 所示构造确定；

3. 双柱普通独立基础底部双向交叉钢筋，根据基础两个方向从柱外缘至基础外缘的伸出长度 ex 和 ex' 的大小，较大者方向的钢筋设置在下，较小者方向的钢筋设置在上。

4. 设置基础梁的双柱普通独立基础配筋构造

设置基础梁的双柱普通独立基础配筋构造，如图 3-34 所示。

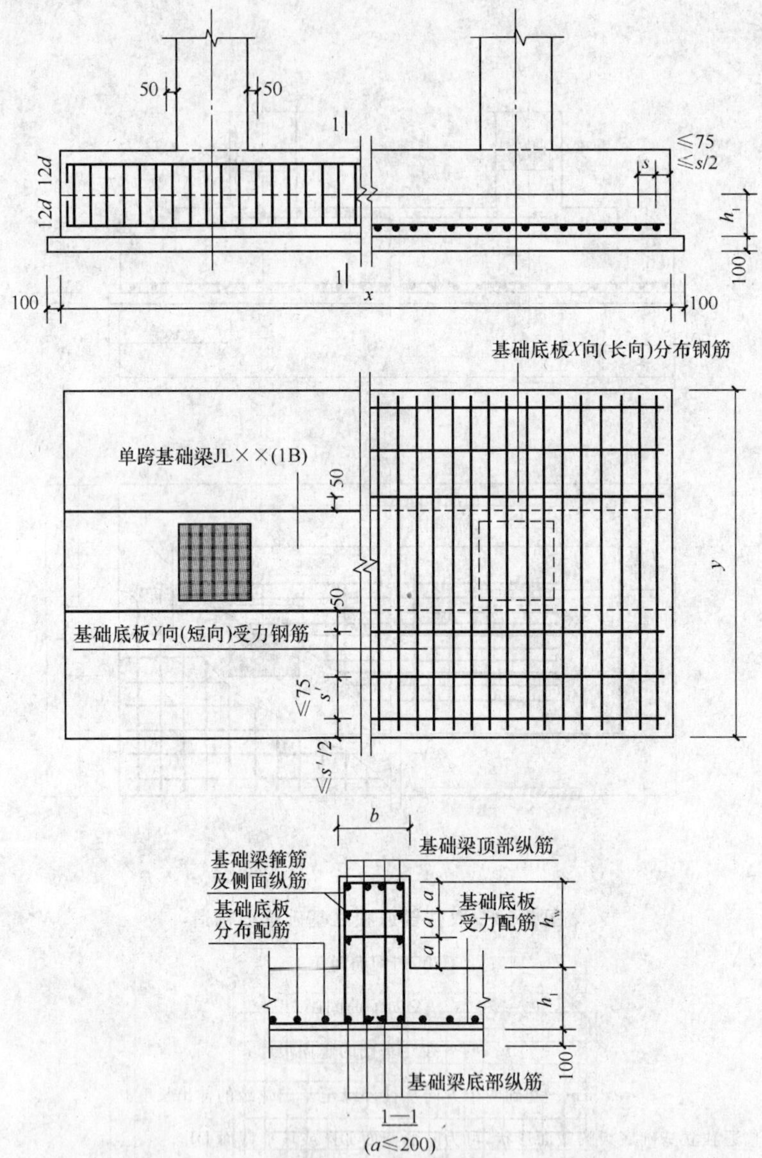

图 3-34　设置基础梁的双柱普通独立基础配筋构造

s—Y 向配筋间距；h_1—独立基础的竖向尺寸；d—受拉钢筋直径；

a—钢筋间距；b—基础梁宽度；h_w—梁腹板高度

注：1. 双柱独立基础底板的截面形状，可为阶形截面 DJ_J 或坡形截面 DJ_P；

2. 几何尺寸和配筋按具体结构设计和图 3-34 所示构造确定；

3. 双柱独立基础底部短向受力钢筋设置在基础梁纵筋之下，与基础梁箍筋的下水平段位于同一层面；

4. 双柱独立基础所设置的基础梁宽度，宜比柱截面宽度≥100 mm（每边≥50 mm）。若具体设计的基础梁宽度小于柱截面宽度，施工时应增设梁包柱侧腋。

5. 独立基础底板配筋长度减短 10%构造

独立基础底板配筋长度减短 10%构造，如图 3-35 所示。

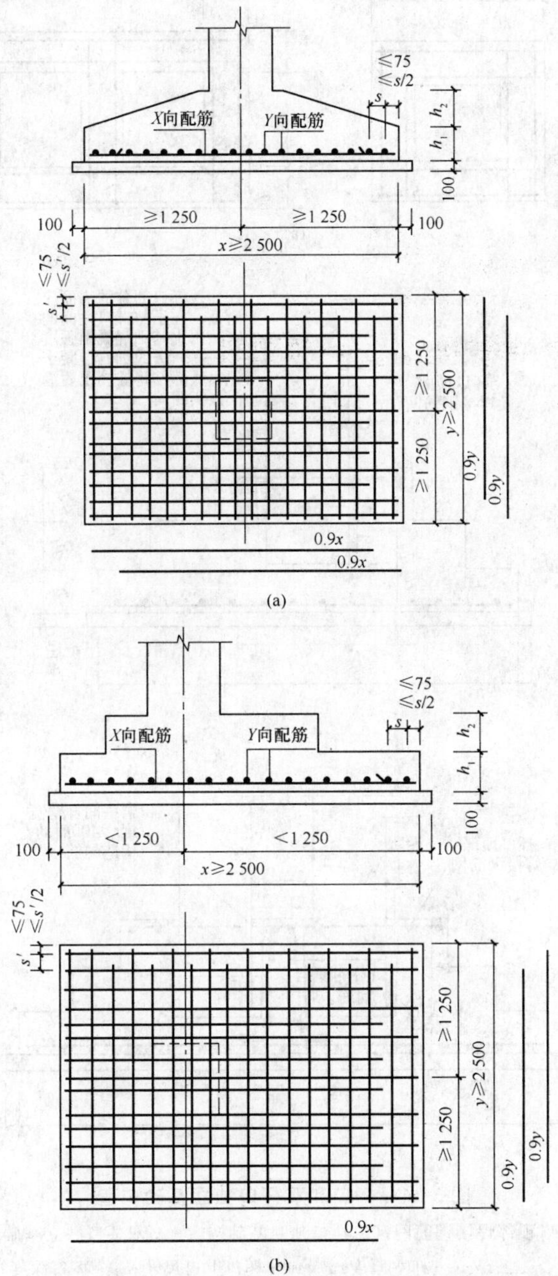

图 3-35 独立基础底板配筋长度减短 10%构造

(a)对称独立基础；(b)非对称独立基础

s—Y 向配筋间距；s'—X 向配筋间距；h_1，h_2—独立基础的竖向尺寸

注：1. 当独立基础底板长度≥2 500 mm 时，除外侧钢筋外，底板配筋长度可取相应方向底板长度的 0.9 倍；

2. 当非对称独立基础底板长度≥2 500 mm，但是该基础某侧从柱中心至基础底板边缘的距离<1 250 mm 时，钢筋在该侧不应减短。

6. 杯口和双杯口独立基础构造(图 3-36)

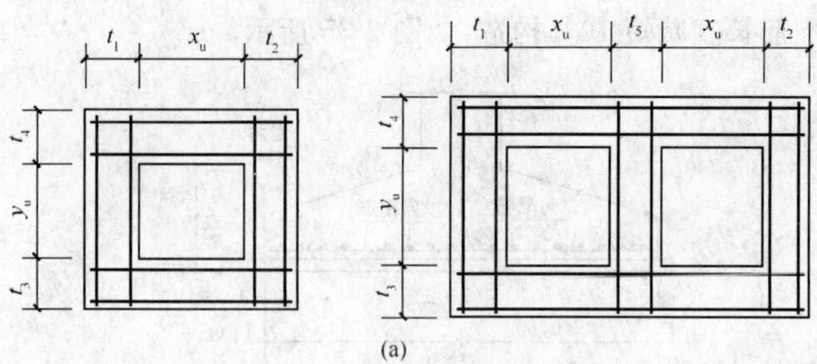

(a)

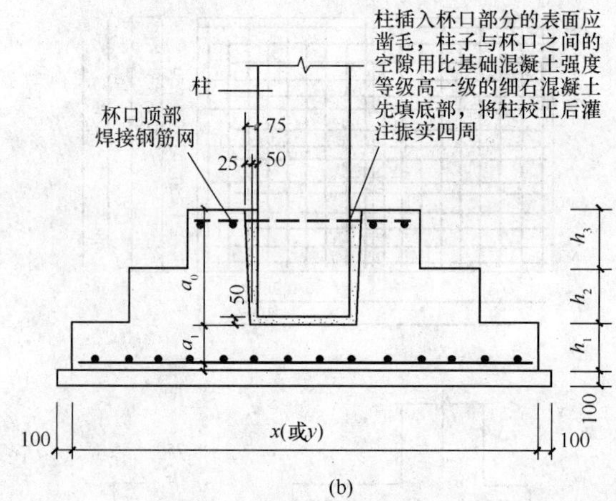

(b)

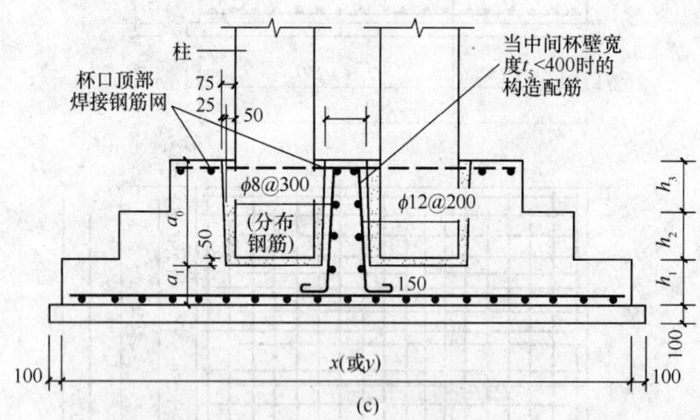

(c)

图 3-36 杯口和双杯口独立基础构造

(a)杯口顶部焊接钢筋网；(b)杯口独立基础构造；(c)双杯口独立基础构造

t_1、t_2、t_3、t_4、t_5—杯壁厚度；x_u、y_u—杯口上口尺寸；a_0—杯口深度；

a_1—杯口内底部至基础底部距离；h_1、h_2、h_3—独立基础的竖向尺寸

注：1. 杯口独立基础底板的截面形状可为阶形截面 BJ_J 或坡形截面 BJ_P。当为坡形截面且坡度较大时，应在坡面上安装顶部模板，以确保混凝土能够浇筑成型、振捣密实；

2. 几何尺寸和配筋按具体结构设计和图 3-36 构造确定；

3. 当双杯口的中间杯壁宽度 t_5<400 mm 时，设置构造配筋。

7. 高杯口独立基础杯壁和基础短柱配筋构造

高杯口独立基础底板的截面形状可为阶形截面 BJ_J 或坡形截面 BJ_P。当为坡形截面且坡度较大时，应在坡面上安装顶部模板，以确保混凝土能够浇筑成型、振捣密实。高杯口独立基础杯壁和基础短柱配筋构造如图 3-37 所示。

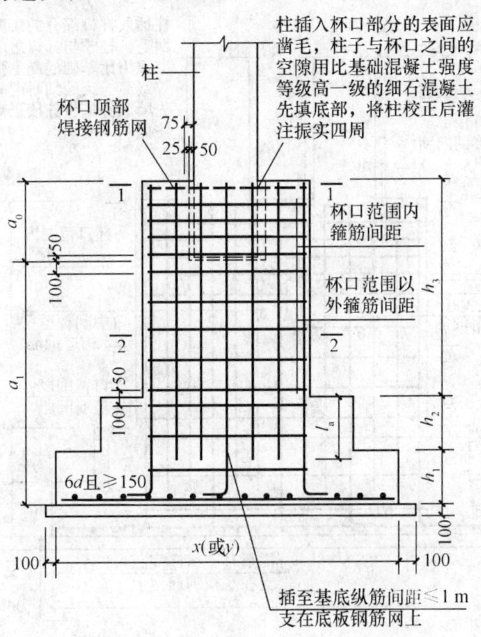

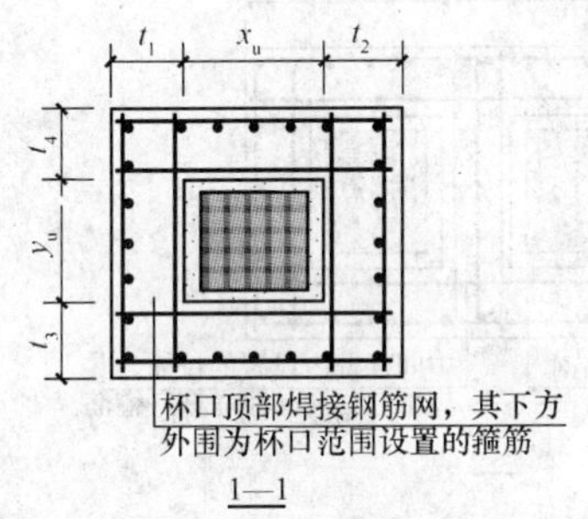

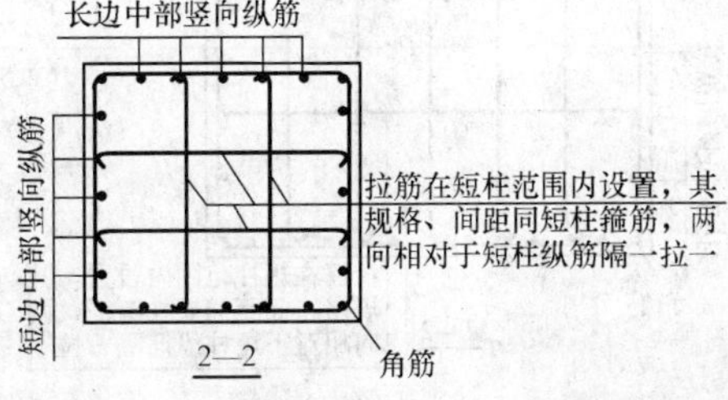

图 3-37　高杯口独立基础杯壁和基础短柱配筋构造

t_1、t_2、t_3、t_4、t_5—杯壁厚度；x_u、y_u—杯口上口尺寸；a_0—杯口深度；a_1—杯口内底部至基础底部距离；h_1、h_2、h_3—独立基础的竖向尺寸

8. 双高杯口独立基础杯壁和基础短柱配筋构造

双高杯口独立基础杯壁和基础短柱配筋构造如图 3-38 所示。当双杯口的中间杯壁宽度 t_5＜400 mm 时，设置中间杯壁构造配筋。

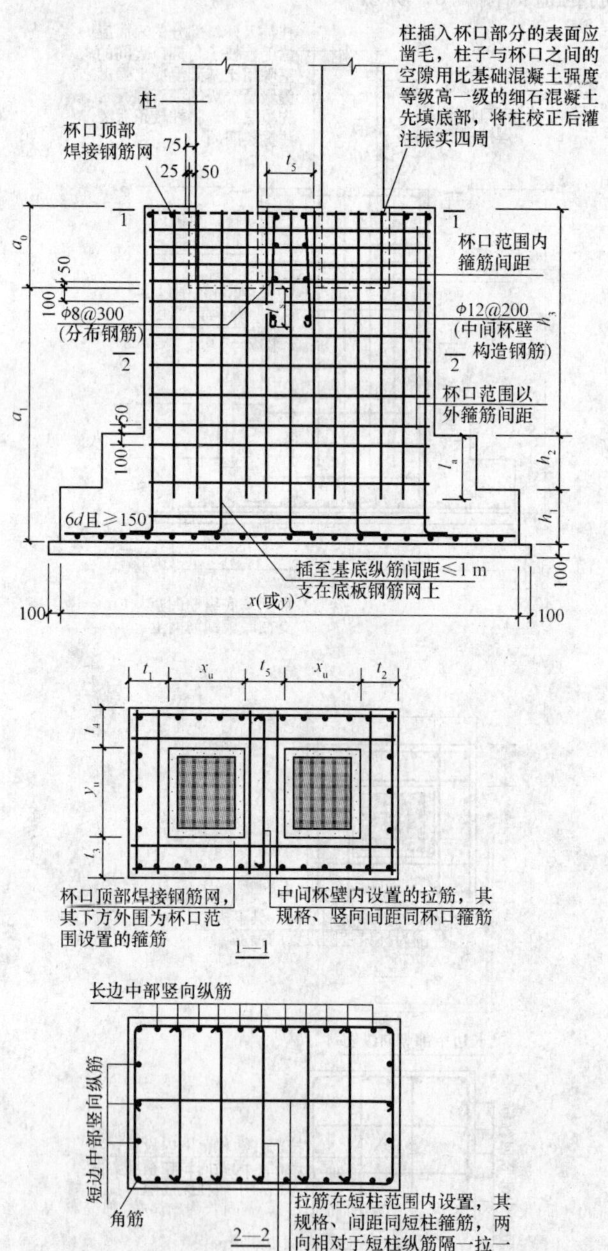

图 3-38 双高杯口独立基础杯壁和基础短柱配筋构造

t_1、t_2、t_3、t_4、t_5—杯壁厚度；x_u、y_u—杯口上口尺寸；a_0—杯口深度；

a_1—杯口内底部至基础底部距离；h_1、h_2、h_3—独立基础的竖向尺寸

9.单柱普通独立深基础短柱配筋构造

单柱普通独立深基础短柱配筋构造，如图 3-39 所示。

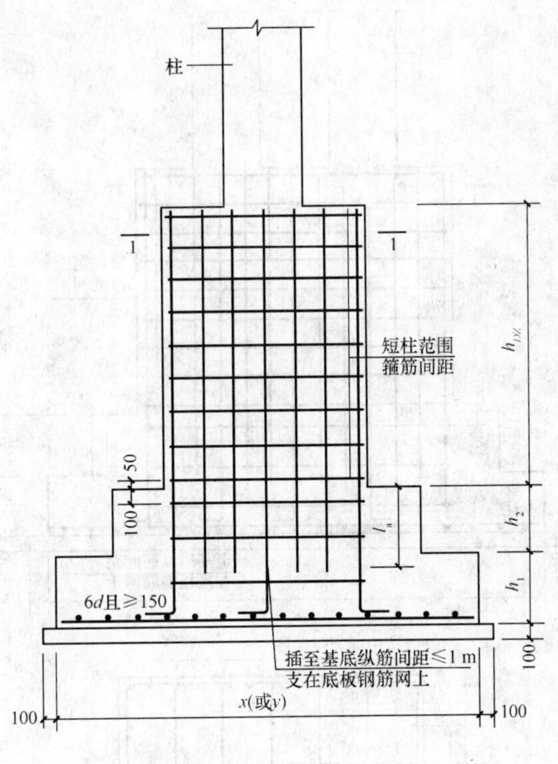

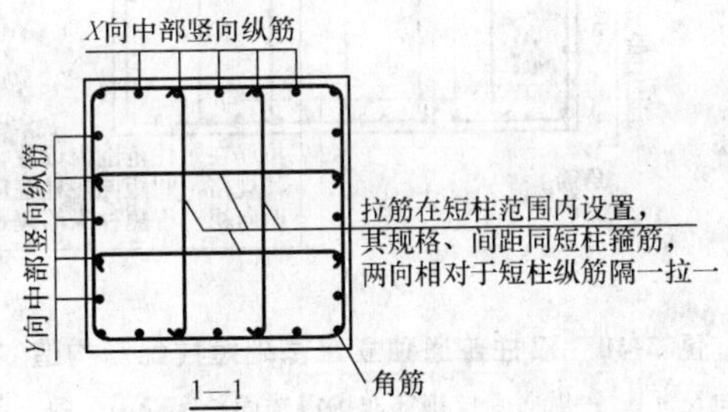

图 3-39　单柱普通独立深基础短柱配筋构造

h_1、h_2—独立基础的竖向尺寸；l_a—纵向受拉钢筋非抗震锚固长度；h_{DZ}—独立深基础短柱的竖向尺寸

注：1. 独立深基础底板的截面形式可分为阶形截面 BJ_J 或坡形截面 BJ_P。当为坡形截面且坡度较大时，应在坡面上安装顶部模板，以确保混凝土能够浇筑成型、振捣密实；

2. 几何尺寸和配筋按具体结构和本图构造确定，施工按相应平法制图规则。

10. 双柱普通独立深基础短柱配筋构造

双柱普通独立深基础短柱配筋构造如图 3-40 所示。

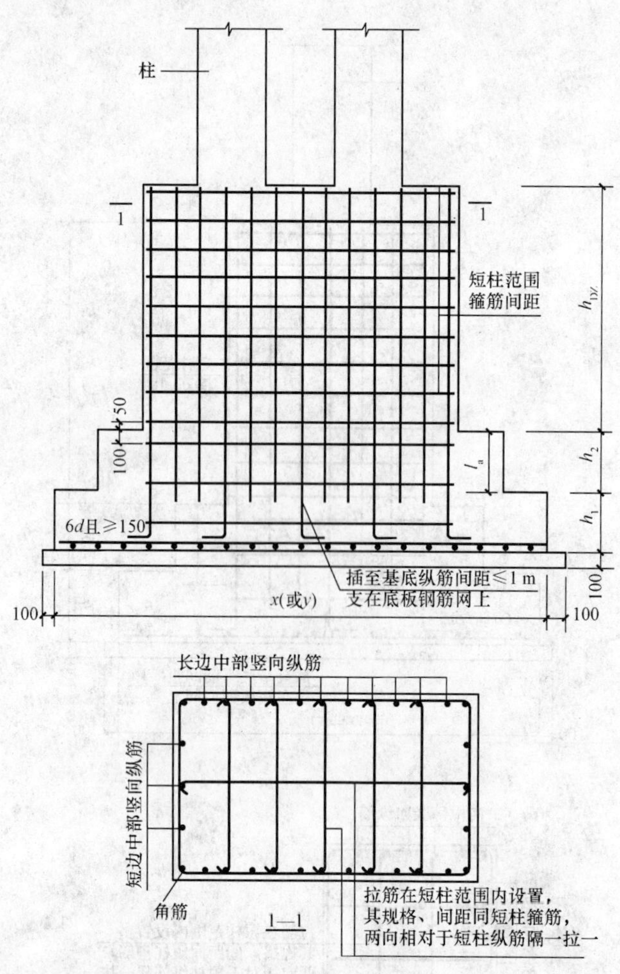

图 3-40 双柱普通独立深基础短柱配筋构造

h_1、h_2—独立基础的竖向尺寸；l_a—纵向受拉钢筋非抗震锚固长度；h_{DZ}—独立深基础短柱的竖向尺寸

注：1. 独立深基础底板的截面形式可分为阶形截面 BJ_J 或坡形截面 BJ_P。当为坡形截面且坡度较大时，应在坡面上安装顶部模板，以确保混凝土能够浇筑成型、振捣密实；

2. 几何尺寸和配筋按具体结构和本图构造确定，施工按相应平法制图规则。

第二节　条形基础

一、条形基础平法施工图制图规则

1. 条形基础平法施工图的表示方法

(1)条形基础平法施工图,有平面注写与截面注写两种表达方式,设计者可根据具体工程情况选择一种,或将两种方式相结合进行条形基础的施工图设计。

(2)当绘制条形基础平面布置图时,应将条形基础平面与基础所支承的上部结构的柱、墙一起绘制。当基础底面标高不同时,需注明与基础底面基准标高不同之处的范围和标高。

(3)当梁板式基础梁中心或板式条形基础板中心与建筑定位轴线不重合时,应标注其定位尺寸;对于编号相同的条形基础,可仅选择一个进行标注。

(4)条形基础整体上可分为两类:

1)梁板式条形基础。该类条形基础适用于钢筋混凝土框架结构、框架-剪力墙结构、部分框支剪力墙结构和钢结构。平法施工图将梁板式条形基础分解为基础梁和条形基础底板分别进行表达。

2)板式条形基础。该类条形基础适用于钢筋混凝土剪力墙结构和砌体结构。平法施工图仅表达条形基础底板。

2. 条形基础编号

条形基础编号分为基础梁和条形基础底板编号,按表 3-4 的规定。

表 3-4　条形基础梁及底板编号

类型		代号	序号	跨数及有无外伸
基础梁		JL	××	(××)端部无外伸 (××A)一端有外伸 (××B)两端有外伸
条形基础底板	坡形	TJB_P	××	
	阶形	TJB_J	××	

注:条形基础通常采用坡形截面或单阶形截面。

3. 基础梁的平面注写方式

(1)基础梁 JL 的平面注写方式,分集中标注和原位标注两部分内容。

(2)基础梁的集中标注内容为:基础梁编号、截面尺寸、配筋三项必注内容,以及基础梁底面标高(与基础底面基准标高不同时)和必要的文字注解两项选注内容。具体规定如下。

1)注写基础梁编号(必注内容),见表 3-4。

2)注写基础梁截面尺寸(必注内容)。注写 $b\times h$,表示梁截面宽度与高度。当为加腋梁时,用 $b\times h$　$Yc_1\times c_2$ 表示,其中 c_1 为腋长,c_2 为腋高。

3)注写基础梁配筋(必注内容)。

①注写基础梁箍筋

a. 当具体设计仅采用一种箍筋间距时,注写钢筋级别、直径、间距与肢数(箍筋肢数写在括号内,下同)。

b. 当具体设计采用两种箍筋时,用“/”分隔不同箍筋,按照从基础梁两端向跨中的顺序注写。先注写第1段箍筋(在前面加注箍筋道数),在斜线后注写第2段箍筋(不再加注箍筋道数)。

【例】9⏀16@100/⏀16@200(6),表示配置两种HRB400级箍筋,直径⏀16,从梁两端起向跨内按间距100设置9道,梁其余部位的间距为200,均为6肢箍。

施工时应注意:两向基础梁相交的柱下区域,应有一向截面较高的基础梁按梁端箍筋贯通设置;当两向基础梁高度相同时,任选一向基础梁箍筋贯通设置。

②注写基础梁底部、顶部及侧面纵向钢筋

a. 以B打头,注写梁底部贯通纵筋(不应少于梁底部受力钢筋总截面面积的1/3)。当跨中所注根数少于箍筋肢数时,需要在跨中增设梁底部架立筋以固定箍筋,采用“+”将贯通纵筋与架立筋相联,架立筋注写在加号后面的括号内。

b. 以T打头,注写梁顶部贯通纵筋。注写时用分号将底部与顶部贯通纵筋分隔开,如有个别跨与其不同者按原位注写的规定处理。

c. 当梁底部或顶部贯通纵筋多于一排时,用“/”将各排纵筋自上而下分开。

【例】B:4⏀25;T:12⏀25 7/5,表示梁底部配置贯通纵筋为4⏀25;梁顶部配置贯通纵筋上一排为7⏀25,下一排为5⏀25,共12⏀25。

注:1. 基础梁的底部贯通纵筋,可在跨中1/3净跨长度范围内采用搭接连接、机械连接或焊接;

2. 基础梁的顶部贯通纵筋,可在距柱根1/4净跨长度范围内采用搭接连接,或在柱根附近采用机械连接或焊接,且应严格控制接头百分率。

d. 以大写字母G打头注写梁两侧面对称设置的纵向构造钢筋的总配筋值(当梁腹板净高h_w不小于450 mm时,根据需要配置)。

【例】G:8⏀14,表示梁每个侧面配置纵向构造钢筋4⏀14,共配置8⏀14。

4)注写基础梁底面标高(选注内容)。当条形基础的底面标高与基础底面基准标高不同时,将条形基础底面标高注写在“()”内。

5)必要的文字注解(选注内容)。当基础梁的设计有特殊要求时,宜增加必要的文字注解。

(3)基础梁JL的原位标注规定如下。

1)原位标注基础梁端或梁在柱下区域的底部全部纵筋(包括底部非贯通纵筋和已集中注写的底部贯通纵筋)。

①当梁端或梁在柱下区域的底部纵筋多于一排时,用“/”将各排纵筋自上而下分开;

②当同排纵筋有两种直径时,用“+”将两种直径的纵筋相联;

③当梁中间支座或梁在柱下区域两边的底部纵筋配置不同时,需在支座两边分别标注;当梁中间支座两边的底部纵筋相同时,可仅在支座的一边标注;

④当梁端(柱下)区域的底部全部纵筋与集中注写过的底部贯通纵筋相同时,可不再重复做原位标注。

设计时应注意:当对底部一平的梁支座(柱下)两边的底部非贯通纵筋采用不同配筋值时(“底部一平”为“柱下两边的梁底部在同一个平面上”的缩写),应先按较小一边的配筋值选配相同直径的纵筋贯穿支座,再将较大一边的配筋差值选配适当直径的钢筋锚入支座,避免造成支座两边大部分钢筋直径不相同的不合理配置结果。

施工及预算方面应注意:当底部贯通纵筋经原位注写修正,出现两种不同配置的底部贯通纵筋时，应在两毗邻跨中配置较小一跨的跨中连接区域进行连接(即配置较大一跨的底部贯通筋需伸出至毗邻跨的跨中连接区域)。

2)原位注写基础梁的附加箍筋或(反扣)吊筋。当两向基础梁十字交叉，但交叉位置无柱时，应根据抗力需要设置附加箍筋或(反扣)吊筋。

将附加箍筋或(反扣)吊筋直接画在平面十字交叉梁中刚度较大的条形基础主梁上，原位直接引注总配筋值(附加箍筋的肢数注在括号内)。当多数附加箍筋或(反扣)吊筋相同时，可在条形基础平法施工图上统一注明。少数与统一注明值不同时，再原位直接引注。

施工时应注意：附加箍筋或(反扣)吊筋的几何尺寸应按照标准构造详图，结合其所在位置的主梁和次梁的截面尺寸确定。

3)原位注写基础梁外伸部位的变截面高度尺寸。当基础梁外伸部位采用变截面高度时，在该部位原位注写 $b\times h_1/h_2$，h_1 为根部截面高度，h_2 为尽端截面高度。

4)原位注写修正内容。当在基础梁上集中标注的某项内容(如截面尺寸、箍筋、底部与顶部贯通纵筋或架立筋、梁侧面纵向构造钢筋、梁底面标高等)不适用于某跨或某外伸部位时，将其修正内容原位标注在该跨或该外伸部位，施工时原位标注取值优先。

当在多跨基础梁的集中标注中已注明加腋，而该梁某跨根部不需要加腋时，则应在该跨原位标注无 $\mathrm{Y}c_1\times c_2$ 的 $b\times h$，以修正集中标注中的加腋要求。

4. 基础梁底部非贯通纵筋的长度规定

(1)为方便施工，凡基础梁柱下区域底部非贯通纵筋的伸出长度 a_0 值，当配置不多于两排时，在标准构造详图中统一取值为自柱边向跨内伸出至 $l_n/3$ 位置；当非贯通纵筋配置多于两排时，从第三排起向跨内的伸出长度值应由设计者注明。l_n 的取值规定为：边跨边支座的底部非贯通纵筋，l_n 取本边跨的净跨长度值；对于中间支座的底部非贯通纵筋，l_n 取支座两边较大一跨的净跨长度值。

(2)基础梁外伸部位底部纵筋的伸出长度 a_0 值，在标准构造详图中统一取值为：第一排伸出至梁端头后，全部上弯 $12d$；其他排钢筋伸至梁端头后截断。

(3)设计者在执行底部非贯通纵筋伸出长度的统一取值规定时，应注意按《混凝土结构设计规范》(GB 50010—2010)、《建筑地基基础设计规范》(GB 50007—2011)和《高层建筑混凝土结构技术规程》(JGJ 3—2010)的相关规定进行校核，若不满足时应另行变更。

5. 条形基础底板的平面注写方式

(1)条形基础底板 $\mathrm{TJB_P}$、$\mathrm{TJB_J}$ 的平面注写方式，分集中标注和原位标注两部分内容。

(2)条形基础底板的集中标注内容为：条形基础底板编号、截面竖向尺寸、配筋三项必注内容，以及条形基础底板底面标高(与基础底面基准标高不同时)、必要的文字注解两项选注内容。

素混凝土条形基础底板的集中标注，除无底板配筋内容外与钢筋混凝土条形基础底板相同。

具体规定如下。

1)注写条形基础底板编号(必注内容)，见表 3-4。条形基础底板向两侧的截面形状通常有两种：

①阶形截面，编号加下标“J”，如 $\mathrm{TJB_J}$××(××)；

②坡形截面，编号加下标“P”，如 $\mathrm{TJB_P}$××(××)。

2)注写条形基础底板截面竖向尺寸(必注内容)。

①当条形基础底板为坡形截面时，注写为：h_1/h_2，如图 3-41 所示。

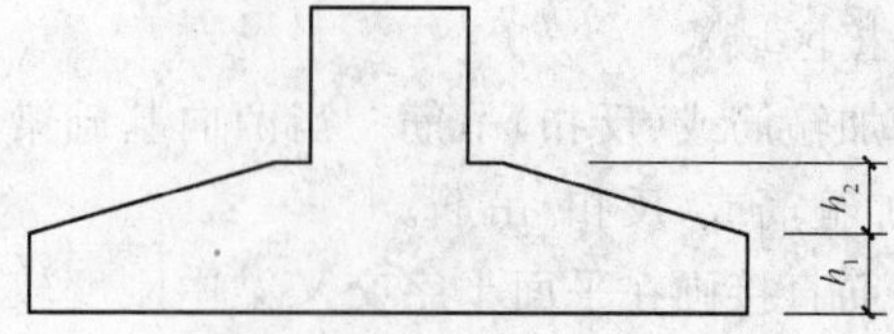

图 3-41 条形基础底板坡形截面竖向尺寸

【例】当条形基础底板为坡形截面 TJB_P××，其截面竖向尺寸注写为 300/250 时，表示 $h_1=300$、$h_2=250$，基础底板根部总厚度为 550。

②当条形基础底板为阶形截面时，如图 3-42 所示。

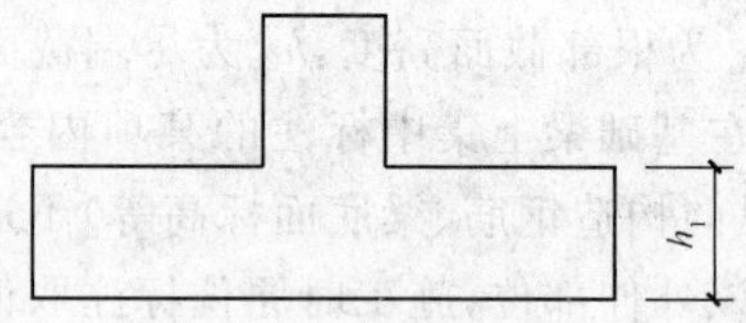

图 3-42 条形基础底板阶形截面竖向尺寸

【例】当条形基础底板为阶形截面 TJB_J××，其截面竖向尺寸注写为 300 时，表示 $h_1=300$，且为基础底板总厚度。

上例及图 3-42 为单阶，当为多阶时各阶尺寸自下而上以“/”分隔顺写。

3)注写条形基础底板底部及顶部配筋（必注内容）。

以 B 打头，注写条形基础底板底部的横向受力钢筋；以 T 打头，注写条形基础底板顶部的横向受力钢筋；注写时，用“/”分隔条形基础底板的横向受力钢筋与构造配筋。

【例】当条形基础底板配筋标注为：B:⌀14@150/ϕ8@250 时，表示条形基础底板底部配置 HRB400 级横向受力钢筋，直径为⌀14，分布间距 150；配置 HPB300 级构造钢筋，直径为 ϕ8，分布间距 250。如图 3-43 所示。

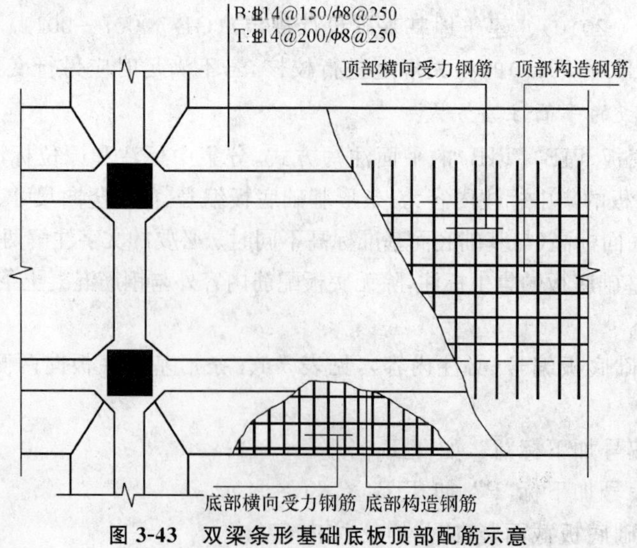

图 3-43 双梁条形基础底板顶部配筋示意

【例】当为双梁(或双墙)条形基础底板时,除在底板底部配置钢筋外,一般还需在两根梁或两道墙之间的底板顶部配置钢筋,其中横向受力钢筋的锚固从梁的内边缘(或墙边缘)起算,如图 3-44 所示。

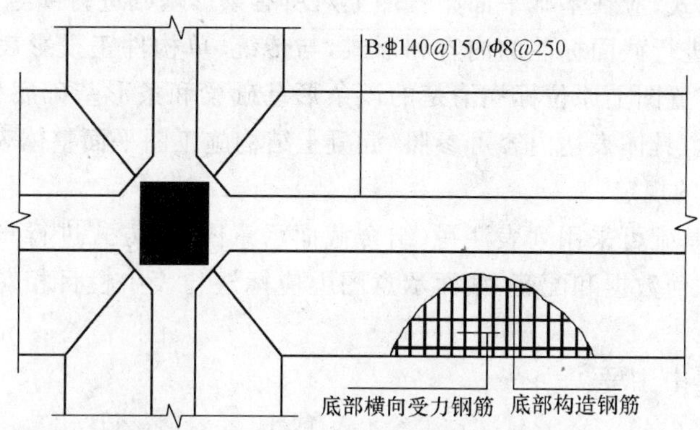

图 3-44　双梁条形基础底板顶部配筋示意

4)注写条形基础底板底面标高(选注内容)。当条形基础底板的底面标高与条形基础底面基准标高不同时,应将条形基础底板底面标高注写在“()”内。

5)必要的文字注解(选注内容)。当条形基础底板有特殊要求时,应增加必要的文字注解。

(3)条形基础底板的原位标注规定如下。

1)原位注写条形基础底板的平面尺寸。原位标注 b、b_i,$i=1,2,\cdots\cdots$。其中,b 为基础底板总宽度,b_i 为基础底板台阶的宽度。当基础底板采用对称于基础梁的坡形截面或单阶形截面时,b_i 可不注,如图 3-45 所示。

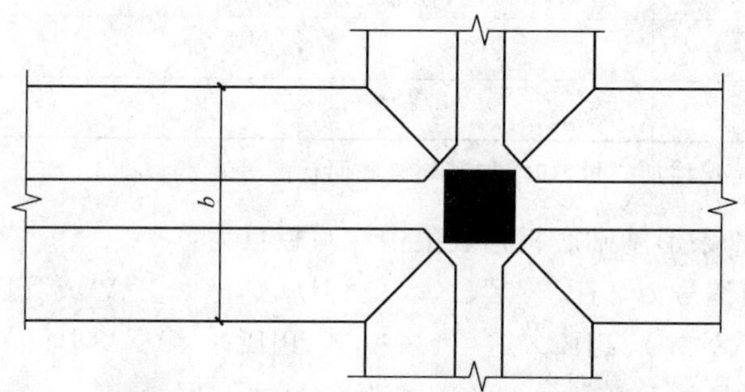

图 3-45　条形基础底板平面尺寸原位标注

素混凝土条形基础底板的原位标注与钢筋混凝土条形基础底板相同。

对于相同编号的条形基础底板,可仅选择一个进行标注。

梁板式条形基础存在双梁共用同一基础底板、墙下条形基础也存在双墙共用同一基础底板的情况,当为双梁或为双墙且梁或墙荷载差别较大时,条形基础两侧可取不同的宽度,实际宽度以原位标注的基础底板两侧非对称的不同台阶宽度 b_i 进行表达。

2)原位注写修正内容。当在条形基础底板上集中标注的某项内容,如底板截面竖向尺寸、底板配筋、底板底面标高等,不适用于条形基础底板的某跨或某外伸部分时,可将其修正内容原位标注在该跨或该外伸部位,施工时原位标注取值优先。

6.条形基础的截面注写方式

(1)条形基础的截面注写方式,又可分为截面注写和列表注写(结合截面示意图)两种表达方式。

采用截面注写方式,应在基础平面布置图上对所有条形基础进行编号,见表3-4。

(2)对条形基础进行截面标注的内容和形式,与传统"单构件正投影表示方法"基本相同。对于已在基础平面布置图上原位标注清楚的该条形基础梁和条形基础底板的水平尺寸,可不在截面图上重复表达,具体表达内容可参照《混凝土结构施工图平面整体表示方法制图规则和构造详图》(11G101)的规定。

(3)对多个条形基础可采用列表注写(结合截面示意图)的方式进行集中表达。表中内容为条形基础截面的几何数据和配筋,截面示意图上应标注与表中栏目相对应的代号。列表的具体内容规定如下。

1)基础梁列表集中注写。

①编号:注写JL××(××)、JL××(××A)或JL××(××B)。

②几何尺寸:梁截面宽度与高度 $b\times h$。当为加腋梁时,注写 $b\times h$ $\text{Y}c_1\times c_2$。

③配筋:注写基础梁底部贯通纵筋+非贯通纵筋,顶部贯通纵筋,箍筋。

当设计为两种箍筋时,箍筋注写为:第一种箍筋/第二种箍筋,第一种箍筋为梁端部箍筋,注写内容包括箍筋的箍数、钢筋级别、直径、间距与肢数。

基础梁列表格式见表3-5。

表3-5 基础梁几何尺寸和配筋表

基础梁编号/截面号	截面几何尺寸		配筋	
	$b\times h$	加腋 $c_1\times c_2$	底部贯通纵筋+非贯通纵筋,顶部贯通纵筋	第一种箍筋/第二种箍筋

注:表中可根据实际情况增加栏目,如增加基础梁底面标高等。

2)条形基础底板。条形基础底板列表集中注写栏目为:

①编号:坡形截面编号为 TJB_P××(××)、TJB_P××(××A)或 TJB_P××(××B),阶形截面编号为 TJB_J××(××)、TJB_J××(××A)或 TJB_J××(××B)。

②几何尺寸:水平尺寸 b、b_i,$i=1,2,\cdots\cdots$;竖向尺寸 h_1/h_2。

③配筋:B:ф××@×××/ф××@×××。

条形基础底板列表格式见表3-6。

表3-6 条形基础底板几何尺寸和配筋表

基础底板编号/截面号	截面几何尺寸			底部配筋(B)	
	b	b_i	h_1/h_2	横向受力钢筋	纵向构造钢筋

注:表中可根据实际情况增加栏目,如增加上部配筋、基础底板底面标高(与基础底板底面基准标高不一致时)等。

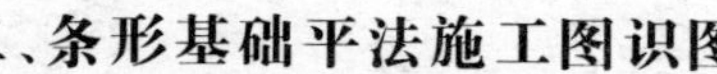

二、条形基础平法施工图识图

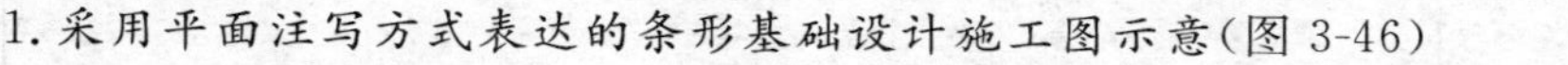

1.采用平面注写方式表达的条形基础设计施工图示意(图3-46)

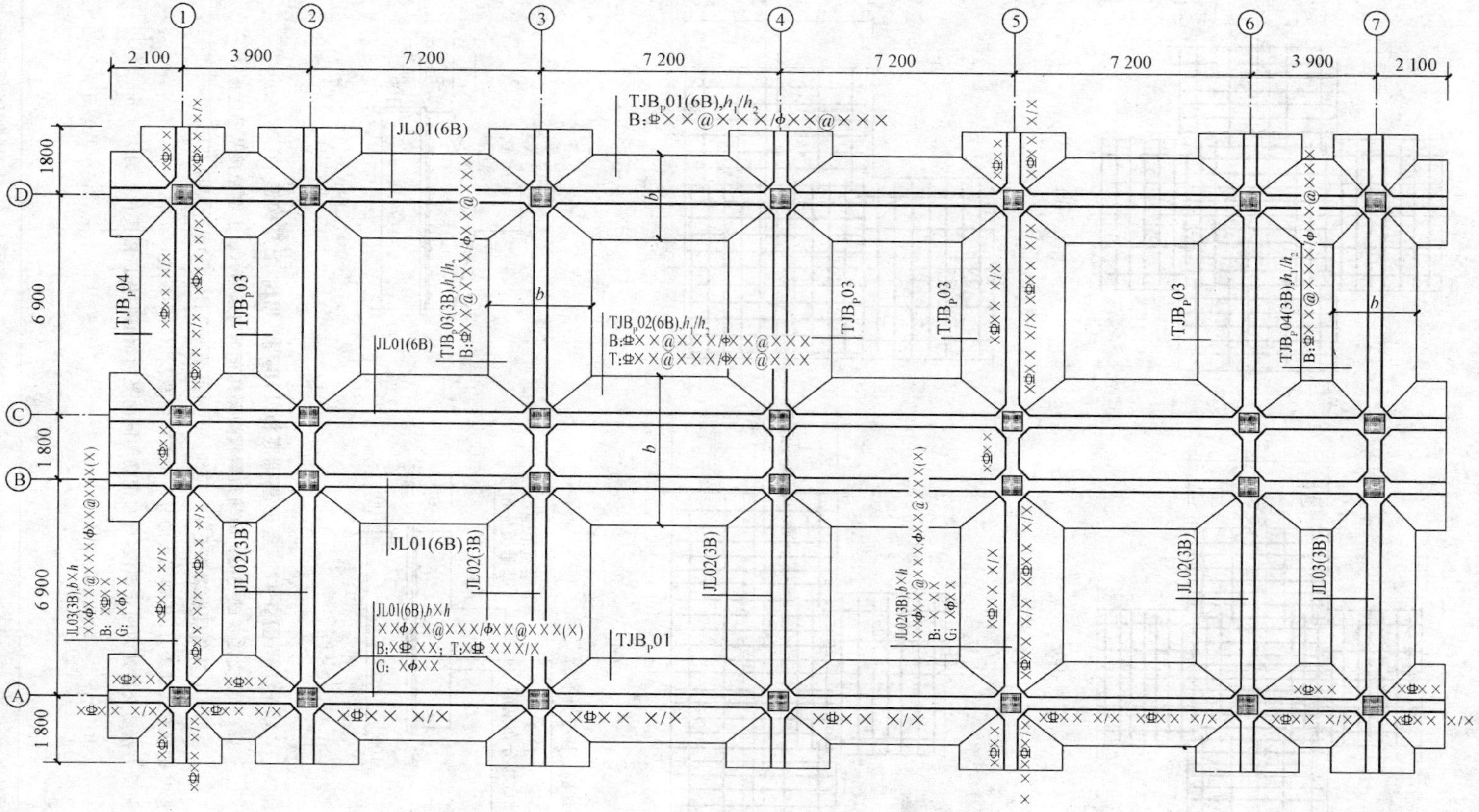

图3-46　采用平面注写方式表达的条形基础设计施工图示意

注:±0.000的绝对标高(m):×××.×××;

基础底面标高(m):-×.×××。

2. 条形基础底板 TJB_P 和 TJB_J 配筋构造(图 3-47)

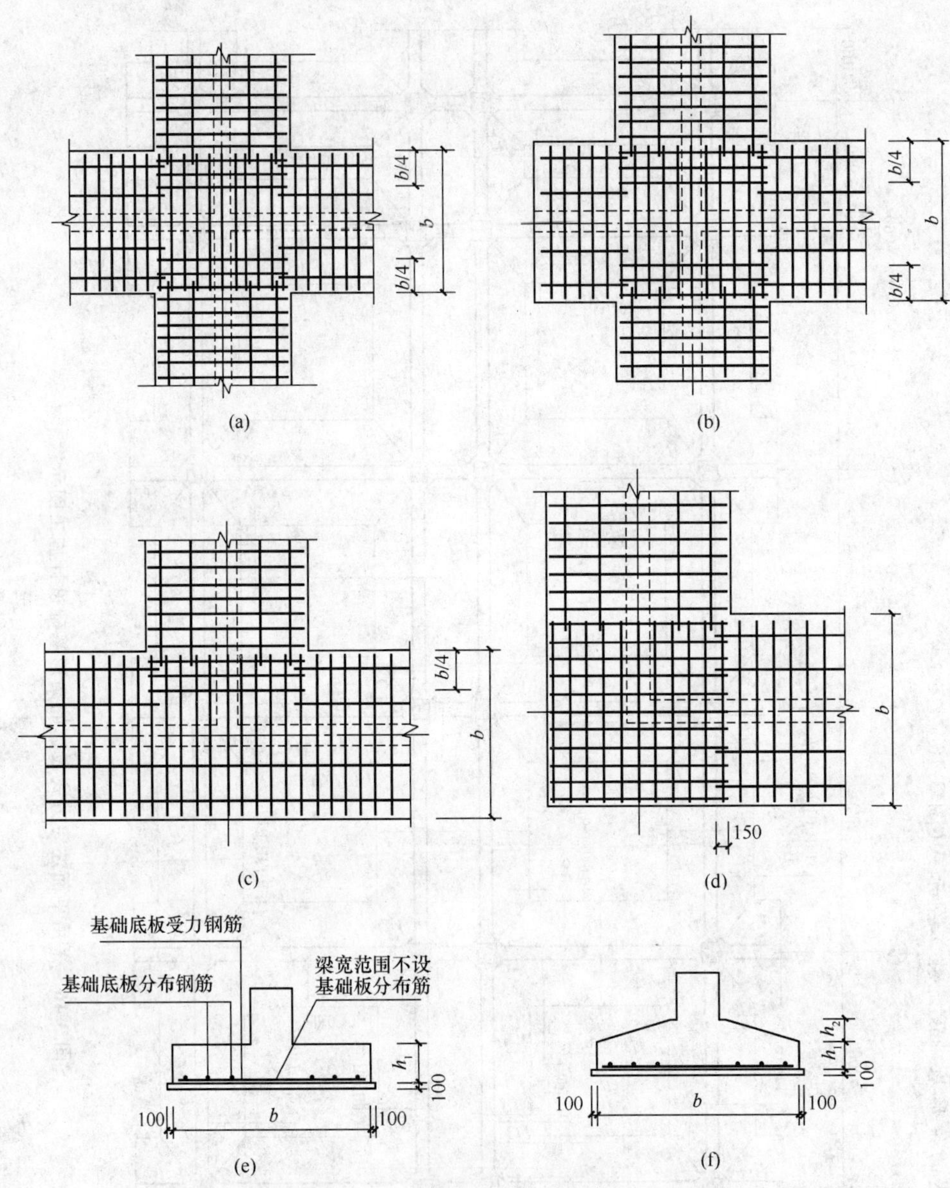

图 3-47　条形基础底板 TJB_P 和 TJB_J 配筋构造

(a)十字交接基础底板;(b)转角梁板端部均有纵向延伸;(c)丁字交接基础底板

(d)转角梁板端部无纵向延伸;(e)阶形截面 TJB_J;(f)坡形截面 TJB_P

注:1. 当条形基础设有基础梁时,基础底板的分布钢筋在梁宽范围内不设置;

2. 在两向受力钢筋交接处的网状部位,分布钢筋与同向受力钢筋的构造搭接长度为 150 mm。

3. 条形基础底板板底不平构造

条形基础底板板底不平构造，如图 3-48 和图 3-49 所示。

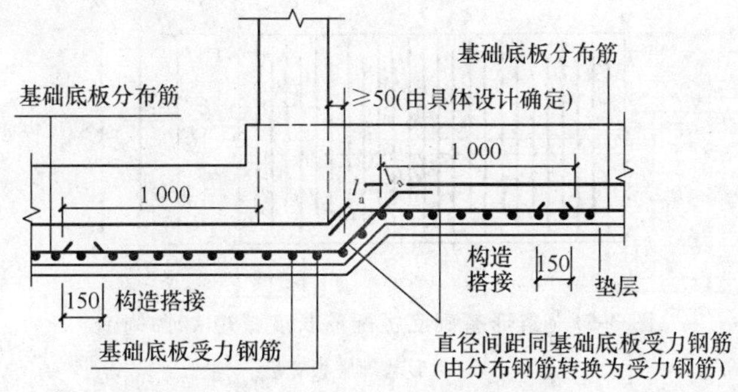

图 3-48　条形基础底板板底不平构造(一)

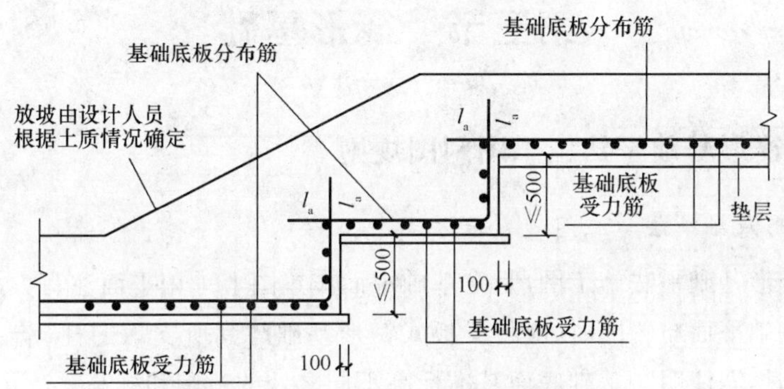

图 3-49　条形基础底板板底不平构造(二)

（板式条形基础）

l_a—受拉钢筋非抗震锚固长度

4. 条形基础无交接底板端部构造

条形基础无交接底板端部构造，如图 3-50 所示。

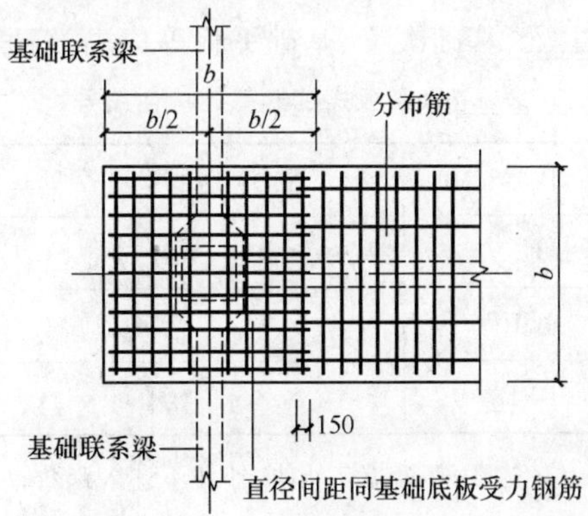

图 3-50　条形基础无交接底板端部构造

b—条形基础底板宽度

5. 条形基础底板配筋长度减短10%构造

条形基础底板配筋长度减短10%构造，如图3-51所示。

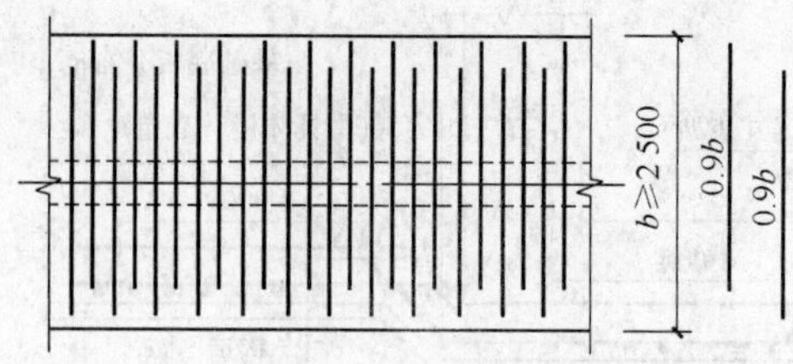

图3-51　条形基础底板配筋长度减短10%构造

b—条形基础底板宽度

第三节　筏形基础

一、梁板式筏形基础平法施工图制图规则

1. 梁板式筏形基础平法施工图的表示方法

(1)梁板式筏形基础平法施工图，是在基础平面布置图上采用平面注写方式进行表达。

(2)当绘制基础平面布置图时，应将梁板式筏形基础与其所支承的柱、墙一起绘制。当基础底面标高不同时，需注明与基础底面基准标高不同之处的范围和标高。

(3)通过选注基础梁底面与基础平板底面的标高高差来表达两者间的位置关系，可以明确其“高板位”(梁顶与板顶一平)、“低板位”(梁底与板底一平)以及“中板位”(板在梁的中部)三种不同位置组合的筏形基础，方便设计表达。

(4)对于轴线未居中的基础梁，应标注其定位尺寸。

2. 梁板式筏形基础构件的类型与编号

梁板式筏形基础由基础主梁、基础次梁、基础平板等构成，编号按表3-7的规定。

表3-7　梁板式筏形基础构件编号

构件类型	代号	序号	跨数及有无外伸
基础主梁(柱下)	JL	××	(××)或(××A)或(××B)
基础次梁	JCL	××	(××)或(××A)或(××B)
梁板筏基础平板	LPB	××	

注：1. (××A)为一端有外伸，(××B)为两端有外伸，外伸不计入跨数；

2. 梁板式筏形基础平板跨数及是否有外伸分别在X、Y两向的贯通纵筋之后表达，图面从左至右为X向，从下至上为Y向；

3. 梁板式筏形基础主梁与条形基础梁编号与标准构造详图一致。

3.基础主梁与基础次梁的平面注写方式

(1)基础主梁 JL 与基础次梁 JCL 的平面注写，分集中标注与原位标注两部分内容。

(2)基础主梁 JL 与基础次梁 JCL 的集中标注内容为：基础梁编号、截面尺寸、配筋三项必注内容，以及基础梁底面标高高差(相对于筏形基础平板底面标高)一项选注内容。具体规定如下。

1)注写基础梁的编号，见表 3-7。

2)注写基础梁的截面尺寸。以 $b \times h$ 表示梁截面宽度与高度；当为加腋梁时，用 $b \times h$ $Yc_1 \times c_2$ 表示，其中 c_1 为腋长，c_2 为腋高。

3)注写基础梁的配筋。

①注写基础梁箍筋。

a. 当采用一种箍筋间距时，注写钢筋级别、直径、间距与肢数(写在括号内)。

b. 当采用两种箍筋时，用"/"分隔不同箍筋，按照从基础梁两端向跨中的顺序注写。先注写第 1 段箍筋(在前面加注箍数)，在斜线后再注写第 2 段箍筋(不再加注箍数)。

【例】9ϕ16@100/ϕ16@200(6)，表示箍筋为 HPB300 级钢筋，直径 ϕ16，从梁端向跨中，间距 100，设置 9 道，其余间距为 200，均为六肢箍。

施工时应注意，两向基础主梁相交的柱下区域，应有一向截面较高的基础主梁按梁端箍筋贯通设置；当两向基础主梁高度相同时，任选一向基础主梁箍筋贯通设置。

②注写基础梁的底部、顶部及侧面纵向钢筋。

a. 以 B 打头，先注写梁底部贯通纵筋(不应少于底部受力钢筋总截面面积的 1/3)。当跨中所注根数少于箍筋肢数时，需要在跨中加设架立筋以固定箍筋，注写时，用"+"将贯通纵筋与架立筋相联，架立筋注写在加号后面的括号内。

b. 以 T 打头，注写梁顶部贯通筋值。注写时用"；"将底部与顶部纵筋分隔开。

【例】B:4⏀32；T:7⏀32，表示梁的底部配置 4⏀32 的贯通纵筋，梁的顶部配置 7⏀32 的贯通纵筋。

c. 当梁底部或顶部贯通筋多于一排时，用"/"将各排纵筋自上而下分开。

【例】梁底部贯通纵筋注写为 B:8⏀28　3/5，则表示上一排纵筋为 3⏀28，下一排纵筋为 5⏀28。

注：1. 基础主梁与基础次梁的底部贯通纵筋，可在跨中 1/3 净跨长度范围内采用搭接连接、机械连接或焊接；

2. 基础主梁与基础次梁的顶部贯通纵筋，可在距支座 1/4 净跨长度范围内采用搭接连接，或在支座附近采用机械连接或焊接(均应严格控制接头百分率)。

d. 以大写字母 G 打头注写基础梁两侧面对称设置的纵向构造钢筋的总配筋值(当梁腹板高度 h_w 不小于 450 mm 时，根据需要配置)。

【例】G:8⏀16，表示梁的两个侧面共配置 8⏀16 的纵向构造钢筋，每侧各配置 4⏀16。

e. 当需要配置抗扭纵向钢筋时，梁两个侧面设置的抗扭纵向钢筋以 N 打头。

【例】N:8⏀16，表示梁的两个侧面共配置 8⏀16 的纵向抗扭钢筋，沿截面周边均匀对称设置。

注：1. 当为梁侧面构造钢筋时，其搭接与锚固长度可取为 $15d$；

2. 当为梁侧面受扭纵向钢筋时，其锚固长度为 l_a，搭接长度为 l_l；其锚固方式同基础梁上部纵筋。

4)注写基础梁底面标高高差(是指相对于筏形基础平板底面标高的高差值)，该项为选注值。有高差时需将高差写入括号内(如"高板位"与"中板位"基础梁的底面与基础平板底面标高的高差值)，无高差时不注(如"低板位"筏形基础的基础梁)。

(3)基础主梁与基础次梁的原位标注规定如下。

1)注写梁端(支座)区域的底部全部纵筋，包括已经集中注写过的贯通纵筋在内的所有纵筋。

①当梁端(支座)区域的底部纵筋多于一排时，用"/"将各排纵筋自上而下分开。

【例】梁端(支座)区域底部纵筋注写为 10⌀25 4/6，表示上一排纵筋为 4⌀25，下一排纵筋为 6⌀25。

②当同排纵筋有两种直径时，用"＋"将两种直径的纵筋相联。

【例】梁端(支座)区域底部纵筋注写为 4⌀28＋2⌀25，表示一排纵筋由两种不同直径的钢筋组合。

③当梁中间支座两边的底部纵筋配置不同时，需在支座两边分别标注；当梁中间支座两边的底部纵筋相同时，可仅在支座的一边标注配筋值。

④当梁端(支座)区域的底部全部纵筋与集中注写过的贯通纵筋相同时，可不再重复做原位标注。

⑤加腋梁加腋部位钢筋，需在设置加腋的支座处以 Y 打头注写在括号内。

【例】加腋梁端(支座)处注写为 Y4⌀25，表示加腋部位斜纵筋为 4⌀25。

设计时应注意：当对底部一平的梁支座两边的底部非贯通纵筋采用不同配筋值时，应先按较小一边的配筋值选配相同直径的纵筋贯穿支座，再将较大一边的配筋差值选配适当直径的钢筋锚入支座，避免造成两边大部分钢筋直径不相同的不合理配置结果。

施工及预算方面应注意：当底部贯通纵筋经原位修正注写后，两种不同配置的底部贯通纵筋应在两毗邻跨中配置较小一跨的跨中连接区域连接(即配置较大一跨的底部贯通纵筋需越过其跨数终点或起点伸至毗邻跨的跨中连接区域)。

2)注写基础梁的附加箍筋或(反扣)吊筋。将其直接画在平面图中的主梁上，用线引注总配筋值(附加箍筋的肢数注在括号内)，当多数附加箍筋或(反扣)吊筋相同时，可在基础梁平法施工图上统一注明，少数与统一注明值不同时，再原位引注。

施工时应注意：附加箍筋或(反扣)吊筋的几何尺寸应按照标准构造详图，结合其所在位置的主梁和次梁的截面尺寸确定。

3)当基础梁外伸部位变截面高度时，在该部位原位注写 $b \times h_1/h_2$，h_1 为根部截面高度，h_2 为尽端截面高度。

4)注写修正内容。当在基础梁上集中标注的某项内容(如梁截面尺寸、箍筋、底部与顶部贯通纵筋或架立筋、梁侧面纵向构造钢筋、梁底面标高高差等)不适用于某跨或某外伸部分时，则将其修正内容原位标注在该跨或该外伸部位，施工时原位标注取值优先。

当在多跨基础梁的集中标注中已注明加腋，而该梁某跨根部不需要加腋时，则应在该跨原

位标注等截面的 $b \times h$,以修正集中标注中的加腋信息。

4.基础梁底部非贯通纵筋的长度规定

(1)为方便施工,凡基础主梁柱下区域和基础次梁支座区域底部非贯通纵筋的伸出长度 a_0 值,当配置不多于两排时,在标准构造详图中统一取值为自支座边向跨内伸出至 $l_n/3$ 位置;当非贯通纵筋配置多于两排时,从第三排起向跨内的伸出长度值应由设计者注明。l_n 的取值规定为:边跨边支座的底部非贯通纵筋,l_n 取本边跨的净跨长度值;中间支座的底部非贯通纵筋,l_n 取较大一跨的净跨长度值。

(2)基础主梁与基础次梁外伸部位底部纵筋的伸出长度 a_0 值,在标准构造详图中统一取值为:第一排伸出至梁端头后,全部上弯 $12d$;其他排伸至梁端头后截断。

(3)设计者在执行基础梁底部非贯通纵筋伸出长度的统一取值规定时,应注意按《混凝土结构设计规范》(GB 50010—2010)、《建筑地基基础设计规范》(GB 50007—2011)和《高层建筑混凝土结构技术规程》(JGJ 3—2010)的相关规定进行校核,若不满足时应另行变更。

5.梁板式筏形基础平板的平面注写方式

(1)梁板式筏形基础平板 LPB 的平面注写,分板底部与顶部贯通纵筋的集中标注与板底部附加非贯通纵筋的原位标注两部分内容。当仅设置贯通纵筋而未设置附加非贯通纵筋时,则仅做集中标注。

(2)梁板式筏形基础平板 LPB 贯通纵筋的集中标注,应在所表达的板区双向均为第一跨(X 与 Y 双向首跨)的板上引出(图面从左至右为 X 向,从下至上为 Y 向)。

板区划分条件:板厚相同、基础平板底部与顶部贯通纵筋配置相同的区域为同一板区。

集中标注的内容规定如下:

1)注写基础平板的编号,见表 3-7。

2)注写基础平板的截面尺寸。注写 $h=\times\times\times$ 表示板厚。

3)注写基础平板的底部与顶部贯通纵筋及其总长度。先注写 X 向底部(B 打头)贯通纵筋与顶部(T 打头)贯通纵筋及纵向长度范围;再注写 Y 向底部(B 打头)贯通纵筋与顶部(T 打头)贯通纵筋及纵向长度范围(图面从左至右为 X 向,从下至上为 Y 向)。

贯通纵筋的总长度注写在括号中,注写方式为“跨数及有无外伸”,其表达形式为:(××)(无外伸)、(××A)(一端有外伸)或(××B)(两端有外伸)。

注:基础平板的跨数以构成柱网的主轴线为准;两主轴线之间无论有几道辅助轴线(例如框筒结构中混凝土内筒中的多道墙体),均可按一跨考虑。

【例】X:B:⌀22@150;T:⌀20@150;(5B)

Y:B:⌀20@200;T:⌀18@200;(7A)

表示基础平板 X 向底部配置⌀22、间距 150 的贯通纵筋,顶部配置⌀20、间距 150 的贯通纵筋,纵向总长度为 5 跨两端有外伸;Y 向底部配置⌀20、间距 200 的贯通纵筋,顶部配置⌀18、间距 200 的贯通纵筋,纵向总长度为 7 跨一端有外伸。

当贯通筋采用两种规格钢筋“隔一布一”方式时,表达为 xx/yy@×××,表示直径 xx 的钢筋和直径 yy 的钢筋之间的间距为×××,直径为 xx 的钢筋、直径为 yy 的钢筋间距分别为

×××的 2 倍。

【例】⏀10/12@100 表示贯通纵筋为⏀10、⏀12 隔一布一，彼此之间间距为 100。

施工及预算方面应注意：当基础平板分板区进行集中标注，且相邻板区板底一平时，两种不同配置的底部贯通纵筋应在两毗邻板跨中配筋较小板跨的跨中连接区域连接(即配置较大板跨的底部贯通纵筋需越过板区分界线伸至毗邻板跨的跨中连接区域)。

(3)梁板式筏形基础平板 LPB 的原位标注，主要表达板底部附加非贯通纵筋。

1)原位注写位置及内容。板底部原位标注的附加非贯通纵筋，应在配置相同跨的第一跨表达(当在基础梁悬挑部位单独配置时则在原位表达)。在配置相同跨的第一跨(或基础梁外伸部位)，垂直于基础梁绘制一段中粗虚线(当该筋通长设置在外伸部位或短跨板下部时，应画至对边或贯通短跨)，在虚线上注写编号(如①、②等)、配筋值、横向布置的跨数及是否布置到外伸部位。

注：(××)为横向布置的跨数，(××A)为横向布置的跨数及一端基础梁的外伸部位，(××B)为横向布置的跨数及两端基础梁外伸部位。

板底部附加非贯通纵筋向两边跨内的伸出长度值注写在线段的下方位置。当该筋向两侧对称伸出时，可仅在一侧标注，另一侧不注；当布置在边梁下时，向基础平板外伸部位一侧的伸出长度与方式按标准构造，设计不注。底部附加非贯通筋相同者，可仅注写一处，其他只注写编号。

横向连续布置的跨数及是否布置到外伸部位，不受集中标注贯通纵筋的板区限制。

【例】在基础平板第一跨原位注写底部附加非贯通纵筋⏀18@300(4A)，表示在第一跨至第四跨板且包括基础梁外伸部位横向配置⏀18@300 底部附加非贯通纵筋。伸出长度值略。

原位注写的底部附加非贯通纵筋与集中标注的底部贯通钢筋，宜采用“隔一布一”的方式布置，即基础平板(X 向或 Y 向)底部附加非贯通纵筋与贯通纵筋间隔布置，其标注间距与底部贯通纵筋相同(两者实际组合后的间距为各自标注间距的 1/2)。

【例】原位注写的基础平板底部附加非贯通纵筋为⑤⏀22@300(3)，该 3 跨范围集中标注的底部贯通纵筋为 B⏀22@300，在该 3 跨支座处实际横向设置的底部纵筋合计为⏀22@150。其他与⑤号筋相同的底部附加非贯通纵筋可仅注编号⑤。

【例】原位注写的基础平板底部附加非贯通纵筋为②⏀25@300(4)，该 4 跨范围集中标注的底部贯通纵筋为 B⏀22@300，表示该 4 跨支座处实际横向设置的底部纵筋为⏀25 和⏀22 间隔布置，彼此间距为 150。

2)注写修正内容。当集中标注的某些内容不适用于梁板式筏形基础平板某板区的某一板跨时，应由设计者在该板跨内注明，施工时应按注明内容取用。

3)当若干基础梁下基础平板的底部附加非贯通纵筋配置相同时(其底部、顶部的贯通纵筋可以不同)，可仅在一根基础梁下做原位注写，并在其他梁上注明“该梁下基础平板底部附加非贯通筋同××基础梁。

(4)梁板式筏形基础平板 LPB 的平面注写规定，同样适用于钢筋混凝土墙下的基础平板。

6.其他

(1)当在基础平板周边沿侧面设置纵向构造钢筋时，应在图中注明。

(2)应注明基础平板外伸部位的封边方式，当采用U形钢筋封边时应注明其规格、直径及间距。

(3)当基础平板外伸变截面高度时，应注明外伸部位的 h_1/h_2，h_1 为板根部截面高度，h_2 为板尽端截面高度。

(4)当基础平板厚度大于2 m时，应注明具体构造要求。

(5)当在基础平板外伸阳角部位设置放射筋时，应注明放射筋的强度等级、直径、根数以及设置方式等。

(6)当在板的分布范围内采用拉筋时，应注明拉筋的强度等级、直径、双向间距等。

(7)应注明混凝土垫层厚度与强度等级。

(8)结合基础主梁交叉纵筋的上下关系，当基础平板同一层面的纵筋相交叉时，应注明何向纵筋在下，何向纵筋在上。

(9)设计需注明的其他内容。

二、梁板式筏形基础平法施工图识图

1.梁板式筏形基础平法施工标注图实例

(1)集中标注第一行示例，如图3-52所示。

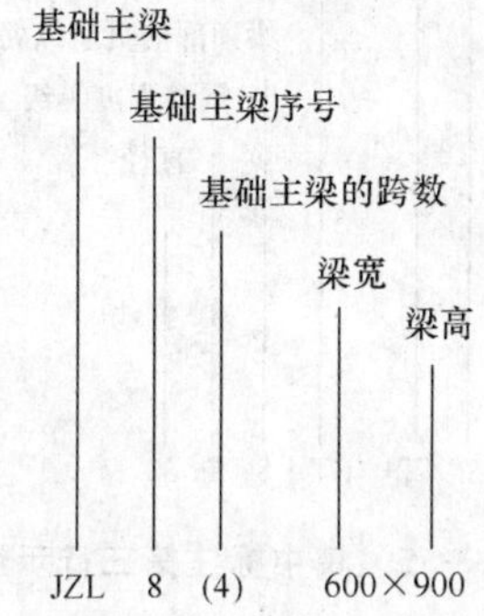

图3-52　梁板式筏形基础集中标注第一行示例

(2)集中标注第二行示例，如图3-53所示。

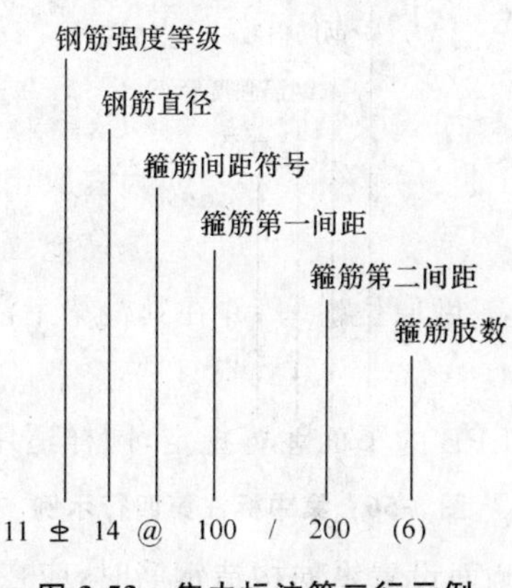

图3-53　集中标注第二行示例

在集中标注第二行示例中，在“ф”的前面，有“11”字样。它指的是，箍筋加密区的箍筋道数是11道。请注意，箍筋加密区有两个，都是靠近柱子的区域。梁中间部分是箍筋的非加密区。另外，不论是箍筋的加密区或非加密区，肢数都是6(就是3个钢箍)，如图3-54所示。

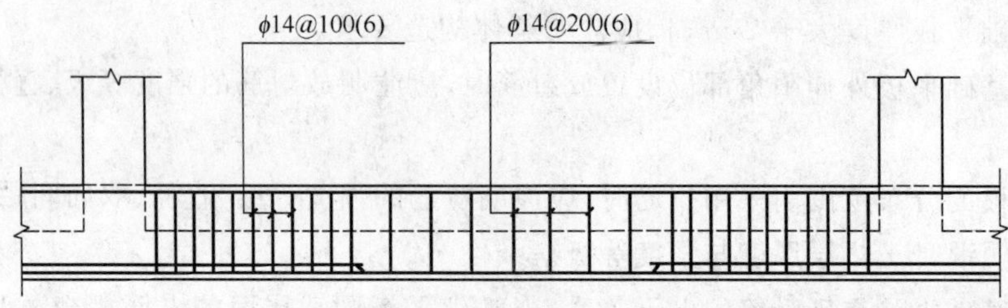

图 3-54　箍筋加密区与非加密区的标注

(3)集中标注第三行示例，如图3-55所示。

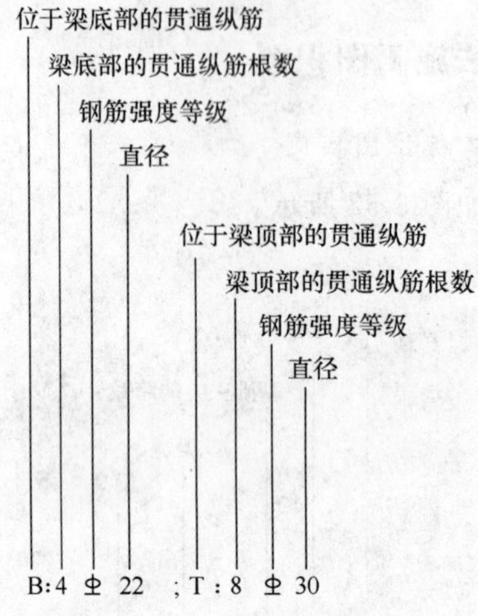

图 3-55　集中标注第三行示例

(4)集中标注第四行示例，如图3-56所示。

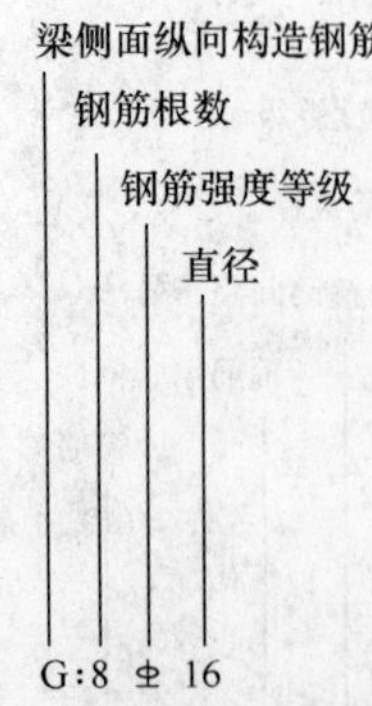

图 3-56　集中标注第四行示例

(5)集中标注末行示例,如图 3-57 所示。

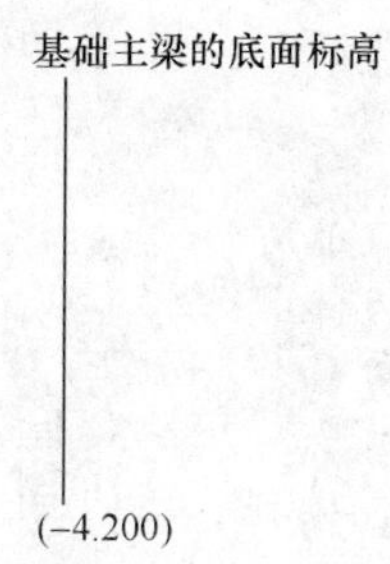

图 3-57　集中标注末行示例

(6)图 3-58 所示是梁板式筏形基础平面图。这是“高板位”(梁顶与板顶一平)的结构设计形式。梁的侧面,从上往下看,被筏板挡住,所以梁的投影是虚线。粗实线的表达部分,是柱子和墙。

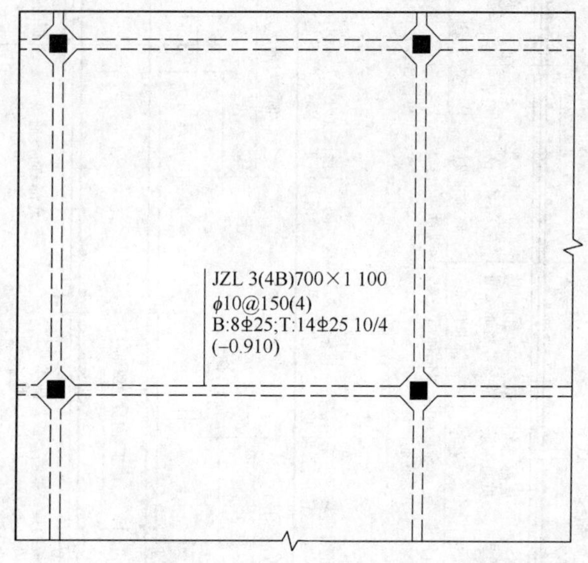

图 3-58　基础主梁集中标注示例

集中标注的内容:

第一行——基础主梁,代号为 3 号;“(4B)”表示该梁为 4 跨,并且两端具有悬挑部分;主梁宽 700 mm,高 1 100 mm。

第二行——箍筋的规格为 HPB300,直径 10 mm,间距 150 mm,4 肢。

第三行——“B”是梁底部的贯通筋,8 根 HRB335 钢筋,直径为 25 mm;“T”是梁顶部的贯通筋,14 根 HRB335 钢筋,直径为 25 mm;分两排摆放,第一排 10 根,第二排 4 根。

第四行——梁的底面标高,比基准标高低 0.91 m。

2. 梁板式筏形基础平板 LPB 钢筋构造(图 3-59)

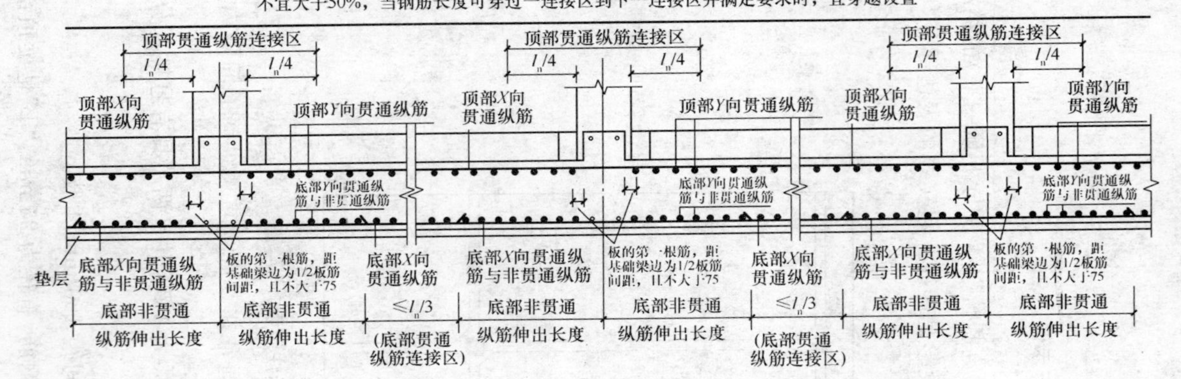

(a)

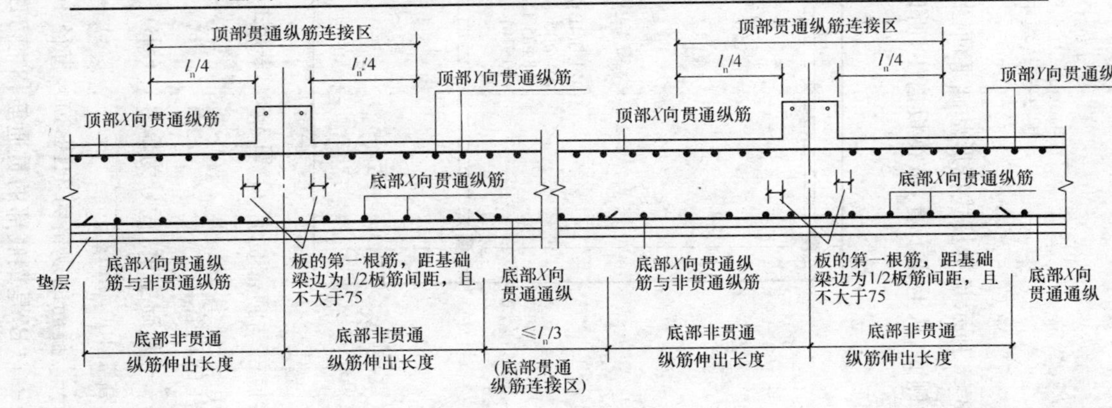

(b)

图 3-59　梁板式筏形基础平板 LPB 钢筋构造

(a)柱下区域　(b)跨中区域

l_n—本跨的净跨长度值。

三、平板式筏形基础平法施工图制图规则

1. 平板式筏形基础平法施工图的表示方法

(1)平板式筏形基础平法施工图，是在基础平面布置图上采用平面注写方式表达。

(2)当绘制基础平面布置图时，应将平板式筏形基础与其所支承的柱、墙一起绘制。当基础底面标高不同时，需注明与基础底面基准标高不同之处的范围和标高。

2. 平板式筏形基础构件的类型与编号

平板式筏形基础可划分为柱下板带和跨中板带；也可不分板带，按基础平板进行表达。平板式筏形基础构件编号按表 3-8 的规定。

表 3-8　平板式筏形基础构件编号

构件类型	代号	序号	跨数及有无外伸
柱下板带	ZXB	××	(××)或(××A)或(××B)
跨中板带	KZB	××	(××)或(××A)或(××B)
平板筏基础平板	BPB	××	

注：1. (××A)为一端有外伸，(××B)为两端有外伸，外伸不计入跨数。

2. 平板式筏形基础平板，其跨数及是否有外伸分别在 X，Y 两向的贯通纵筋之后表达。图面从左至右为 X 向，从下至上为 Y 向。

3. 柱下板带、跨中板带的平面注写方式

(1)柱下板带 ZXB(视其为无箍筋的宽扁梁)与跨中板带 KZB 的平面注写，分板带底部与顶部贯通纵筋的集中标注与板带底部附加非贯通纵筋的原位标注两部分内容。

(2)柱下板带与跨中板带的集中标注，应在第一跨(X 向为左端跨，Y 向为下端跨)引出。具体规定如下：

1)注写编号，见表 3-8。

2)注写截面尺寸，注写 b=××××表示板带宽度(在图注中注明基础平板厚度)。确定柱下板带宽度应根据规范要求与结构实际受力需要。当柱下板带宽度确定后，跨中板带宽度亦随之确定(即相邻两平行柱下板带之间的距离)。当柱下板带中心线偏离柱中心线时，应在平面图上标注其定位尺寸。

3)注写底部与顶部贯通纵筋。注写底部贯通纵筋(B 打头)与顶部贯通纵筋(T 打头)的规格与间距，用"；"将其分隔开。柱下板带的柱下区域，通常在其底部贯通纵筋的间隔内插空设有(原位注写的)底部附加非贯通纵筋。

【例】B:⌀22@300；T:⌀25@150 表示板带底部配置⌀22 间距 300 的贯通纵筋，板带顶部配置⌀25 间距 150 的贯通纵筋。

注：1. 柱下板带与跨中板带的底部贯通纵筋，可在跨中 1/3 净跨长度范围内采用搭接连接、机械连接或焊接；

2. 柱下板带及跨中板带的顶部贯通纵筋，可在柱网轴线附近 1/4 净跨长度范围内采用搭接连接、机械连接或焊接。

施工及预算方面应注意：当柱下板带的底部贯通纵筋配置从某跨开始改变时，两种不同配置的底部贯通纵筋应在两毗邻跨中配置较小跨的跨中连接区域连接(即配置较大跨的底部贯通纵筋需越过其跨数终点或起点伸至毗邻跨的跨中连接区域。具体位置见标准构造详图)。

(3)柱下板带与跨中板带原位标注的内容，主要为底部附加非贯通纵筋。

1)注写内容:以一段与板带同向的中粗虚线代表附加非贯通纵筋;柱下板带:贯穿其柱下区域绘制;跨中板带:横贯柱中线绘制。在虚线上注写底部附加非贯通纵筋的编号(如①、②等)、钢筋级别、直径、间距,以及自柱中线分别向两侧跨内的伸出长度值。当向两侧对称伸出时,长度值可仅在一侧标注,另一侧不注。外伸部位的伸出长度与方式按标准构造,设计不注。对同一板带中底部附加非贯通筋相同者,可仅在一根钢筋上注写,其他可仅在中粗虚线上注写编号。

原位注写的底部附加非贯通纵筋与集中标注的底部贯通纵筋,宜采用"隔一布一"的方式布置,即柱下板带或跨中板带与底部贯通纵筋相同(两者实际组合的间距为各自标注间距的1/2)。

【例】柱下区域注写底部附加非贯通纵筋③⏀22@300,集中标注的底部贯通纵筋也为B:⏀22@300,表示在柱下区域实际设置的底部纵筋为⏀22@150,其他部位与③号筋相同的附加非贯通纵筋仅注编号③。

【例】柱下区域注写底部附加非贯通纵筋②⏀25@300,集中标注的底部贯通纵筋为B:⏀22@300,表示在柱下区域实际设置的底部纵筋为⏀25和⏀22间隔布置,彼此之间间距为150。

当跨中板带在轴线区域不设置底部附加非贯通纵筋时,则不做原位注写。

2)注写修正内容。当在柱下板带、跨中板带上集中标注的某些内容(如截面尺寸、底部与顶部贯通纵筋等)不适用于某跨或某外伸部分时,则将修正的数值原位标注在该跨或该外伸部位,施工时原位标注取值优先。

设计时应注意:对于支座两边不同配筋值的(经注写修正的)底部贯通纵筋,应按较小一边的配筋值选配相同直径的纵筋贯穿支座,较大一边的配筋差值选配适当直径的钢筋锚入支座,避免造成两边大部分钢筋直径不相同的不合理配置结果。

(4)柱下板带ZXB与跨中板带KZB的注写规定,同样适用于平板式筏形基础上局部有剪力墙的情况。

4.平板式筏形基础平板BPB的平面注写方式

(1)平板式筏形基础平板BPB的平面注写,分板底部与顶部贯通纵筋的集中标注与板底部附加非贯通纵筋的原位标注两部分内容。当仅设置底部与顶部贯通纵筋而未设置底部附加非贯通纵筋时,则仅做集中标注。

基础平板BPB的平面注写与柱下板带ZXB、跨中板带KZB的平面注写为不同的表达方式,但可以表达同样的内容。当整片板式筏形基础配筋比较规律时,宜采用BPB表达方式。

(2)平板式筏形基础平板BPB的集中标注,按表3-8注写编号,其他规定与梁板式筏形基础的LPB贯通纵筋的集中标注相同。

当某向底部贯通纵筋或顶部贯通纵筋的配置,在跨内有两种不同间距时,先注写跨内两端的第一种间距,并在前面加注纵筋根数(以表示其分布的范围);再注写跨中部的第二种间距(不需加注根数);两者用"/"分隔。

【例】*X*:B:12⏀22@150/200;T:10⏀20@150/200表示基础平板*X*向底部配置⏀22的贯通纵筋,跨两端间距为150配12根,跨中间距为200;*X*向顶部配置⏀20的贯通纵筋,跨两端间距为150配10根,跨中间距为200(纵向总长度略)。

(3)平板式筏形基础平板BPB的原位标注,主要表达横跨柱中心线下的底部附加非贯通纵筋。

1)原位注写位置及内容。在配置相同的若干跨的第一跨下,垂直于柱中线绘制一段中粗虚线代表底部附加非贯通纵筋,在虚线上的注写内容与梁板式筏形基础施工图制图规则中在虚线上的标注内容相同。

当柱中心线下的底部附加非贯通纵筋(与柱中心线正交)沿柱中心线连续若干跨配置相同时,则在该连续跨的第一跨下原位注写,且将同规格配筋连续布置的跨数注在括号内;当有些跨配置不同时,则应分别原位注写。外伸部位的底部附加非贯通纵筋应单独注写(当与跨内某筋相同时仅注写钢筋编号)。

当底部附加非贯通纵筋横向布置在跨内有两种不同间距的底部贯通纵筋区域时,其间距应分别对应为两种,其注写形式应与贯通纵筋保持一致,即先注写跨内两端的第一种间距,并在前面加注纵筋根数;再注写跨中部的第二种间距(不需加注根数);两者用“/”分隔。

2)当某些柱中心线下的基础平板底部附加非贯通纵筋横向配置相同时(其底部、顶部的贯通纵筋可以不同),可仅在一条中心线下做原位注写,并在其他柱中心线上注明“该柱中心线下基础平板底部附加非贯通纵筋同××柱中心线”。

(4)平板式筏形基础平板 BPB 的平面注写规定,同样适用于平板式筏形基础上局部有剪力墙的情况。

四、无基础梁无板带的平板式筏形基础的标注

1. 基础平板(BPB)的集中标注(图 3-60)

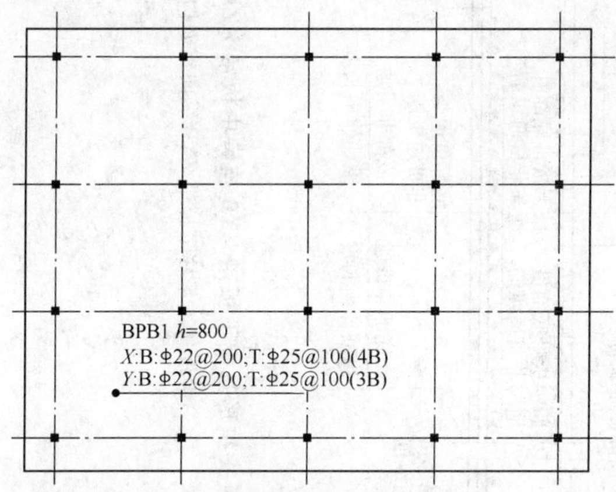

图 3-60　基础平板(BPB)的集中标注

2. 基础平板(BPB)的原位标注(图 3-61)

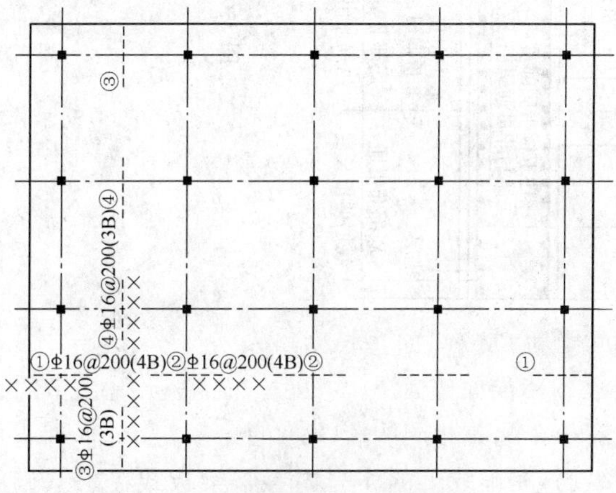

图 3-61　基础平板(BPB)的原位标注

五、平板式筏形基础的平法施工图识图

1. 平板式筏形基础下板带 ZXB 与跨中板带 KZB 纵向钢筋构造(图 3-62)

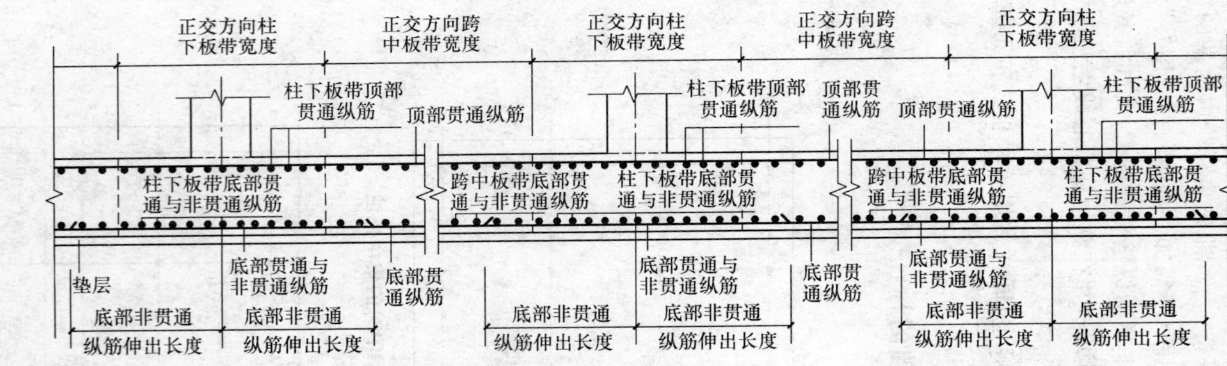

(a)

图 3-62 平板式筏形基础下板带 ZXB 与跨中板带 KZB 纵向钢筋构造(一)

(a)平板式筏基柱下板带 ZXB 纵向钢筋构造

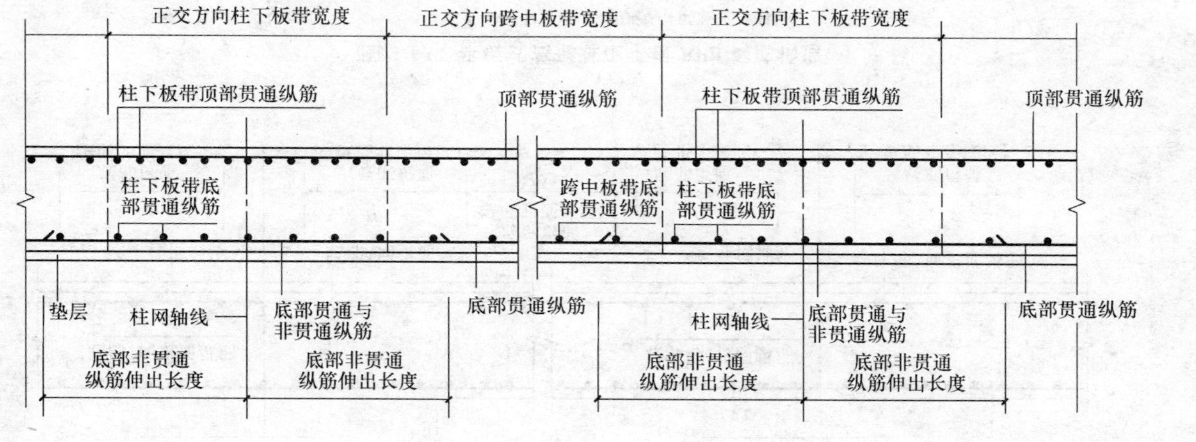

(b)

图 3-62 平板式筏形基础下板带 ZXB 与跨中板带 KZB 纵向钢筋构造(二)

(b)平板式筏基跨中板带 KZB 纵向钢筋构造

注：1. 不同配置的底部贯通纵筋，应在两毗邻跨中配置较小一跨的跨中连接区域连接（即配置较大一跨的底部贯通纵筋需越过其标注的跨数终点或起点伸至毗邻跨的跨中连接区域）；

2. 底部与顶部贯通纵筋在本图所示连接区内的连接方式；

3. 柱下板带与跨中板带的底部贯通纵筋，可在跨中 1/3 净跨长度范围内搭接连接、机械连接或焊接；柱下板带及跨中板带的顶部贯通纵筋，可在柱网轴线附近 1/4 净跨长度范围内采用搭接连接、机械连接或焊接；

4. 基础平板同一层面的交叉纵筋，何向纵筋在下，何向纵筋在上，应按具体设计说明。

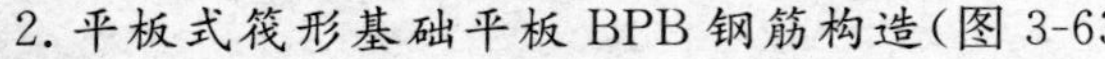

2. 平板式筏形基础平板 BPB 钢筋构造（图 3-63）

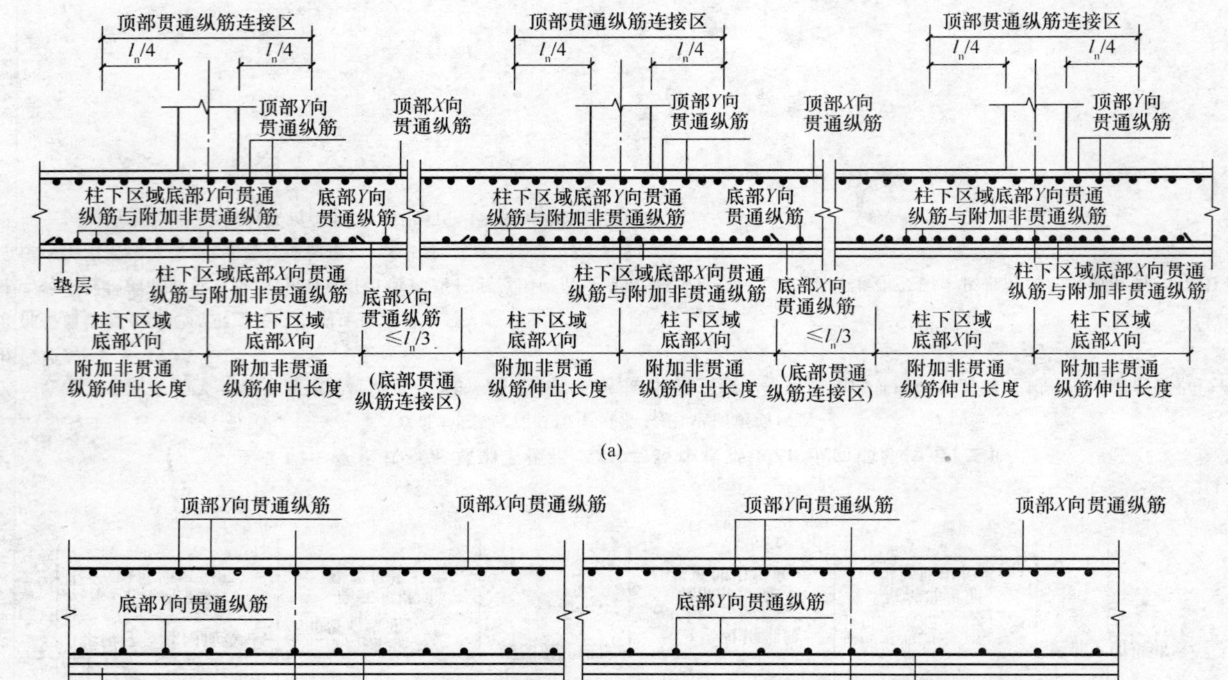

图 3-63　平板式筏形基础平板 BPB 钢筋构造

(a)柱下区域　(b)跨中区域

注：基础平板同一层面的交叉纵筋，何向纵筋在下，何向纵筋在上，应按具体设计说明。

第四章

主体构件的平法识图

第一节　柱构件

一、柱平法施工图制图规则

1. 柱平法施工图的表示方法

(1)柱平法施工图是在柱平面布置图上采用列表注写方式或截面注写方式表达。

(2)柱平面布置图,可采用适当比例单独绘制,也可与剪力墙平面布置图合并绘制。

(3)在柱平法施工图中,应注明各结构层的楼面标高、结构层高及相应的结构层号,还应注明上部结构嵌固部位位置。

2. 列表注写方式

(1)概述。

列表注写方式,是在柱平面布置图上(一般只需采用适当比例绘制一张柱平面布置图,包括框架柱、框支柱、梁上柱和剪力墙上柱),分别在同一编号的柱中选择一个(有时需要选择几个)截面标注几何参数代号;在柱表中注写柱编号、柱段起止标高、几何尺寸(含柱截面对轴线的偏心情况)与配筋的具体数值,并配以各种柱截面形状及其箍筋类型图的方式,来表达柱平法施工图。

(2)柱表注写内容规定如下。

1)注写柱编号,柱编号由类型代号和序号组成,应符合表 4-1 的规定。

表 4-1　柱编号

柱类型	代号	序号
框架柱	KZ	××
框支柱	KZZ	××

（续表）

柱类型	代号	序号
芯柱	XZ	××
梁上柱	LZ	××
剪力墙上柱	QZ	××

注：编号时，当柱的总高、分段截面尺寸和配筋均对应相同，仅截面与轴线的关系不同时，仍可将其编为同一柱号，但应在图中注明截面与轴线的关系。

2）注写各段柱的起止标高，自柱根部往上以变截面位置或截面未变但配筋改变处为界分段注写。

框架柱和框支柱的根部标高是指基础顶面标高；芯柱的根部标高是指根据结构实际需要而定的起始位置标高；梁上柱的根部标高是指梁顶面标高；剪力墙上柱的根部标高为墙顶面标高。

3）对于矩形柱，注写柱截面尺寸 $b\times h$ 及与轴线关系的几何参数代号 b_1、b_2 和 h_1、h_2 的具体数值，需对应于各段柱分别注写。其中 $b=b_1+b_2$，$h=h_1+h_2$。

当截面的某一边收缩变化至与轴线重合或偏到轴线的另一侧时，b_1、b_2、h_1、h_2 中的某项为零或为负值。

对于圆柱，表中 $b\times h$ 一栏改用在圆柱直径数字前加 d 表示。

为表达简单，圆柱截面与轴线的关系也用 b_1、b_2 和 h_1、h_2 表示，并使 $d=b_1+b_2=h_1+h_2$。

对于芯柱，根据结构需要，可以在某些框架柱的一定高度范围内，在其内部的中心位置设置（分别引注其柱编号）。

芯柱截面尺寸按构造确定，并按《混凝土结构施工图平面整体表示方法制图和构造详图》（11G101）标准构造详图施工，设计不需注写；当设计者采用与本构造详图不同的做法时，应另行注明。芯柱定位随框架柱，不需要注写其与轴线的几何关系。

4）注写柱纵筋。当柱纵筋直径相同，各边根数也相同时（包括矩形柱、圆柱和芯柱），将纵筋注写在“全部纵筋”一栏中；除此之外，柱纵筋分角筋、截面 b 边中部筋和 h 边中部筋三项分别注写（对于采用对称配筋的矩形截面柱，可仅注写一侧中部筋，对称边省略不注）。

5）注写箍筋类型及箍筋肢数，在箍筋类型栏内注写。

6）注写柱箍筋，包括钢筋级别、直径与间距。

当为抗震设计时，用“/”区分柱端箍筋加密区与柱身非加密区长度范围内箍筋的不同间距。

施工人员需根据标准构造详图的规定，在规定的几种长度值中取其最大者作为加密区长度。

当框架节点核芯区内箍筋与柱端箍筋设置不同时，应在括号中注明核芯区箍筋直径及间距。

【例】$\phi10@100/250$,表示箍筋为HPB300级钢筋,直径$\phi10$,加密区间距为100,非加密区间距为250。

$\phi10@100/250(\phi12@100)$,表示柱中箍筋为HPB300级钢筋,直径$\phi10$,加密区间距为100,非加密区间距为250。

框架节点核芯区箍筋为HPB300级钢筋,直径$\phi12$,间距为100。

当箍筋沿柱全高为一种间距时,则不使用"/"。

【例】$\phi10@100$,表示沿柱全高范围内箍筋均为HPB300级钢筋,直径$\phi10$,间距为100。

当圆柱采用螺旋箍筋时,需在箍筋前加"L"。

【例】$L\phi10@100/200$,表示采用螺旋箍筋,HPB300级钢筋,直径$\phi10$,加密区间距为100,非加密区间距为200。

(3)具体工程所设计的各种箍筋类型图以及箍筋复合的具体方式,需画在表的上部或图中的适当位置,并在其上标注与表中相对应的b、h和类型号。

注:当为抗震设计时,确定箍筋肢数时要满足对柱纵筋"隔一拉一"以及箍筋肢距的要求。

3.截面注写方式

(1)截面注写方式,是在柱平面布置图的柱截面上,分别在同一编号的柱中选择一个截面,以直接注写截面尺寸和配筋具体数值的方式来表达柱平法施工图。

(2)对除芯柱之外的所有柱截面进行编号,从相同编号的柱中选择一个截面,按另一种比例原位放大绘制柱截面配筋图,并在各配筋图上继其编号后再注写截面尺寸$b\times h$、角筋或全部纵筋(当纵筋采用一种直径且能够图示清楚时)、箍筋的具体数值,以及在柱截面配筋图上标注柱截面与轴线关系b_1、b_2、b_2、h_1、h_2的具体数值。

当纵筋采用两种直径时,需再注写截面各边中部筋的具体数值(对于采用对称配筋的矩形截面柱,可仅在一侧注写中部筋,对称边省略不注)。

在某些框架柱的一定高度范围内,在其内部的中心位设置芯柱时,首先进行编号,继其编号之后注写芯柱的起止标高、全部纵筋及箍筋的具体数值,芯柱截面尺寸按构造确定,并按标准构造详图施工,设计不注;当设计者采用与本构造详图不同的做法时,应另行注明。芯柱定位随框架柱,不需要注写其与轴线的几何关系。

(3)在截面注写方式中,如柱的分段截面尺寸和配筋均相同,仅截面与轴线的关系不同时,可将其编为同一柱号。但此时应在未画配筋的柱截面上注写该柱截面与轴线关系的具体尺寸。

4.其他

当绘制柱平面布置图时,如果局部区域发生重叠、过挤现象,可在该区域采用另外一种比例绘制予以消除。

二、柱平法施工图识图

1. 柱平法施工图列表注写方式实例(图 4-1)

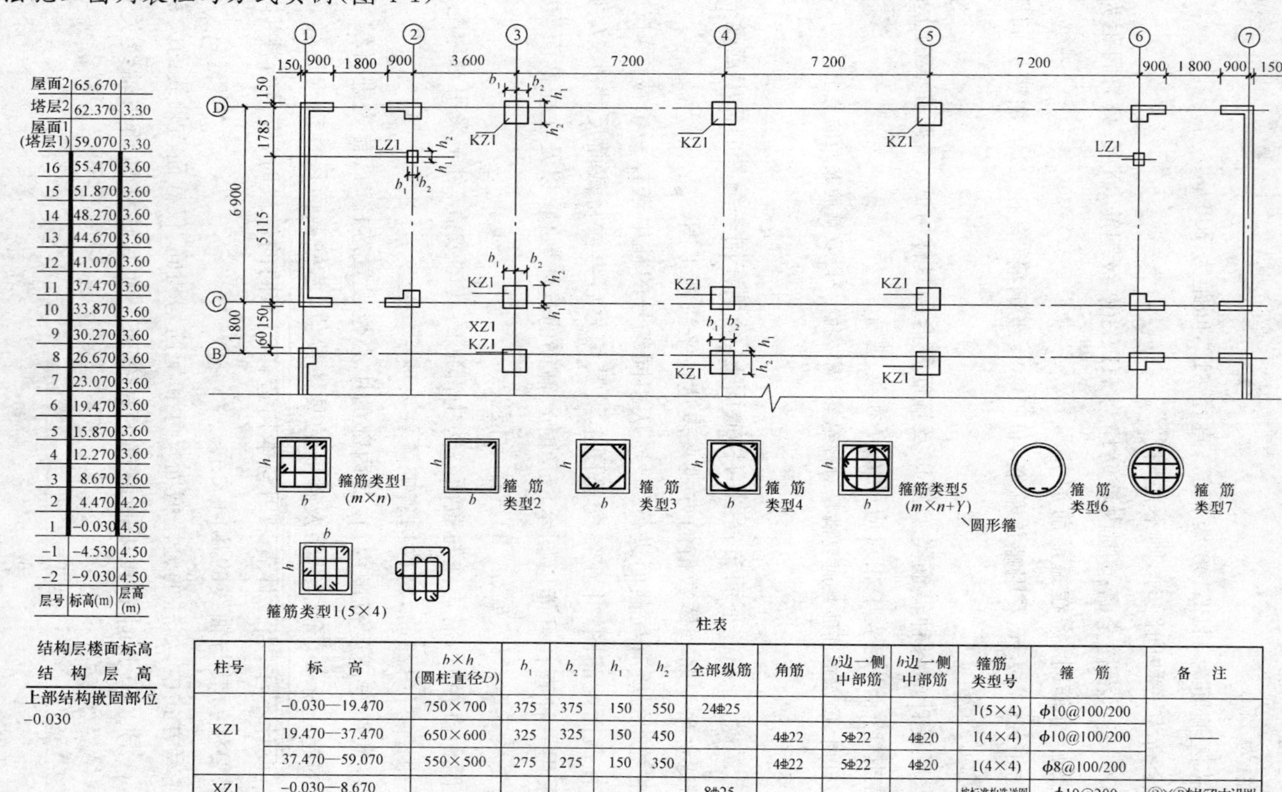

层号	标高(m)	层高(m)
屋面2	65.670	
塔层2	62.370	3.30
屋面1(塔层1)	59.070	3.30
16	55.470	3.60
15	51.870	3.60
14	48.270	3.60
13	44.670	3.60
12	41.070	3.60
11	37.470	3.60
10	33.870	3.60
9	30.270	3.60
8	26.670	3.60
7	23.070	3.60
6	19.470	3.60
5	15.870	3.60
4	12.270	3.60
3	8.670	3.60
2	4.470	4.20
1	−0.030	4.50
−1	−4.530	4.50
−2	−9.030	4.50

结构层楼面标高
结构层高
上部结构嵌固部位
−0.030

柱表

柱号	标高	b×h(圆柱直径D)	b_1	b_2	h_1	h_2	全部纵筋	角筋	b边一侧中部筋	h边一侧中部筋	箍筋类型号	箍筋	备注
KZ1	−0.030—19.470	750×700	375	375	150	550	24Φ25				1(5×4)	φ10@100/200	—
	19.470—37.470	650×600	325	325	150	450		4Φ22	5Φ22	4Φ20	1(4×4)	φ10@100/200	
	37.470—59.070	550×500	275	275	150	350		4Φ22	5Φ22	4Φ20	1(4×4)	φ8@100/200	
XZ1	−0.030—8.670						8Φ25				按标准构造详图	φ10@200	③×Ⓑ轴KZ1中设置

图 4-1　柱平法施工图列表注写方式实例

注：1. 如果用非抗震对称配筋，需在柱表中增加相应栏目分别表示各边的中部筋；

2. 抗震设计时箍筋对纵筋至少隔一拉一；

3. 类型 1、5 的箍筋肢数可有多种组合，类型 1 为 5×4 的组合，其余类型为固定形式，在表中只注类型号即可。

2. 柱平法施工图截面注写方式实例(图 4-2)

屋面2	65.670	
塔层2	62.370	3.30
屋面1 (塔层1)	59.070	3.30
16	55.470	3.60
15	51.870	3.60
14	48.270	3.60
13	44.670	3.60
12	41.070	3.60
11	37.470	3.60
10	33.870	3.60
9	30.270	3.60
8	26.670	3.60
7	23.070	3.60
6	19.470	3.60
5	15.870	3.60
4	12.270	3.60
3	8.670	3.60
2	4.470	4.20
1	−0.030	4.50
−1	−4.530	4.50
−2	−9.030	4.50
层号	标高/m	层高 /m

结构层楼面标高
结 构 层 高
上部结构嵌固部位
−0.030

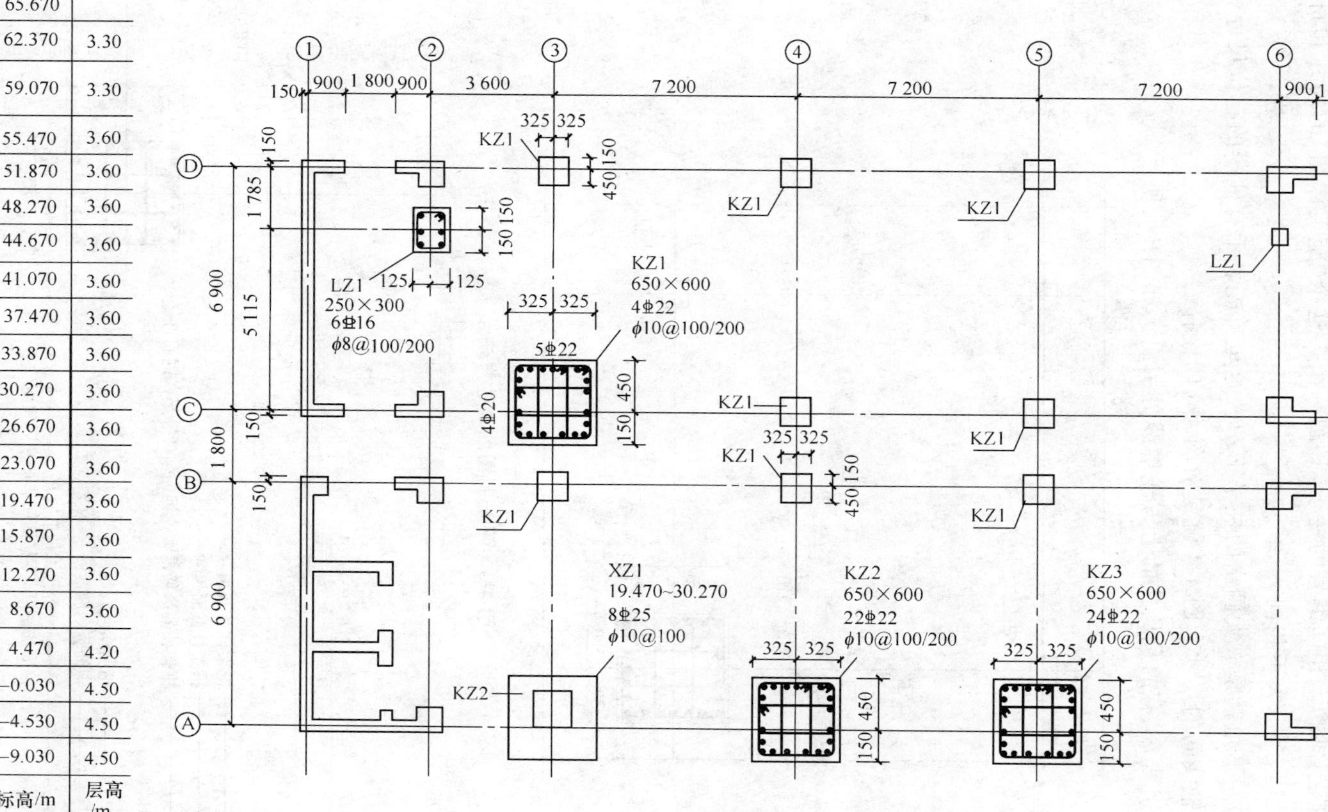

图 4-2 柱平法施工图截面注写方式实例

3. 柱子的平法制图表达方法

在“平面整体表示方法制图规则”中，表达钢筋混凝土柱子的模板尺寸和钢筋配置时，是在柱子的结构平面图中，尽量在最左排或最下排（即空间最前排）的柱子中选择一个作为典型，且放大画出柱子的“施工详图”。相同编号的柱子，只画一个。这个“施工详图”的尺寸和材料标注，与传统的制图表达方法，大不相同。

如图 4-3 所示，左下角就是放大画出的柱子 KZ1。这里首先表示有柱子的定位尺寸，即柱子的边缘到柱子的轴线间的尺寸。图 4-4 就是对图 4-3 的诠释。

对于柱的标注引线，也有的是从柱的上方轮廓线处引出。如图 4-5 所示。

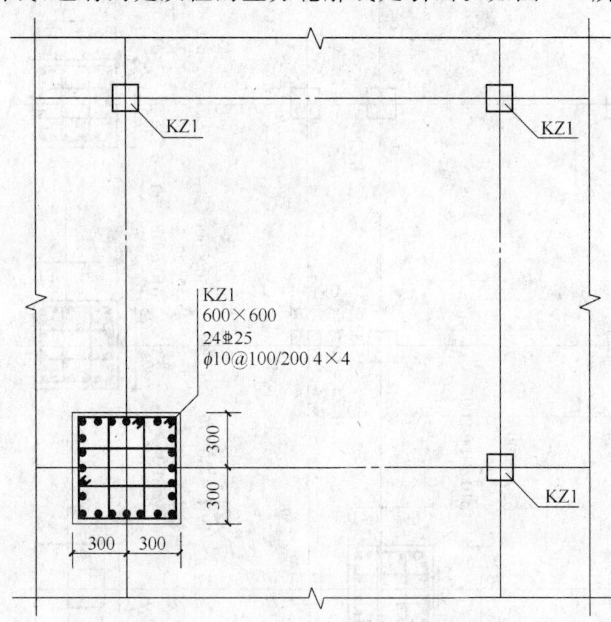

图 4-3 平法制图的表达方法

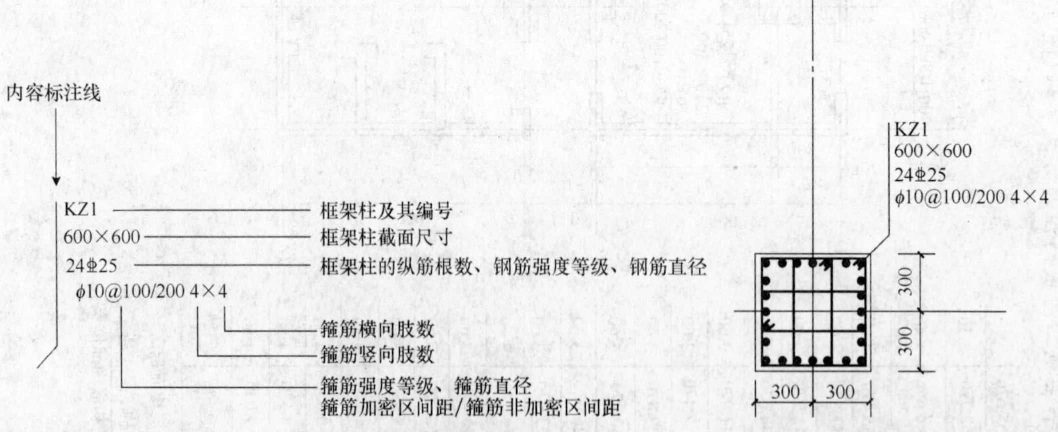

图 4-4 平法制图表达中标注的解释

图 4-5 从柱上方引出标注线

由于图 4-6 中的柱子截面，不是正方形，而是长方形。把角部纵向钢筋和中部纵向钢筋，分开来标注。如果，相邻两侧中部纵向钢筋的直径不一样时，它的优越性就显示出来了。

利用诺模图检查一下图 4-6 中 800×600 柱的截面，能不能够分别容纳得下 9 根和 7 根钢筋（由如图 4-7 所示，就可以知道，能够容纳得下）。此诺模图的应用，只限于柱的混凝土保护层为 30 mm 厚。

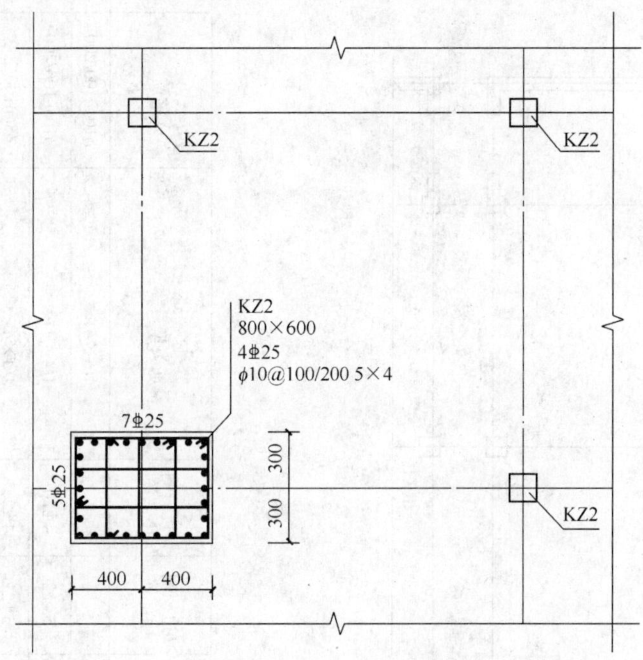

图 4-6　矩形柱从角部和中部分别引出标注线

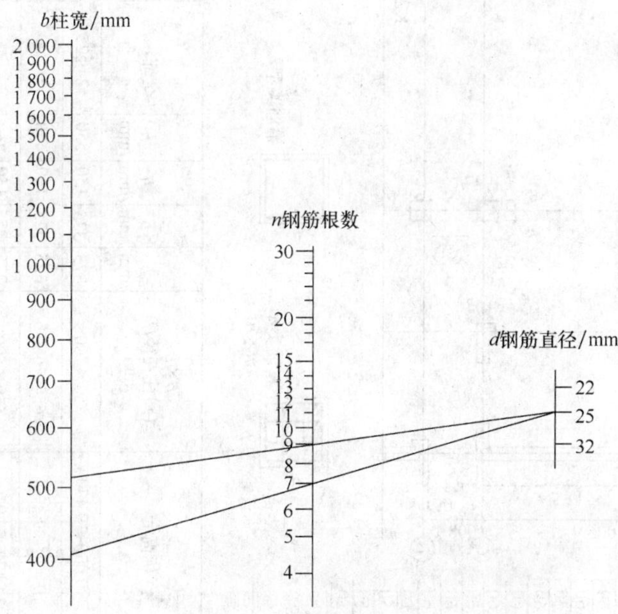

图 4-7　柱截面可容钢筋根数验算诺模图

（保护层厚 30 mm）

4. 某工程柱平法施工图示例（图 4-8 至图 4-10）

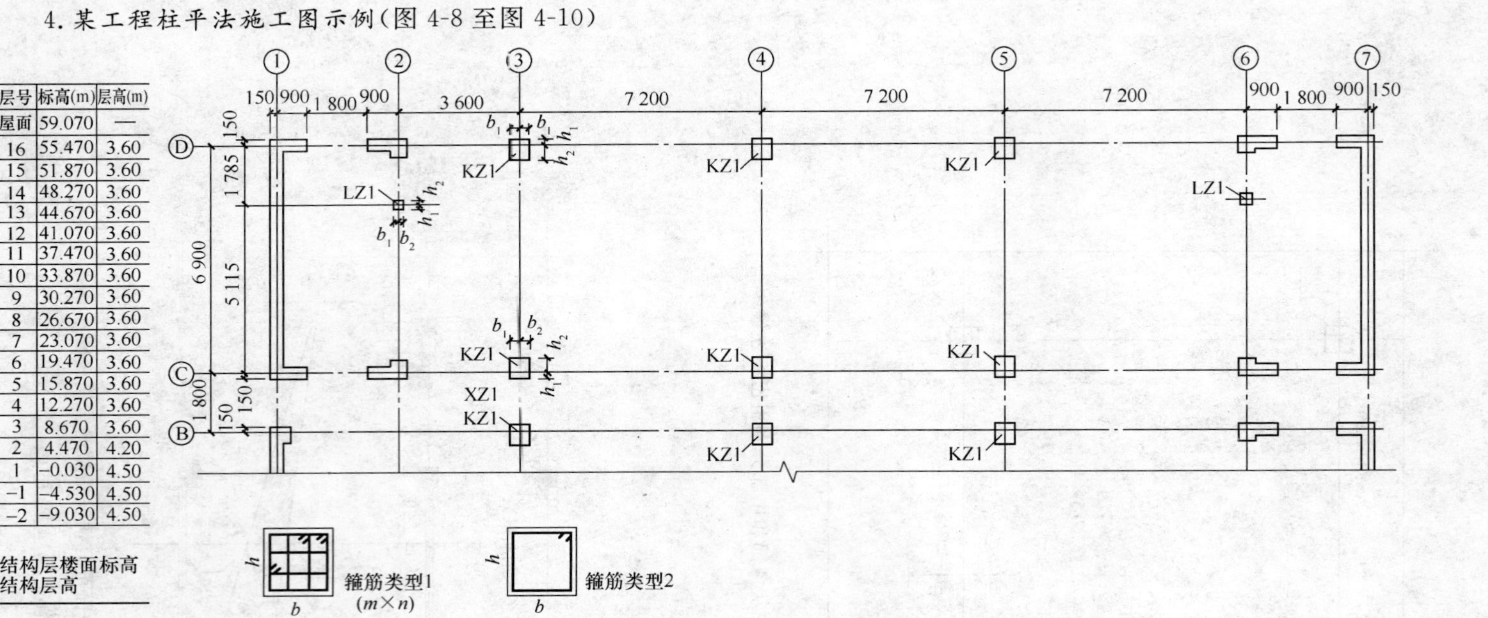

层号	标高(m)	层高(m)
屋面	59.070	—
16	55.470	3.60
15	51.870	3.60
14	48.270	3.60
13	44.670	3.60
12	41.070	3.60
11	37.470	3.60
10	33.870	3.60
9	30.270	3.60
8	26.670	3.60
7	23.070	3.60
6	19.470	3.60
5	15.870	3.60
4	12.270	3.60
3	8.670	3.60
2	4.470	4.20
1	−0.030	4.50
−1	−4.530	4.50
−2	−9.030	4.50

结构层楼面标高
结构层高

柱号	标高/m	$b\times h$（圆柱直径D）/mm	b_1/mm	b_2/mm	h_1/mm	h_2/mm	全部纵筋	角筋	b边一侧中部筋	h边一侧中部筋	箍筋类型号	箍筋	备注
KZ1	−0.030~19.470	750×700	375	375	150	550	24Φ25				1(5×4)	ϕ10@100/200	
	19.470~37.470	650×600	325	325	150	450		4Φ22	5Φ22	4Φ20	1(4×4)	ϕ10@100/200	
	34.470~59.070	550×500	275	275	150	350		4Φ22	5Φ22	4Φ20	1(4×4)	ϕ8@100/200	
XZ1	−0.030~8.670						8Φ25				按《混凝土结构施工图平面整体表示方法制图规则和构造详图》（11G101）的标准构造详图	ϕ10@200	③×Ⓑ轴KZ1中设置

图 4-8　柱平法施工图列表注写方式

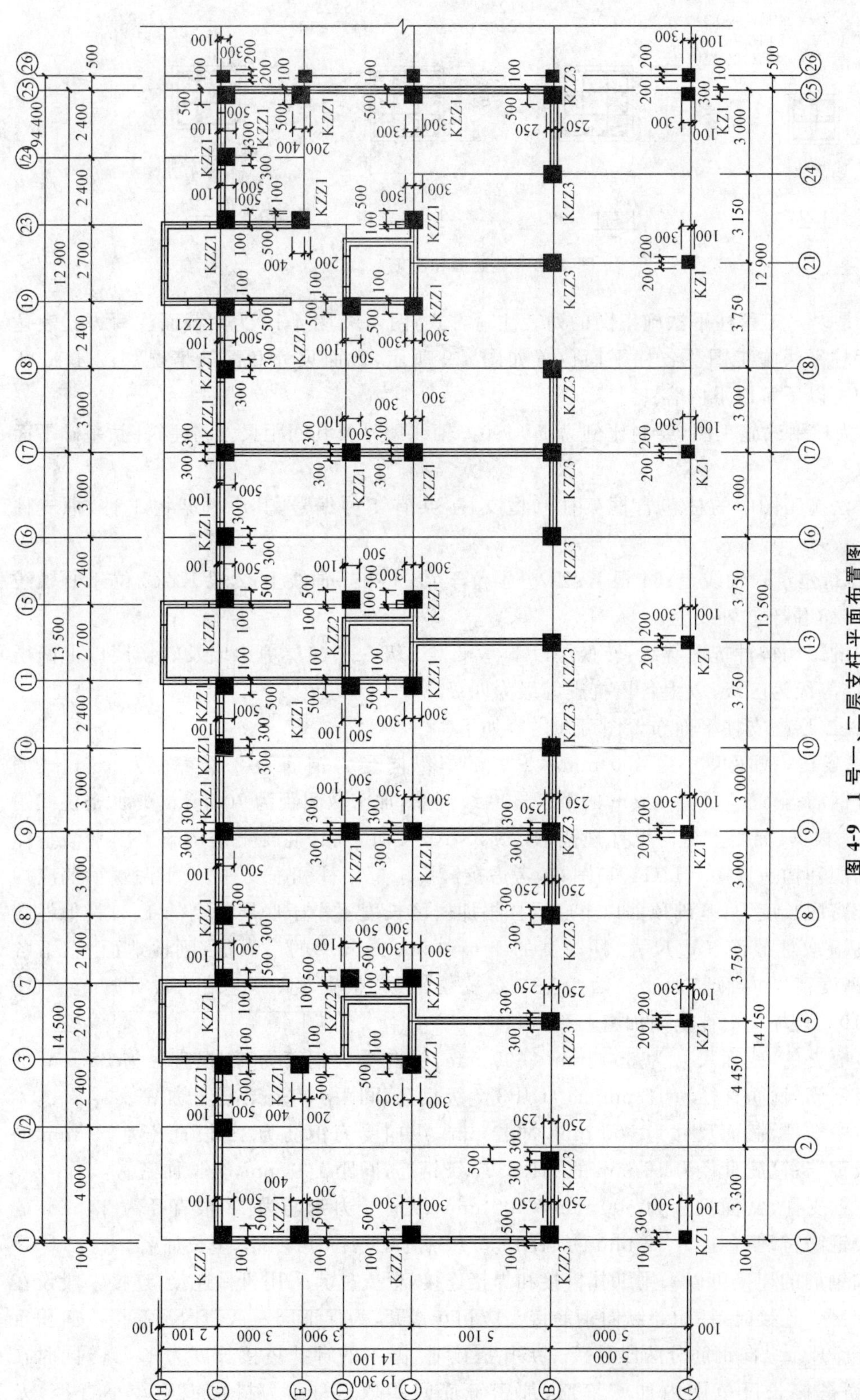

图 4-9　1 号一、二层支柱平面布置图

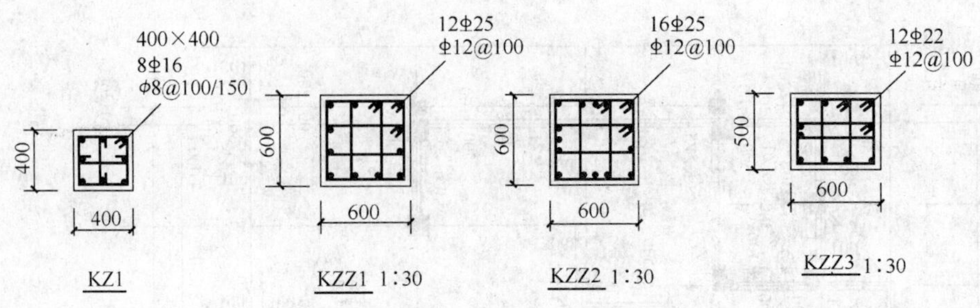

图 4-10 柱截面和配筋

图 4-8 是××工程柱平法施工图的列表注写方式，图 4-9、图 4-10 为用截面注写方式表达的××工程柱平法施工图。各柱平面位置如图 4-9 所示，截面尺寸和配筋情况如图 4-10 所示。从图中可以了解以下内容：

图 4-9 为柱平法施工图，绘制比例为 1∶100。轴线编号及其间距尺寸与建筑图、基础平面布置图一致。

该柱平法施工图中的柱包含框架柱和框支柱，共有 4 种编号，其中框架柱 1 种，框支柱 3 种。

7 根 KZ1，位于Ⓐ轴线上；34 根 KZZ1 分别位于Ⓒ、Ⓔ和Ⓖ轴线上；2 根 KZZ2 位于Ⓓ轴线上；13 根 KZZ3 位于Ⓑ轴线上。

本工程的结构构件抗震等级：转换层以下框架为二级，一、二层剪力墙及转换层以上两层剪力墙，抗震等级为三级，以上各层抗震等级为四级。

根据一、二层框支柱平面布置图可知内容如下。

KZ1：框架柱，截面尺寸为 400 mm×400 mm，纵向受力钢筋为 8 根直径为 16 mm 的 HRB335 级钢筋；箍筋直径为 8 mm 的 HPB300 级钢筋，加密区间距为 100 mm，非加密区间距为 150 mm。根据《混凝土结构设计规范》(GB 50010—2010)和《混凝土结构施工图平面整体表示方法制图和构造详图》(11G101)图集，考虑抗震要求框架柱和框支柱上、下两端箍筋应加密。箍筋加密区长度为，基础顶面以上底层柱根加密区长度不小丁底层净高的 1/3；其他柱端加密区长度应取柱截面长边尺寸、柱净高的 1/6 和 500 mm 中的最大值；刚性地面上、下各 500 mm的高度范围内箍筋加密。因为是二级抗震等级，根据《混凝土结构设计规范》(GB 50010—2010)，角柱应沿柱全高加密箍筋。

KZZ1：框支柱，截面尺寸为 600 mm×600 mm，纵向受力钢筋为 12 根直径为 25 mm 的 HRB335 级钢筋；箍筋直径为 12 mm 的 HRB335 级钢筋，间距 100 mm，全长加密。

KZZ2：框支柱，截面尺寸为 600 mm×600 mm，纵向受力钢筋为 16 根直径为 25 mm 的 HRB335 级钢筋；箍筋直径为 12 mm 的 HRB335 级钢筋，间距 100 mm，全长加密。

KZZ3：框支柱，截面尺寸为 600 mm×500 mm，纵向受力钢筋为 12 根直径为 22 mm 的 HRB335 级钢筋；箍筋直径为 12 mm 的 HRB335 级钢筋，间距 100 mm，全长加密。

柱纵向钢筋的连接可以采用绑扎搭接和焊接连接，框支柱宜采用机械连接，连接一般设在非箍筋加密区。连接时，柱相邻纵向钢筋接头应相互错开，为保证同一截面内钢筋接头面积百分比不大于 50%，纵向钢筋分两段连接。绑扎搭接时，图中的绑扎搭接长度为 $1.4l_{aE}$，同时在柱纵向钢筋搭接长度范围内加密箍筋，加密箍筋间距取 $5d$（d 为搭接钢筋较小直径）及

100 mm的较小值(本工程 KZ1 加密箍筋间距为 80 mm;框支柱为 100 mm)。抗震等级为二级、C30 混凝土时的 l_{aE} 为 $34d$。

框支柱在三层墙体范围内的纵向钢筋应伸入三层墙体内至三层天棚顶,其余框支柱和框架柱,KZ1 钢筋按《混凝土结构施工图平面整体表示方法制图和构造详图(现浇混凝土框架、剪力墙、梁、板)》(11G101—1)图集锚入梁板内。本工程柱外侧纵向钢筋配筋率≤1.2%,且混凝土强度等级≥C20,板厚≥80 mm。

第二节　剪力墙构件

一、剪力墙平法施工图制图规则

1.剪力墙平法施工图的表示方法

(1)剪力墙平法施工图是在剪力墙平面布置图上采用列表注写方式或截面注写方式表达。

(2)剪力墙平面布置图可采用适当比例单独绘制,也可与柱或梁平面布置图合并绘制。当剪力墙较复杂或采用截面注写方式时,应按标准层分别绘制剪力墙平面布置图。

(3)在剪力墙平法施工图中,应注明各结构层的楼面标高、结构层高及相应的结构层号,还应注明上部结构嵌固部位位置。

(4)对于轴线未居中的剪力墙(包括端柱),应标注其偏心定位尺寸。

2.列表注写方式

(1)为表达清楚、简便,剪力墙可视为由剪力墙柱、剪力墙身和剪力墙梁三类构件构成。

列表注写方式,是分别在剪力墙柱表、剪力墙身表和剪力墙梁表中,对应于剪力墙平面布置图上的编号,用绘制截面配筋图并注写几何尺寸与配筋具体数值的方式,来表达剪力墙平法施工图。

(2)编号规定:将剪力墙按剪力墙柱、剪力墙身、剪力墙梁(简称为墙柱、墙身、墙梁)三类构件分别编号。

1)墙柱编号,由墙柱类型代号和序号组成,表达形式应符合表 4-2 的规定。

表 4-2　墙柱编号

墙柱类型	代号	序号
约束边缘构件	YBZ	××
构造边缘构件	GBZ	××
非边缘暗柱	AZ	××
扶壁柱	FBZ	××

注:约束边缘构件包括约束边缘暗柱、约束边缘端柱、约束边缘翼墙、约束边缘转角墙四种(图 4-11)。构造边缘构件包括构造边缘暗柱、构造边缘端柱、构造边缘翼墙、构造边缘转角墙四种(图 4-12)。

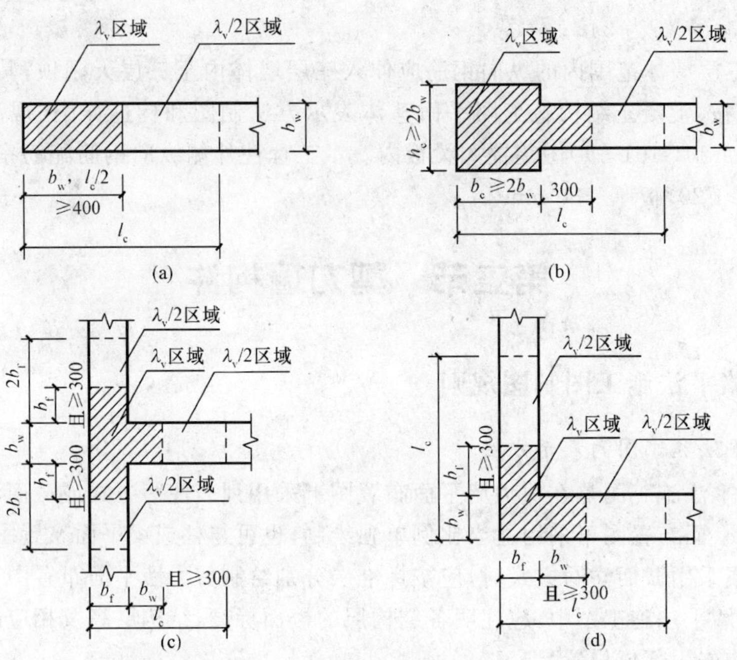

图 4-11　约束边缘构件

(a)约束边缘暗柱;(b)约束边缘端柱;(c)约束边缘翼墙;(d)约束边缘转角墙

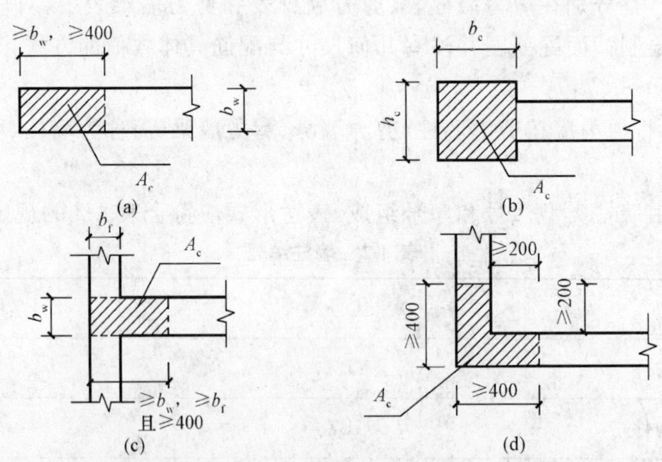

图 4-12　构造边缘构件

(a)构造边缘暗柱;(b)构造边缘端柱;(c)构造边缘翼墙;d)构造边缘转角墙

2)墙身编号，由墙身代号、序号以及墙身所配置的水平与竖向分布钢筋的排数组成，其中，排数注写在括号内。表达形式为：

Q××(×排)

注：1. 在编号中：如若干墙柱的截面尺寸与配筋均相同，仅截面与轴线的关系不同时，可将其编为同一墙柱号；又如若干墙身的厚度尺寸和配筋均相同，仅墙厚与轴线的关系不同或墙身长度不同时，也可将其编为同一墙身号，但应在图中注明与轴线的几何关系。

2. 当墙身所设置的水平与竖向分布钢筋的排数为2时可不注；

3. 非抗震的分布钢筋网的排数规定：当剪力墙厚度大于160时，应配置双排；当其厚度不大于160时，宜配置双排。抗震的分布钢筋网的排数规定：当剪力墙厚度不大于400时，应配置双排；当剪力墙厚度大于400，但不大于700时，宜配置三排；当剪力墙厚度大于700时，宜配置四排。各排水平分布钢筋和竖向分布钢筋的直径与间距宜保持一致。当剪力墙配置的分布钢筋多于两排时，剪力墙拉筋两端应同时勾住外排水平纵筋和竖向纵筋，还应与剪力墙内排水平纵筋和竖向纵筋绑扎在一起。

3)墙梁编号，由墙梁类型代号和序号组成，表达形式应符合表4-3的规定。

表4-3　墙梁编号

墙梁类型	代号	序号
连梁	LL	××
连梁(对角暗撑配筋)	LL(JC)	××
连梁(交叉斜筋配筋)	LL(JX)	××
连梁(集中对角斜筋配筋)	LL(DX)	××
暗梁	AL	××
边框梁	BKL	××

注：在具体工程中，当某些墙身需设置暗梁或边框梁时，宜在剪力墙平法施工图中绘制暗梁或边框梁的平面布置图并编号，以明确其具体位置。

(3)在剪力墙柱表中表达的内容。

1)注写墙柱编号(表4-2)，绘制该墙柱的截面配筋图，标注墙柱几何尺寸。

①约束边缘构件(图4-12)需注明阴影部分尺寸。

注：剪力墙平面布置图中应注明约束边缘构件沿墙肢长度 l_c(约束边缘翼墙中沿墙肢长度尺寸为 $2b_f$ 时可不注)。

②构造边缘构件(图4-12)需注明阴影部分尺寸。

③扶壁柱及非边缘暗柱需标注几何尺寸。

2)注写各段墙柱的起止标高，自墙柱根部往上以变截面位置或截面未变但配筋改变处为界分段注写。墙柱根部标高一般指基础顶面标高(部分框支剪力墙结构则为框支梁顶面标高)。

3)注写各段墙柱的纵向钢筋和箍筋，注写值应与在表中绘制的截面配筋图对应一致。纵向钢筋注总配筋值；墙柱箍筋的注写方式与柱箍筋相同。

约束边缘构件除注写阴影部位的箍筋外，还需在剪力墙平面布置图中注写非阴影区内布置的拉筋(或箍筋)。

设计施工时应注意，当约束边缘构件体积配箍率计算中计入墙身水平分布钢筋时，设计者应注明。此时还应注明墙身水平分布钢筋在阴影区域内设置的拉筋。施工时，墙身水平分布钢筋应注意采用相应的构造做法。当非阴影区外圈设置箍筋时，设计者应注明箍筋的具体数值及其余拉筋。施工时，箍筋应包住阴影区内第二列竖向纵筋。当设计采用与本构造详图不同的做法时，应另行注明。

(4)在剪力墙身表中表达的内容。

1)注写墙身编号(含水平与竖向分布钢筋的排数)。

2)注写各段墙身起止标高，自墙身根部往上以变截面位置或截面未变但配筋改变处为界分段注写。墙身根部标高一般指基础顶面标高(部分框支剪力墙结构则为框支梁的顶面标高)。

3)注写水平分布钢筋、竖向分布钢筋和拉筋的具体数值。注写数值为一排水平分布钢筋和竖向分布钢筋的规格与间距，具体设置几排已经在墙身编号后面表达。

拉筋应注明布置方式“双向”或“梅花双向”，如图 4-13(图中 a 为竖向分布钢筋间距，b 为水平分布钢筋间距)所示。

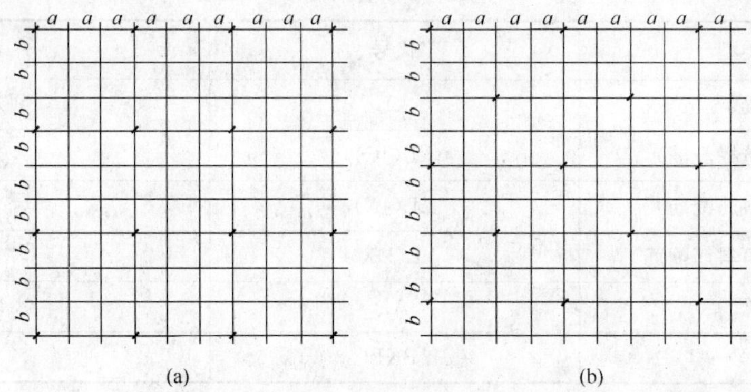

图 4-13 双向拉筋与梅花双向拉筋示意

(a)拉筋@3a3b 双向($a \leqslant 200$、$b \leqslant 200$)；(b)拉筋@4a4b 梅花双向($a \leqslant 150$、$b \leqslant 150$)

(5)在剪力墙梁表中表达的内容，规定如下：

1)注写墙梁编号，见表 4-3。

2)注写墙梁所在楼层号。

3)注写墙梁顶面标高高差，是指相对于墙梁所在结构层楼面标高的高差值。高于者为正值，低于者为负值，当无高差时不注。

4)注写墙梁截面尺寸 $b \times h$，上部纵筋、下部纵筋和箍筋的具体数值。

5)当连梁设有对角暗撑时[代号为 LL(JC)××]，注写暗撑的截面尺寸(箍筋外皮尺寸)；注写一根暗撑的全部纵筋，并标注×2 表明有两根暗撑相互交叉；注写暗撑箍筋的具体数值。

6)当连梁设有交叉斜筋时[代号为 LL(JX)××]，注写连梁一侧对角斜筋的配筋值，并标注×2 表明对称设置；注写对角斜筋在连梁端部设置的拉筋根数、规格及直径，并标注×4 表示四个角都设置；注写连梁一侧折线筋配筋值，并标注×2 表明对称设置。

7)当连梁设有集中对角斜筋时[代号为 LL(DX)××]，注写一条对角线上的对角斜筋，并标注×2 表明对称设置。

墙梁侧面纵筋的配置，当墙身水平分布钢筋满足连梁、暗梁及边框梁的梁侧面纵向构造钢筋的要求时，该筋配置同墙身水平分布钢筋，表中不注，施工按标准构造详图的要求即可；当不满足时，应在表中补充注明梁侧面纵筋的具体数值（其在支座内的锚固要求同连梁中受力钢筋）。

3. 截面注写方式

（1）截面注写方式，是在分标准层绘制的剪力墙平面布置图上，以直接在墙柱、墙身、墙梁上注写截面尺寸和配筋具体数值的方式来表达剪力墙平法施工图。

（2）选用适当比例原位放大绘制剪力墙平面布置图，其中对墙柱绘制配筋截面图；对所有墙柱、墙身、墙梁分别进行编号，并分别在相同编号的墙柱、墙身、墙梁中选择一根墙柱、一道墙身、一根墙梁进行注写，其注写方式按以下规定进行。

1）从相同编号的墙柱中选择一个截面，注明几何尺寸，标注全部纵筋及箍筋的具体数值。

注：约束边缘构件（图 4-11）除需注明阴影部分具体尺寸外，还需注明约束边缘构件沿墙肢长度 l_c，约束边缘翼墙中沿墙肢长度尺寸为 $2b_f$ 时可不注，除注写阴影部位的箍筋外，还需注写非阴影区内布置的拉筋（或箍筋）。

设计施工时应注意，当约束边缘构件体积配箍率计算中计入墙身水平分布钢筋在阴影区域内设置的拉筋，施工时，墙身水平分布钢筋应注意采用相应的构造做法。

2）从相同编号的墙身中选择一道墙身，按顺序引注的内容为：墙身编号（应包括注写在括号内墙身所配置的水平与竖向分布钢筋的排数）、墙厚尺寸，水平分布钢筋、竖向分布钢筋和拉筋的具体数值。

3）从相关编号的墙梁中选择一根墙梁，按顺序引注的内容如下。

①注写墙梁编号、墙梁截面尺寸 $b\times h$、墙梁箍筋、上部纵筋、下部纵筋和墙梁顶面标高高差的具体数值。

②当连梁设有对角暗撑时[代号为 LL(JC)××]。

③当连梁设有集中对角斜筋时[代号为 LL(JX)××]。

④当连梁设有集中对角斜筋时[代号为 LL(DX)××]。

当墙身水平分布钢筋不能满足连梁、暗梁及边框梁的梁侧面纵向构造钢筋的要求时，应补充注明梁侧面纵筋的具体数值；注写时，以大写字母 N 打头，接续注写直径与间距。其在支座内的锚固要求同连梁中受力钢筋。

【例】N:⌀10@150，表示墙梁两个侧面纵筋对称配置为：HRB400 级钢筋，直径 ϕ10，间距为 150。

4. 剪力墙洞口的表示方法

（1）无论采用列表注写方式还是截面注写方式，剪力墙上的洞口均可在剪力墙平面布置图上原位表达。

（2）洞口的具体表示方法。

1）在剪力墙平面布置图上绘制洞口示意，并标注洞口中心的平面定位尺寸。

2）在洞口中心位置引注共四项内容。

①洞口编号：矩形洞口为 JD××（××为序号），圆形洞口为 YD××（××为序号）。

②洞口几何尺寸：矩形洞口为洞宽×洞高（$b\times h$），圆形洞口为洞口直径 D。

③洞口中心相对标高，是相对于结构层楼（地）面标高的洞口中心高度。当其高于结构层楼面时为正值，低于结构层楼面时为负值。

④洞口每边补强钢筋，分以下几种不同情况。

a.当矩形洞口的洞宽、洞高均不大于800时，此项注写为洞口每边补强钢筋的具体数值（如果按标准构造详图设置补强钢筋时可不注）。当洞宽、洞高方向补强钢筋不一致时，分别注写洞宽方向、洞高方向补强钢筋，以“/”分隔。

【例】JD 2 400×300　+3.100 3⌀14，表示2号矩形洞口，洞宽400，洞高300，洞口中心距本结构层楼面3 100，洞口每边补强钢筋为3⌀14。

【例】JD 3 400×300　+3.100，表示3号矩形洞口，洞宽400，洞高300，洞口中心距本结构层楼面3 100，洞口每边补强钢筋按构造配置。

【例】JD 4 800×300　+3.100 3⌀18/3⌀14，表示4号矩形洞口，洞宽800、洞高300，洞口中心距本结构层楼面3 100，洞宽方向补强钢筋为3⌀18，洞高方向补强钢筋为3⌀14。

b.当矩形或圆形洞口的洞宽或直径大于800时，在洞口的上、下需设置补强暗梁，此项注写为洞口上、下每边暗梁的纵筋与箍筋的具体数值（在标准构造详图中，补强暗梁梁高一律定为400，施工时按标准构造详图取值，设计不注。当设计者采用与该构造详图不同的做法时，应另行注明），圆形洞口时还需注明环向加强钢筋的具体数值；当洞口上、下边为剪力墙连梁时，此项免注；洞口竖向两侧设置边缘构件时，亦不在此项表达（当洞口两侧不设置边缘构件时，设计者应给出具体做法）。

【例】JD 5　1 800×2 100　+1.800　6⌀20　ϕ8@150，表示5号矩形洞口，洞宽1 800、洞高2 100，洞口中心距本结构层楼面1 800，洞口上下设补强暗梁，每边暗梁纵筋为6⌀20，箍筋为ϕ8@150。

【例】YD 5　1 000　+1.800　6⌀20　ϕ8@150　2⌀16，表示5号圆形洞口，直径1 000，洞口中心距本结构层楼面1 800，洞口上下设补强暗梁，每边暗梁纵筋为6⌀20，箍筋为ϕ8@150，环向加强钢筋2⌀16。

c.当圆形洞口设置在连梁中部1/3范围（且圆洞直径不应大于1/3梁高）时，需注写在圆洞上下水平设置的每边补强纵筋与箍筋。

d.当圆形洞口设置在墙身或暗梁、边框梁位置，且洞口直径不大于300时，此项注写为洞口上下左右每边布置的补强纵筋的具体数值。

e.当圆形洞口直径大于300，但不大于800时，其加强钢筋在标准构造详图中是按照圆外切正六边形的边长方向布置，设计仅需注写六边形中一边补强钢筋的具体数值。

5.地下室外墙的表示方法

（1）地下室外墙编号，由墙身代号、序号组成。表达为：DWQ××。

（2）地下室外墙平面注写方式，包括集中标注墙体编号、厚度、贯通筋、拉筋等和原位标注附加非贯通筋等两部分内容。当仅设置贯通筋，未设置附加非贯通筋时，则仅做集中标注。

（3）地下室外墙的集中标注，规定如下。

1）注写地下室外墙编号，包括代号、序号、墙身长度（注为××～××轴）。

2）注写地下室外墙厚度b_w=×××。

3）注写地下室外墙的外侧、内侧贯通筋和拉筋。

①以OS代表外墙外侧贯通筋。其中，外侧水平贯通筋以H打头注写，外侧竖向贯通筋以V打头注写。

②以 IS 代表外墙内侧贯通筋。其中,内侧水平贯通筋以 H 打头注写,内侧竖向贯通筋以 V 打头注写。

③以 tb 打头注写拉筋直径、强度等级及间距,并注明“双向”或“梅花双向”。

【例】DWQ2(①~⑥),b_w=300

OS:H⌀18@200,V⌀20@200

IS:H⌀16@200,V⌀18@200

tb:ϕ6@400@400 双向

表示 2 号外墙,长度范围为①~⑥之间,墙厚为 300;外侧水平贯通筋为⌀18@200,竖向贯通筋为⌀20@200;内侧水平贯通筋为⌀16@200,竖向贯通筋为⌀18@200;双向拉筋为 ϕ6,水平间距为 400,竖向间距为 400。

(4)地下室外墙的原位标注,主要表示在外墙外侧配置的水平非贯通筋或竖向非贯通筋。

当配置水平非贯通筋时,在地下室墙体平面图上原位标注。在地下室外墙外侧绘制粗实线段代表水平非贯通筋,在其上注写钢筋编号并以 H 打头注写钢筋强度等级、直径、分布间距,以及自支座中线向两边跨内的伸出长度值。当自支座中线向两侧对称伸出时,可仅在单侧标注跨内伸出长度,另一侧不注,此种情况下非贯通筋总长度为标注长度的 2 倍。边支座处非贯通钢筋的伸出长度值从支座外边缘算起。

地下室外墙外侧非贯通筋通常采用“隔一布一”方式与集中标注的贯通筋间隔布置,其标注间距应与贯通筋相同,两者组合后的实际分布间距为各自标注间距的 1/2。

当在地下室外墙外侧底部、顶部、中层楼板位置配置竖向非贯通筋时,应补充绘制地下室外墙竖向截面轮廓图并在其上原位标注。表示方法为在地下室外墙竖向截面轮廓图外侧绘制粗实线段代表竖向非贯通筋,在其上注写钢筋编号并以 V 打头注写钢筋强度等级、直径、分布间距,以及向上(下)层的伸出长度值,并在外墙竖向截面图名下注明分布范围(××~××轴)。

向层内的伸出长度值注写方式:

1)地下室外墙底部非贯通钢筋向层内的伸出长度值从基础底板顶面算起;

2)地下室外墙顶部非贯通钢筋向层内的伸出长度值从板底面算起;

3)中层楼板处非贯通钢筋向层内的伸出长度值从板中间算起,当上下两侧伸出长度值相同时可仅注写一侧。

地下室外墙外侧水平、竖向非贯通筋配置相同者,可仅选择一处注写,其他可仅注写编号。

当在地下室外墙顶部设置通长加强钢筋时应注明。

设计时应注意:设计者应根据具体情况判定扶壁柱或内墙是否作为墙身水平方向的支座,以选择合理的配筋方式。

6.其他

(1)在抗震设计中,应注明底部加强区在剪力墙平法施工图中的所在部位及其高度范围,以便使施工人员明确在该范围内应按照加强部位的构造要求进行施工。

(2)当剪力墙中有偏心受拉墙肢时,无论采用何种直径的竖向钢筋,均应采用机械连接或焊接接长,设计者应在剪力墙平法施工图中加以注明。

二、剪力墙平法施工图识图

1. 剪力墙平法施工图列表注写方式示例(图 4-14)

层号	标高(m)	层高(m)
屋面2	65.670	
塔层2	62.370	3.30
屋面1(塔层1)	59.070	3.30
16	55.470	3.60
15	51.870	3.60
14	48.270	3.60
13	44.670	3.60
12	41.070	3.60
11	37.470	3.60
10	33.870	3.60
9	30.270	3.60
8	26.670	3.60
7	23.070	3.60
6	19.470	3.60
5	15.870	3.60
4	12.270	3.60
3	8.670	3.60
2	4.470	4.20
1	-0.030	4.50
-1	-4.530	4.50
-2	-9.030	4.50

底部加强部位

结构层楼面标高
结构层高

上部结构嵌固部位:
-0.030

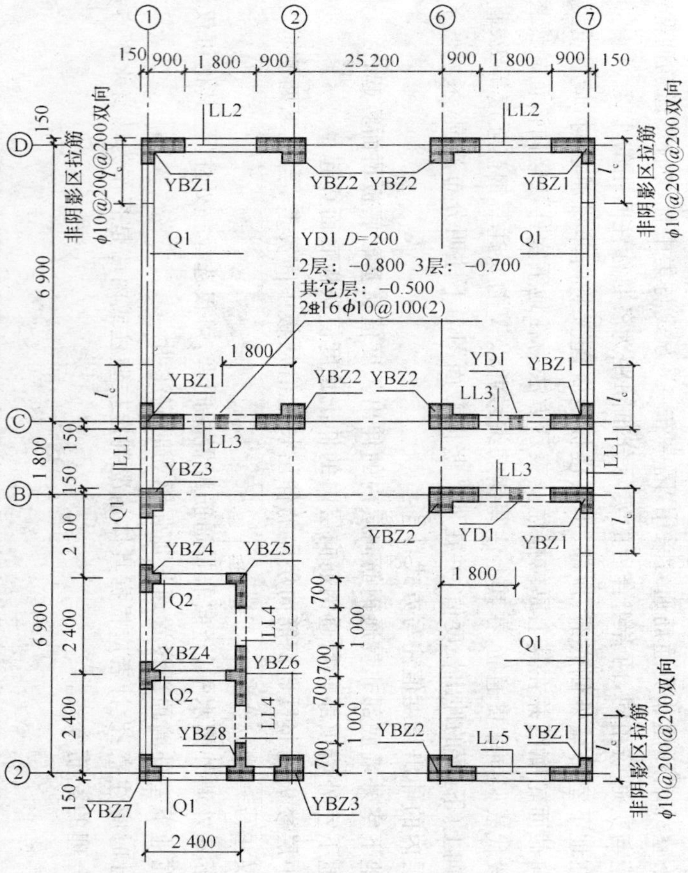

-0.030~12.270剪力墙平法施工图

剪力墙梁表

编号	所在楼层号	梁顶相对标高高差	梁截面 $b\times h$	上部纵筋	下部纵筋	箍筋
LL1	2~9	0.800	300×2 000	4⌀22	4⌀22	ϕ10@100(2)
	10~16	0.800	250×2 000	4⌀20	4⌀20	ϕ10@100(2)
	屋面1		250×1 200	4⌀20	4⌀20	ϕ10@100(2)
LL2	3	-1.200	300×2 520	4⌀22	4⌀22	ϕ10@150(2)
	4	-0.900	300×2 070	4⌀22	4⌀22	ϕ10@150(2)
	5~9	-0.900	300×1 770	4⌀22	4⌀22	ϕ10@150(2)
	10~屋面1	-0.900	250×1 770	3⌀22	3⌀22	ϕ10@150(2)
LL3	2		300×2 070	4⌀22	4⌀22	ϕ10@100(2)
	3		300×1 770	4⌀22	4⌀22	ϕ10@100(2)
	4~9		300×1 170	4⌀22	4⌀22	ϕ10@100(2)
	10~屋面1		250×1 170	3⌀22	3⌀22	ϕ10@100(2)
LL4	2		250×2 070	3⌀20	3⌀20	ϕ10@120(2)
	3		250×1 770	3⌀20	3⌀20	ϕ10@120(2)
	4~屋面1		250×1 170	3⌀20	3⌀20	ϕ10@120(2)
AL1	2~9		300×600	3⌀20	3⌀20	ϕ8@150(2)
	10~16		250×500	3⌀18	3⌀18	ϕ8@150(2)
BKL1	屋面1		500×750	4⌀22	4⌀22	ϕ10@150(2)

剪力墙身表

编号	标高	墙厚	水平分布筋	垂直分布筋	拉筋(双向)
Q1	-0.030~30.270	300	⌀12@200	⌀12@200	ϕ6@600@600
	30.270~59.070	250	⌀10@200	⌀10@200	ϕ6@600@600
Q2	-0.030~30.270	250	⌀10@200	⌀10@200	ϕ6@600@600
	30.270~59.070	200	⌀10@200	⌀10@200	ϕ6@600@600

图 4-14 剪力墙平法施工图列表注写方式示例(一)

层号	标高(m)	层高(m)
屋面2	65.670	
塔层2	62.370	3.30
屋面1(塔层1)	59.070	3.30
16	55.470	3.60
15	51.870	3.60
14	48.270	3.60
13	44.670	3.60
12	41.070	3.60
11	37.470	3.60
10	33.870	3.60
9	30.270	3.60
8	26.670	3.60
7	23.070	3.60
6	19.470	3.60
5	15.870	3.60
4	12.270	3.60
3	8.670	3.60
2	4.470	4.20
1	-0.030	4.50
-1	-4.530	4.50
-2	-9.030	4.50

底部加强部位

结构层楼面标高
结构层高

上部结构嵌固部位：
-0.030

剪力墙柱表

截面	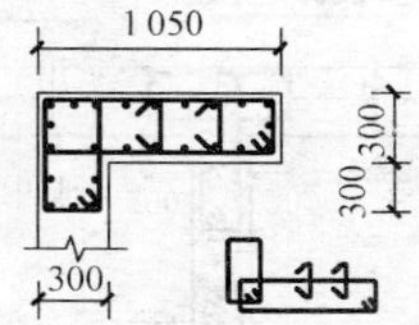 1 050 / 300 / 300 / 300	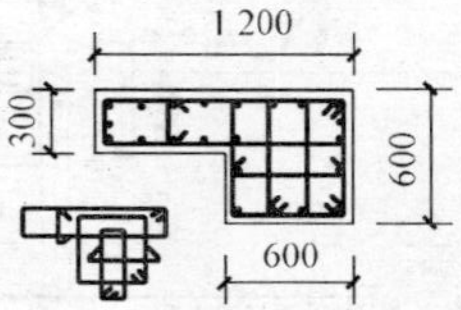 1 200 / 300 / 600 / 600	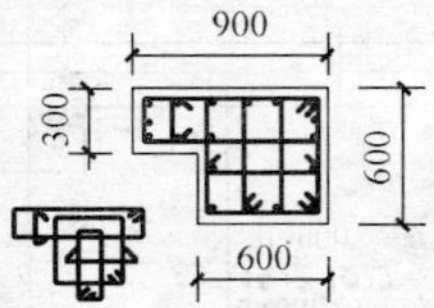 900 / 300 / 600 / 600	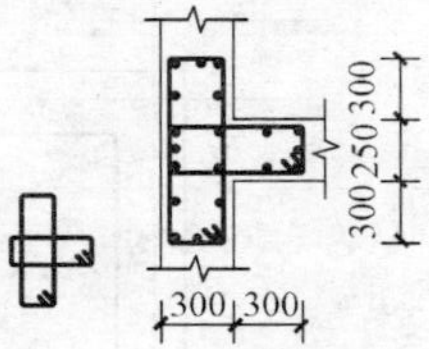 300 / 250 / 300 / 300 / 300
编号	YBZ1	YBZ2	YBZ3	YBZ4
标高	-0.030~12.270	-0.030~12.270	-0.030~12.270	-0.030~12.270
纵筋	24Φ20	22Φ20	18Φ22	20Φ20
箍筋	ϕ10@100	ϕ10@100	ϕ10@100	ϕ10@100

截面	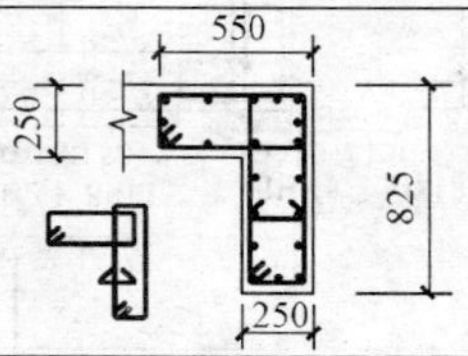 550 / 250 / 825 / 250	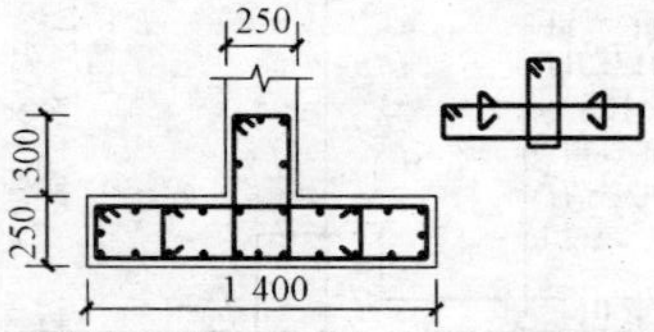 250 / 300 / 250 / 1 400	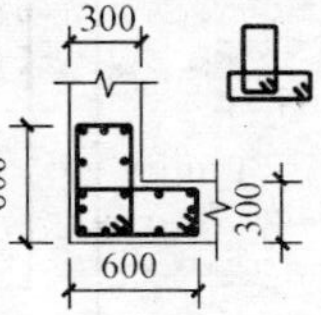 300 / 600 / 300 / 600
编号	YBZ5	YBZ6	YBZ7
标高	-0.030~12.270	-0.030~12.270	-0.030~12.270
纵筋	20Φ20	23Φ20	16Φ20
箍筋	ϕ10@100	ϕ10@100	ϕ10@100

-0.030~12.270剪力墙平法施工图(部分剪力墙柱表)

图 4-14 剪力墙平法施工图列表注写方式示例(二)

2. 剪力墙平法施工图截面注写方式示例(图 4-15)

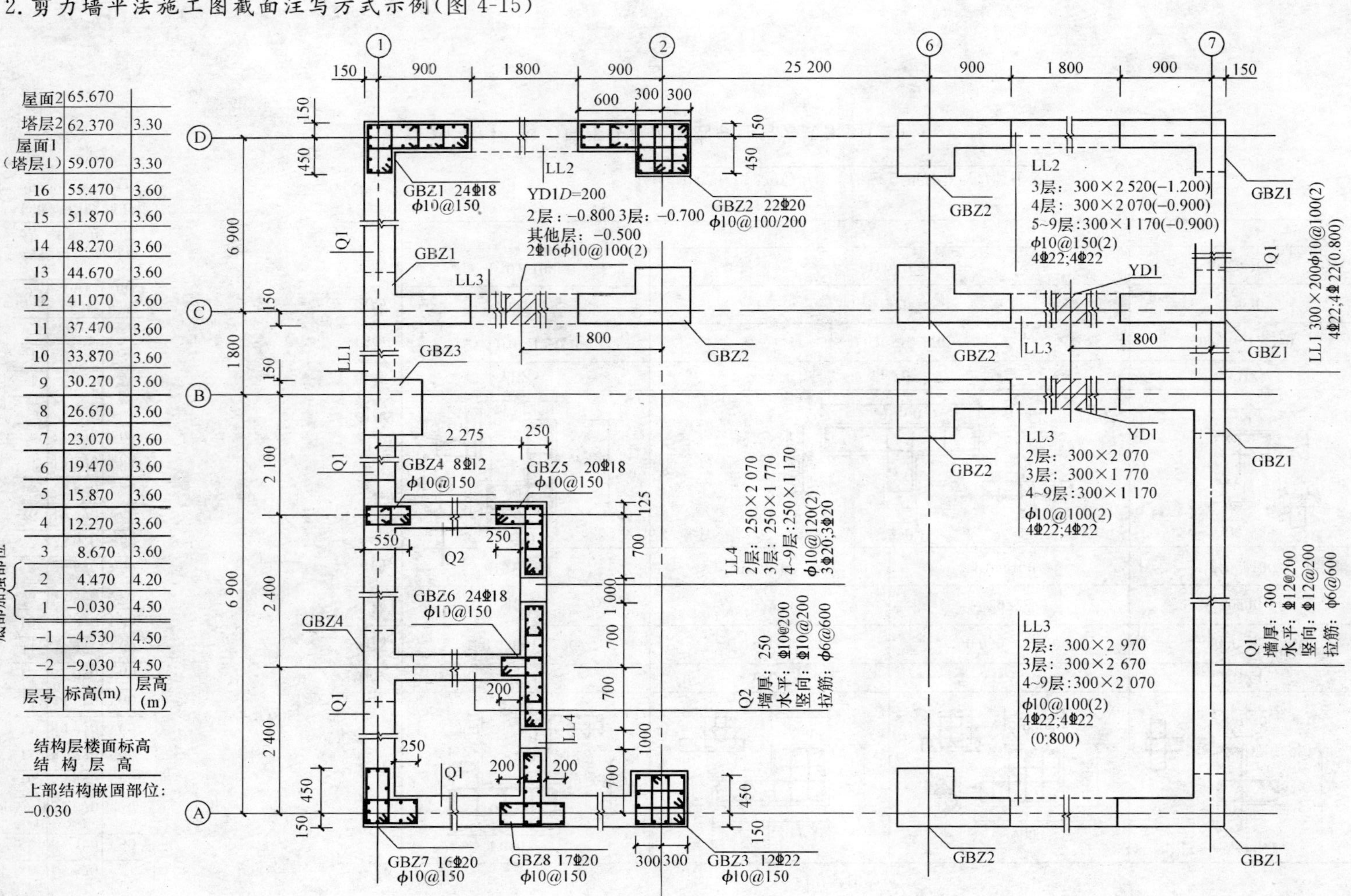

层号	标高(m)	层高(m)
屋面2	65.670	
塔层2	62.370	3.30
屋面1（塔层1）	59.070	3.30
16	55.470	3.60
15	51.870	3.60
14	48.270	3.60
13	44.670	3.60
12	41.070	3.60
11	37.470	3.60
10	33.870	3.60
9	30.270	3.60
8	26.670	3.60
7	23.070	3.60
6	19.470	3.60
5	15.870	3.60
4	12.270	3.60
3	8.670	3.60
2	4.470	4.20
1	-0.030	4.50
-1	-4.530	4.50
-2	-9.030	4.50

图 4-15　剪力墙平法施工图截面注写方式示例

3. 地下室外墙平法施工图注写示例(图 4-16)

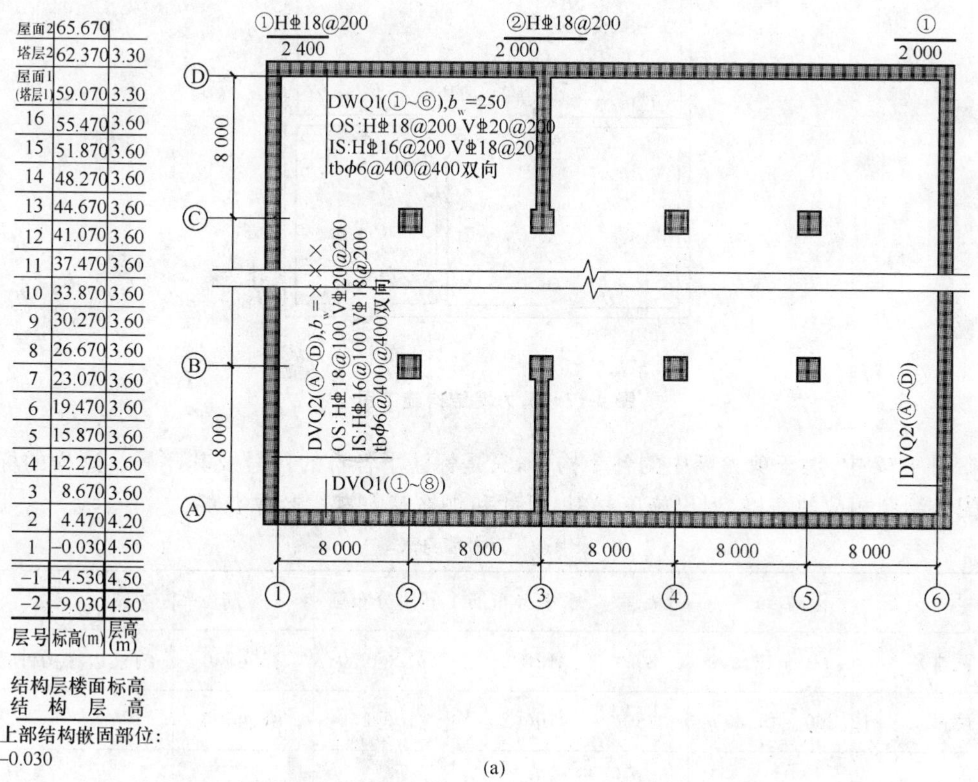

(a)

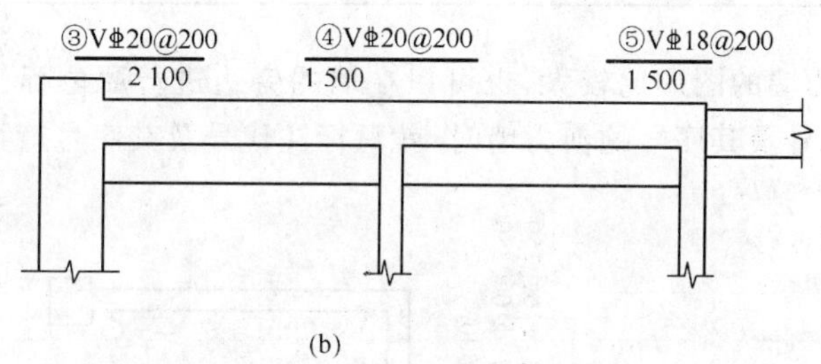

(b)

图 4-16　地下室外墙平法施工图注写示例

(a)地下室外墙平法施工图;(b)DWQ1 外侧向非贯通筋布置图

4. 剪力墙构件示例

(1)图 4-17 是剪力墙结构施工图。剪力墙结构施工图中的墙线条,视需要,可以绘制成单粗线条;也可以绘制成双线条的。

图 4-17 剪力墙结构施工图中,所标注的构件代号均为“构造”构件(此处所说“构造”是相对于“约束”而言)。这里标注的构件代号计有:GJZ1——构造边缘转角墙柱;GDZ1、GDZ2——构造边缘端柱;GYZ1、GY22——构造边缘翼墙柱;GDZ2、GAZ1——构造边缘暗柱;GYZ2、GJZ2 构造边缘转角墙柱;FBZ——扶壁柱;Q1——1 号剪力墙;Q2——2 号剪力墙;Q3——3 号剪力墙。

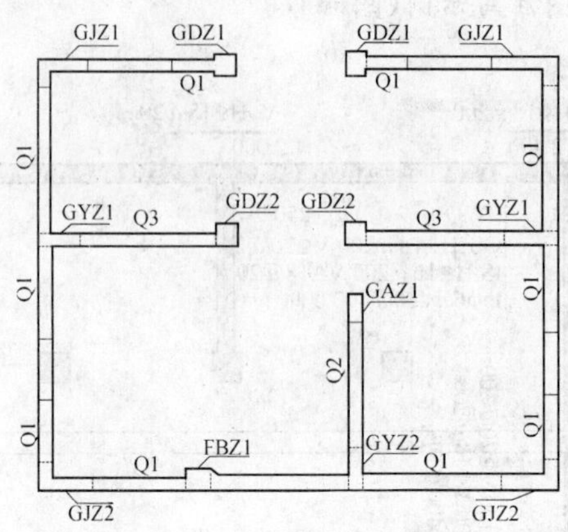

图 4-17 剪力墙结构施工图

在图 4-17 中，对于剪力墙中的各个构件，只是标注了各自的代号及其序号。这样的标注，可以配合绘制相应的表格，列出施工材料、尺寸和规格等内容。参看表 4-4。

表 4-4 剪力墙身表

编号	标高/m	墙厚	水平分布筋	竖向分布筋	拉筋	备注
Q1(两排)	−0.110～12.260	300	ϕ12@250	ϕ12@250	ϕ6@500	约束边缘构件范围
Q2(两排)	12.260～49.860	250	ϕ10@250	ϕ10@250	ϕ6@500	

(2)如果剪力墙的图形比较大，也可以在墙的旁边进行原位标注，如图 4-18 所示。如果，另外还有相同代号及其序号的剪力墙时，就只标注代号及其序号就可以了。

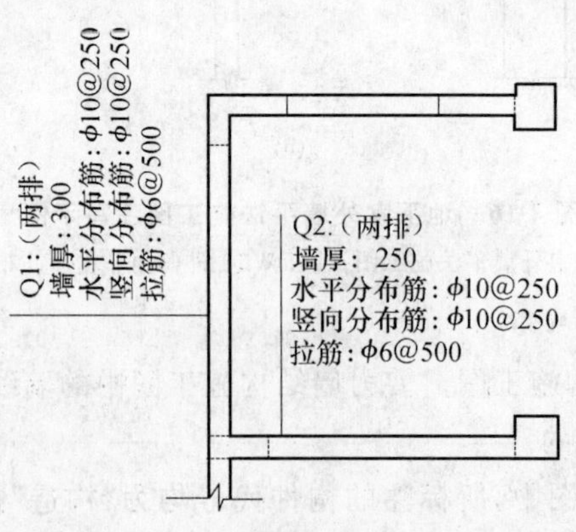

图 4-18 剪力墙原位标注

(3)当平面图的比例画得很小，墙就画成了粗的单线条，这样的情况经常有，如图 4-19 所示。

在剪力墙中构筑的洞口，有“圆形洞口”和“矩形洞口”之分。“圆形洞口”的代号为“YD”；

“矩形洞口”的代号为“JD”。如图4-20所示，是序号为“2”的矩形洞口。

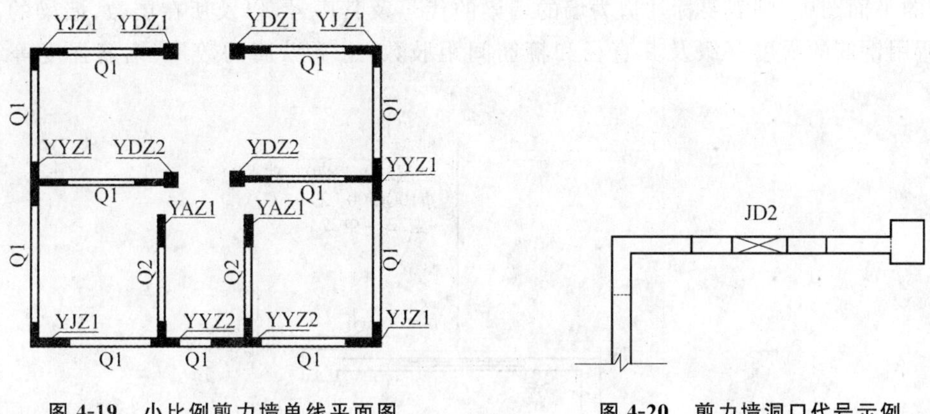

图4-19　小比例剪力墙单线平面图　　　图4-20　剪力墙洞口代号示例

如图4-21和图4-22所示，都是洞口的原位标注方法。

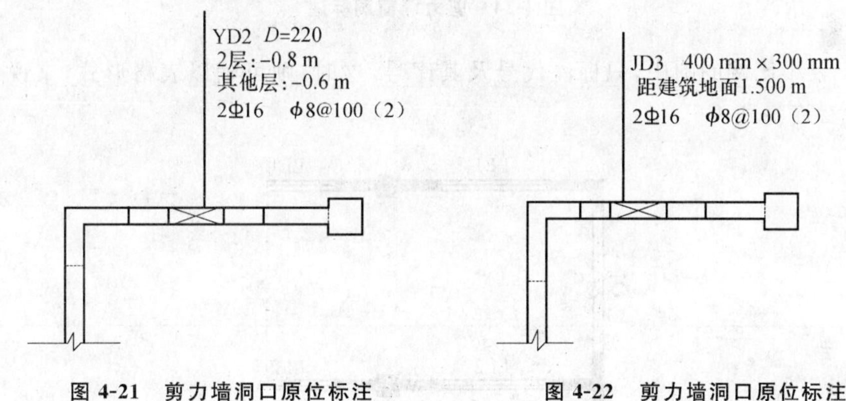

图4-21　剪力墙洞口原位标注　　　图4-22　剪力墙洞口原位标注

图4-23较小比例的图(图为矩形里添交叉线)中，只标注代号及其序号，这时，则可辅以表格形式，来说明它的内容要求。见表4-5。

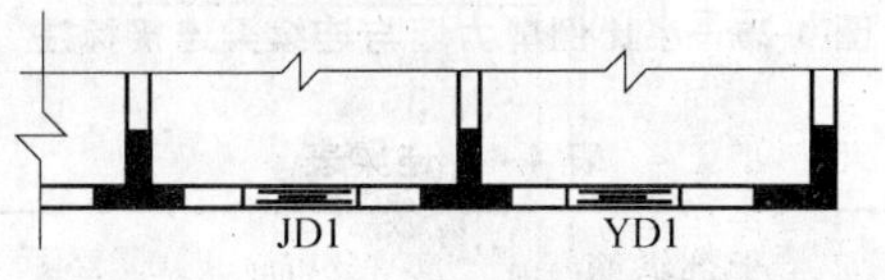

图4-23　小比例剪力墙洞口标注

表4-5　剪力墙洞口表

编号	洞口　宽×高/mm	洞底标高/m	层数
YD1	D＝200	距建筑地面1.800	一层至十二层
JD1	400×300	距建筑地面1.500	二层至十一层

在非剪力墙结构的平面图中，窗户部位通常是标注窗户的代号，如图 4-24 所示。但是，在剪力墙的平面图中，则需要标注剪力墙的墙梁的代号及其序号，以及所在层数、墙梁的高度和长度、所用钢筋的强度等级及其直径和箍筋间距肢数，上下纵筋的数量、钢筋强度等级及其直径。

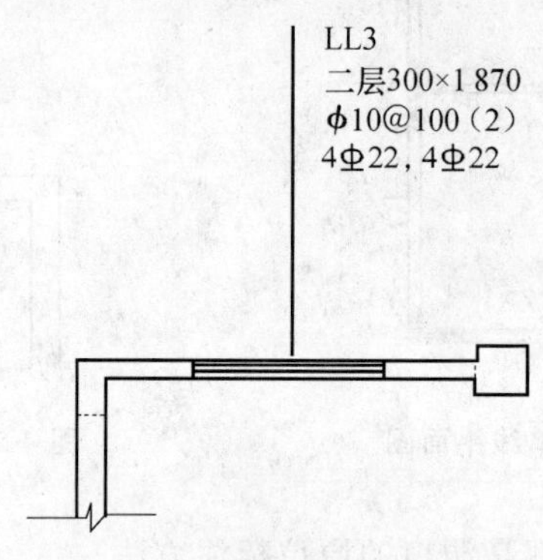

图 4-24　剪力墙窗洞标注

图 4-25 较小比例的图中，只标注代号及其序号，这时，则可辅以表格形式，来说明它的内容要求。参看连梁表 4-6。

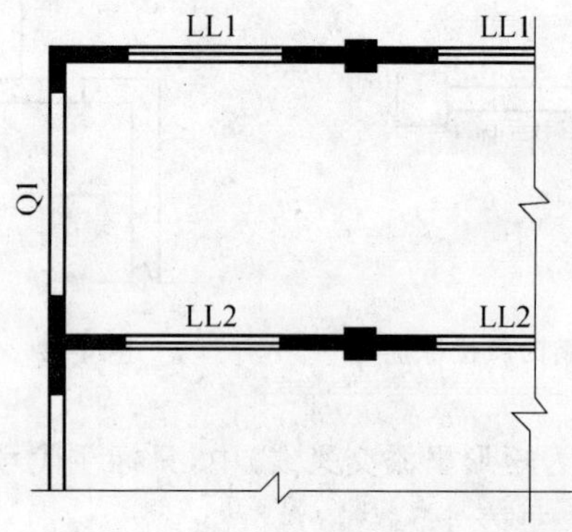

图 4-25　小比例剪力墙与连续梁连接标注

表 4-6　连梁表

编号	梁截面($b\times h$)	上部纵筋	下部纵筋	箍筋	备注
LL1	200×1 260	3ϕ16	3ϕ16	ϕ10@100(2)	
LL2	200×1 260	3ϕ12	3ϕ12	ϕ10@100(2)	

5. 剪力墙平法施工图实例

某工程标准层的剪力墙平法施工图，如图 4-26 和图 4-27 所示。

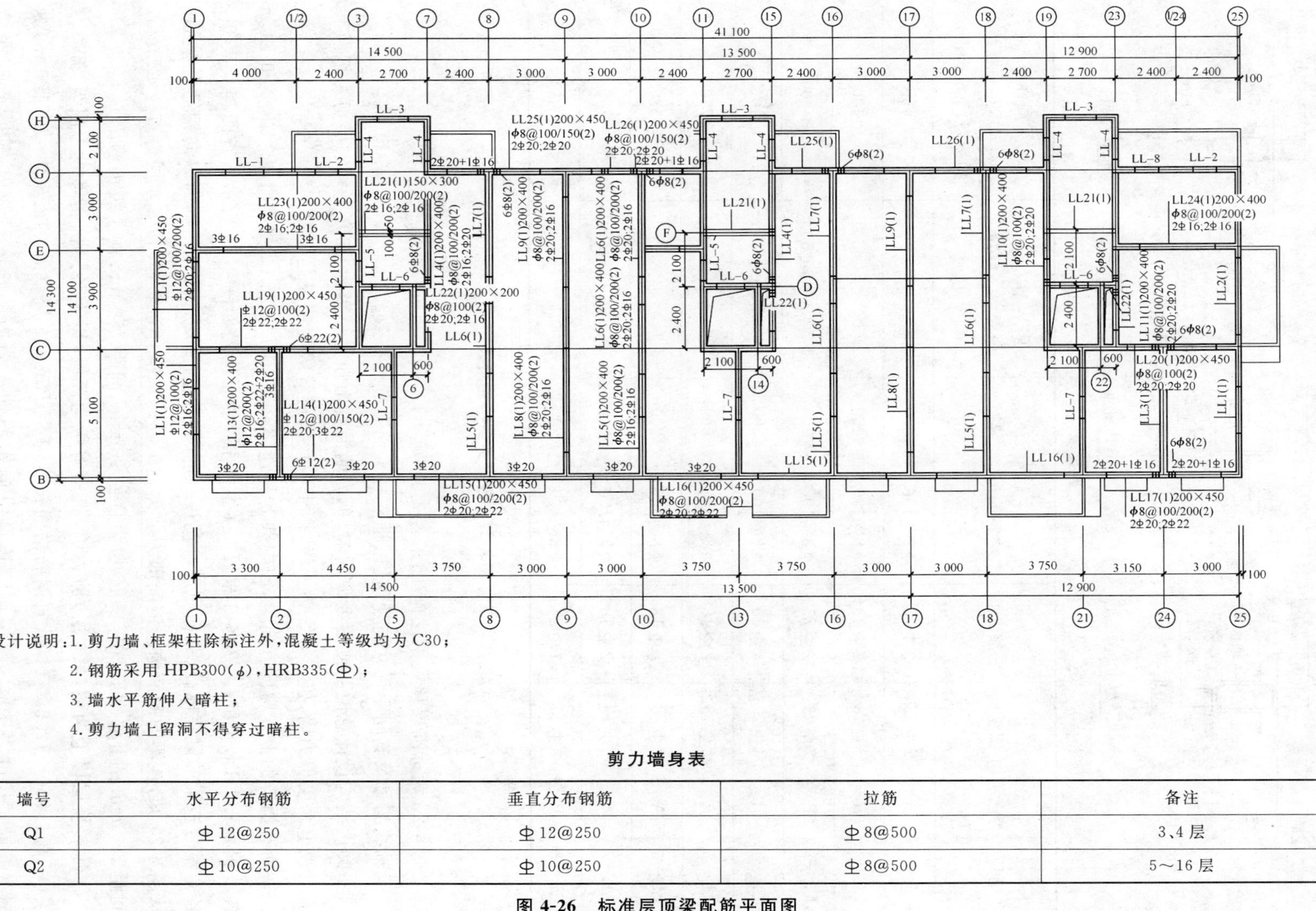

设计说明：1. 剪力墙、框架柱除标注外，混凝土等级均为 C30；

2. 钢筋采用 HPB300(ϕ)，HRB335(⊈)；

3. 墙水平筋伸入暗柱；

4. 剪力墙上留洞不得穿过暗柱。

剪力墙身表

墙号	水平分布钢筋	垂直分布钢筋	拉筋	备注
Q1	⊈12@250	⊈12@250	⊈8@500	3、4 层
Q2	⊈10@250	⊈10@250	⊈8@500	5～16 层

图 4-26　标准层顶梁配筋平面图

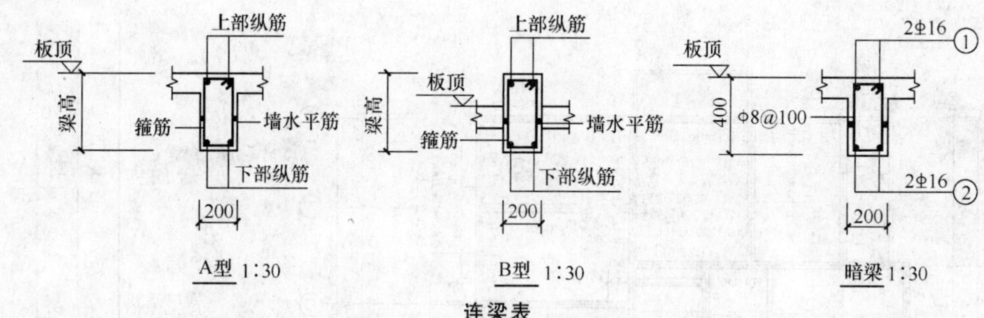

连梁表

梁号	类型	上部纵筋	下部纵筋	梁箍筋	梁宽	跨度	梁高	梁底标高（相对本层顶板结构标高，下沉为正）
LL－1	B	2⏀25	2⏀25	ϕ8@100	200	1 500	1 400	450
LL－2	A	2⏀18	2⏀18	ϕ8@100	200	900	450	450
LL－3	B	2⏀25	2⏀25	ϕ8@100	200	1 200	1 300	1 800
LL－4	B	4⏀20	4⏀20	ϕ8@100	200	800	1 800	0
LL－5	A	2⏀18	2⏀18	ϕ8@100	200	900	750	750
LL－6	A	2⏀18	2⏀18	ϕ8@100	200	1 100	580	580
LL－7	A	2⏀18	2⏀18	ϕ8@100	200	900	750	750
LL－8	B	2⏀25	2⏀25	ϕ8@100	200	900	1 800	1 350

图 4-27　连接类型和连梁表

图 4-26 为标准层顶梁平法施工图，绘制比例为 1∶100。

轴线编号及其间距尺寸与建筑图、框支柱平面布置图一致。

阅读结构设计总说明或图纸说明知，剪力墙混凝土强度等级为 C30。一、二层剪力墙及转换层以上两层剪力墙，抗震等级为三级，以上各层抗震等级为四级。

所有洞口的上方均设有连梁，图中共 8 种连梁，其中 LL-1 和 LL-8 各 1 根，LL-2 和 LL-5 各 2 根，LL-3、LL-6 和 LL-7 各 3 根，LL-4 共 6 根，平面位置如图 4-26 所示。查阅连梁表知，各个编号连梁的梁底标高、截面宽度和高度、连梁跨度、上部纵向钢筋、下部纵向钢筋及箍筋。从图 4-27 知，连梁的侧面构造钢筋即为剪力墙配置的水平分布筋，其在 3、4 层为直径 12 mm、间距 250 mm 的Ⅱ级钢筋，在 5～16 层为直径 10 mm、间距 250 mm 的Ⅰ级钢筋。

因转换层以上两层（3、4 层）剪力墙，抗震等级为三级，以上各层抗震等级为四级，知 3、4 层（标高 6.950～12.550 m）纵向钢筋锚固长度为 31d，5～16 层（标高 12.550～49.120 m）纵向钢筋锚固长度为 30d。顶层洞口连梁纵向钢筋伸入墙内的长度范围内，应设置间距为

150 mm的箍筋,箍筋直径与连梁跨内箍筋直径相同。

图中剪力墙身的编号只有一种,平面位置如图 4-26 所示,墙厚 200 mm。查阅剪力墙身表知,剪力墙水平分布钢筋和垂直分布钢筋均相同,在 3、4 层直径为 12 mm、间距为 250 mm 的Ⅱ级钢筋,在 5～16 层直径为 10 mm、间距为 250 mm 的Ⅰ级钢筋。拉筋直径为 8 mm 的Ⅰ级钢筋,间距为 500 mm。

因转换层以上两层(3、4 层)剪力墙,抗震等级为三级,以上各层抗震等级为四级,知 3、4 层(标高 6.950～12.550 m)墙身竖向钢筋在转换梁内的锚固长度不小于 l_{aE},水平分布筋锚固长度 l_{aE} 为 $31d$,5～16 层(标高 12.550～49.120 m)水平分布筋锚固长度 l_{aE} 为 $24d$,各层搭接长度为 $1.4l_{aE}$;3、4 层(标高 6.950～12.550 m)水平分布筋锚固长度 l_{aE} 为 $31d$,5～16 层(标高 12.550～49.120 m)水平分布筋锚固长度 l_{aE} 为 $24d$,各层搭接长度为 $1.6l_{aE}$。

根据图纸说明,所有混凝土剪力墙上楼层板顶标高处均设暗梁,梁高 400 mm,上部纵向钢筋和下部纵向钢筋同为 2 根直径 16 mm 的Ⅱ级钢筋,箍筋直径为 8 mm、间距为 100 mm 的Ⅰ级钢筋,梁侧面构造钢筋即为剪力墙配置的水平分布筋,在 3、4 层设直径为 12 mm、间距为 250 mm 的Ⅱ级钢筋,在 5～16 层设直径为 10 mm、间距为 250 mm 的Ⅰ级钢筋。

第三节　梁构件

一、梁平法施工图制图规则

1. 梁平法施工图的表示方法

(1)梁平法施工图是在梁平面布置图上采用平面注写方式或截面注写方式表达。

(2)梁平面布置图,应分别按梁的不同结构层(标准层),将全部梁和与其相关联的柱、墙、板一起采用适当比例绘制。

(3)在梁平法施工图中,还应注明各结构层的顶面标高及相应的结构层号。

(4)对于轴线未居中的梁,应标注其偏心定位尺寸(贴柱边的梁可不注)。

2. 平面注写方式

(1)平面注写方式,是在梁平面布置图上,分别在不同编号的梁中各选一根,在其上注写截面尺寸和配筋具体数值来表达梁平法施工图的方式。

平面注写包括集中标注与原位标注,集中标注表达梁的通用数值,原位标注表达梁的特殊数值。当集中标注中的某项数值不适应于梁的某部位时,则将该项数值原位标注,施工时,原位标注取值优先(图 4-28)。

(2)梁编号由梁类型代号、序号、跨数及有无悬挑代号几项组成,并应符合表 4-7 的规定。

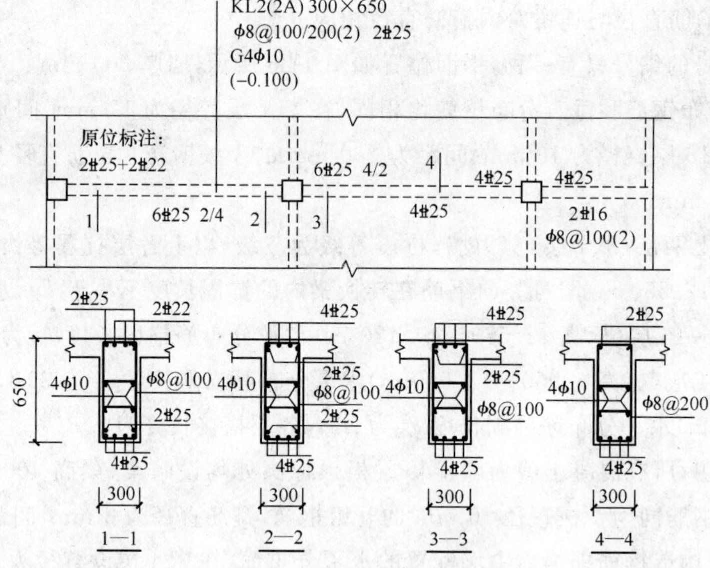

图 4-28 平面注写方式示例

注:本图四个梁截面是采用传统表示方法绘制,用于对比按平面注写方式表达的同样内容。实际采用平面注写方式表达时,不需绘制梁截面配筋图和图 4-28 中的相应截面号。

表 4-7 梁编号

梁类型	代号	序号	跨数及是否有悬挑
楼层框架梁	KL	××	(××)、(××A)或(××B)
屋面框架梁	WKL	××	(××)、(××A)或(××B)
框支梁	KZL	××	(××)、(××A)或(××B)
非框架梁	L	××	(××)、(××A)或(××B)
悬挑梁	XL	××	
井字梁	JZL	××	(××)、(××A)或(××B)

注:(××A)为一端有悬挑,(××B)为两端有悬挑,悬挑不计入跨数。

【例】KL7(5A)表示第 7 号框架梁,5 跨,一端有悬挑;

L9(7B)表示第 9 号非框架梁,7 跨,两端有悬挑。

(3)梁集中标注的内容,有五项必注值及一项选注值(集中标注可以从梁的任意一跨引出)。

1)梁编号,见表 4-7,该项为必注值。

2)梁截面尺寸,该项为必注值。

①当为等截面梁时,用 $b\times h$ 表示。

②当为竖向加腋梁时,用 $b\times h$ GY$c_1\times c_2$ 表示,其中 c_1 为腋长,c_2 为腋高(图 4-29)。

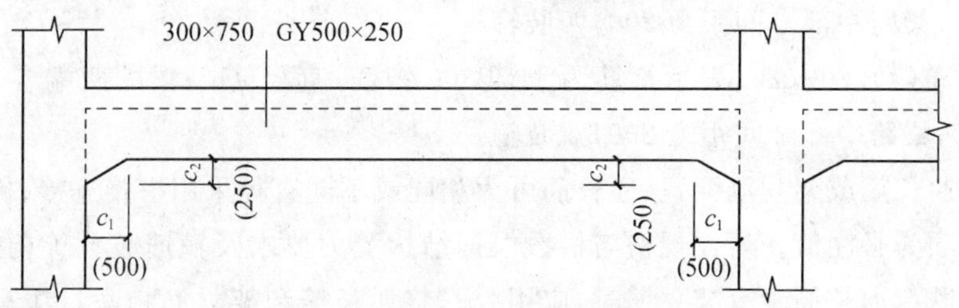

图 4-29　竖向加腋截面注写示意

③当为水平加腋梁时，一侧加腋时用 $b\times h$　PY$c_1\times c_2$ 表示，其中 c_1 为腋长，c_2 为腋宽，加腋部位应在平面图中绘制(图 4-30)。

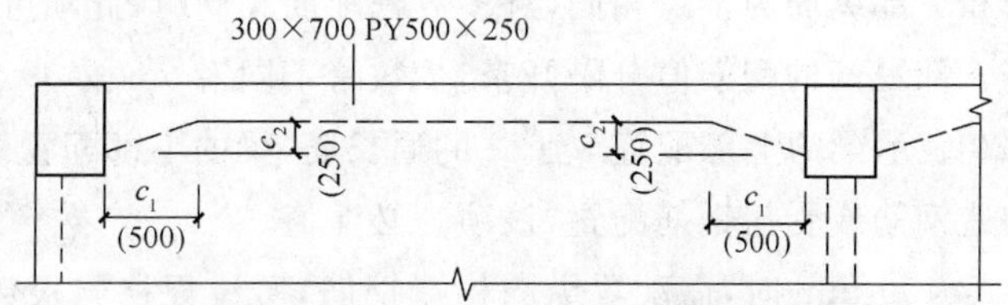

图 4-30　水平加腋截面注写示意

④当有悬挑梁且根部和端部的高度不同时，用斜线分隔根部与端部的高度值，即为 $b\times h_1/h_2$(图 4-31)。

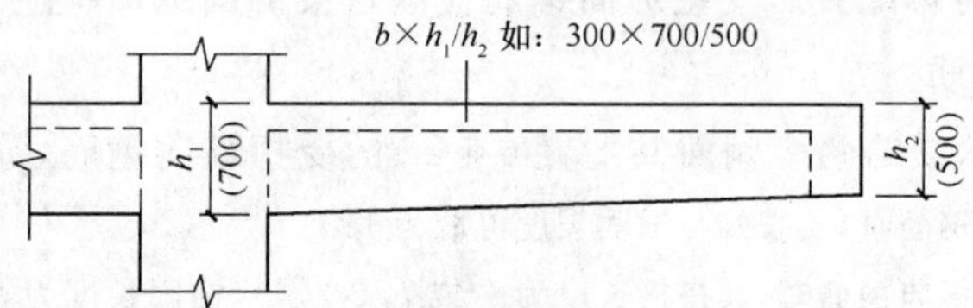

图 4-31　悬挑梁不等高截面注写示意

3)梁箍筋，包括钢筋级别、直径、加密区与非加密区间距及肢数，该项为必注值。箍筋加密区与非加密区的不同间距及肢数需用“/”分隔；当梁箍筋为同一种间距及肢数时，则不需用斜线；当加密区与非加密区的箍筋肢数相同时，则将肢数注写一次；箍筋肢数应写在括号内。加密区范围见相应抗震等级的标准构造详图。

【例】ϕ10@100/200(4)，表示箍筋为 HPB300 钢筋，直径 ϕ10，加密区间距为 100，非加密区间距为 200，均为四肢箍。

ϕ8@100(4)/150(2)，表示箍筋为 HPB300 钢筋，直径 ϕ8，加密区间距为 100，四肢箍；非加密区间距为 150，两肢箍。

当抗震设计中的非框架梁、悬挑梁、井字梁，及非抗震设计中的各类梁采用不同的箍筋间距及肢数时，也用“/”将其分隔开来。注写时，先注写梁支座端部的箍筋(包括箍筋的箍数、钢筋级别、直径、间距与肢数)，在斜线后注写梁跨中部分的箍筋间距及肢数。

【例】13ϕ10@150/200(4)，表示箍筋为 HPB300 钢筋，直径 ϕ10；梁的两端各有 13 个四肢

箍,间距为 150;梁跨中部分间距为 200,四肢箍。

18ϕ12@150(4)/200(2),表示箍筋为 HPB300 钢筋,直径 ϕ12;梁的两端各有 18 个四肢箍,间距为 150;梁跨中部分间距为 200,双肢箍。

4)梁上部通长筋或架立筋配置(通长筋可为相同或不同直径采用搭接连接、机械连接或焊接的钢筋),该项为必注值。所注规格与根数根据结构受力要求及箍筋肢数等构造要求而定。当同排纵筋中既有通长筋又有架立筋时,应用"+"将通长筋和架立筋相联。注写时需将角部纵筋写在加号的前面,架立筋写在加号后面的括号内,以示不同直径及与通长筋的区别。当全部采用架立筋时,则将其写入括号内。

【例】2Φ22 用于双肢箍;2Φ22+(4ϕ12)用于六肢箍,其中 2Φ22 为通长筋,4ϕ12 为架立筋。

当梁的上部纵筋和下部纵筋为全跨相同,且多数跨配筋相同时,此项可加注下部纵筋的配筋值,用";"将上部与下部纵筋的配筋值分隔开来,少数跨不同者。

【例】3Φ22;3Φ20 表示梁的上部配置 3Φ22 的通长筋,梁的下部配置 3Φ20 的通长筋。

5)梁侧面纵向构造钢筋或受扭钢筋配置,该项为必注值。

当梁腹板高度 $h_w \geqslant 450$ mm 时,需配置纵向构造钢筋,所注规格与根数应符合规范规定。此项注写值以大写字母 G 打头,接续注写设置在梁两个侧面的总配筋值,且对称配置。

【例】G:4ϕ12,表示梁的两个侧面共配置 4ϕ12 的纵向构造钢筋,每侧各配置 2ϕ12。

当梁侧面需配置受扭纵向钢筋时,此项注写值以大写字母 N 打头,接续注写配置在梁两个侧面的总配筋值,且对称配置。受扭纵向钢筋应满足梁侧面纵向构造钢筋的间距要求,且不再重复配置纵向构造钢筋。

【例】N:6Φ22,表示梁的两个侧面共配置 6Φ22 的受扭纵向钢筋,每侧各配置 3Φ22。

注:1. 当为梁侧面构造钢筋时,其搭接与锚固长度可取为 $15d$;

2. 当为梁侧面受扭纵向钢筋时,其搭接长度为 l_l 或 l_{lE}(抗震),锚固长度为 l_a 或 l_{aE}(抗震);其锚固方式同框架梁下部纵筋。

6)梁顶面标高高差,该项为选注值。

梁顶面标高高差,是指相对于结构层楼面标高的高差值,对于位于结构夹层的梁,则指相对于结构夹层楼面标高的高差。有高差时,需将其写入括号内,无高差时不注。

注:当某梁的顶面高于所在结构层的楼面标高时,其标高高差为正值,反之为负值。

【例】某结构标准层的楼面标高为 44.950 m 和 48.250 m,当某梁的梁顶面标高高差注写为(-0.050 m)时,即表明该梁顶面标高分别相对于 44.950 m 和 48.250 m 低 0.05 m。

(4)梁原位标注的内容。

1)梁支座上部纵筋,该部位含通长筋在内的所有纵筋。

①当上部纵筋多于一排时,用"/"将各排纵筋自上而下分开。

【例】梁支座上部纵筋注写为 6Φ25 4/2,则表示上一排纵筋为 4Φ25,下一排纵筋为 2Φ25。

②当同排纵筋有两种直径时,用"+"将两种直径的纵筋相联,注写时将角部纵筋写在前面。

【例】梁支座上部有四根纵筋,2Φ25 放在角部,2Φ22 放在中部,在梁支座上部应注写为

2Φ25+2Φ22。

③当梁中间支座两边的上部纵筋不同时，须在支座两边分别标注；当梁中间支座两边的上部纵筋相同时，可仅在支座的一边标注配筋值，另一边省去不注(图 4-32)。

设计时应注意：对于支座两边不同配筋值的上部纵筋，宜尽可能选用相同直径(不同根数)，使其贯穿支座，避免支座两边不同直径的上部纵筋均在支座内锚固。对于以边柱、角柱为端支座的屋面框架梁，当能够满足配筋截面面积要求时，其梁的上部钢筋应尽可能只配置一层，以避免梁柱纵筋在柱顶处因层数过多、密度过大导致不方便施工和影响混凝土浇筑质量。

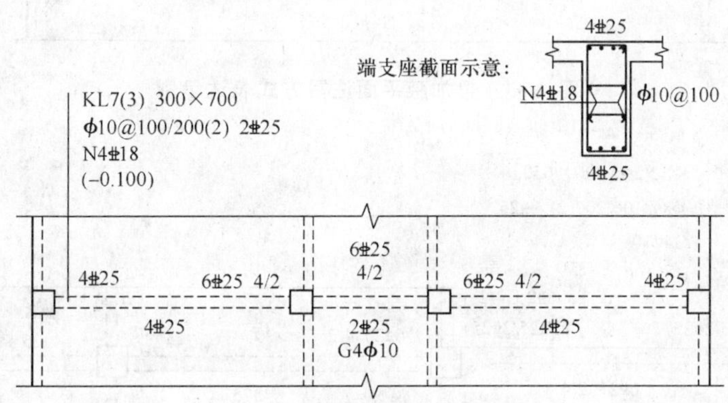

图 4-32　大小跨梁的注写示意

2)梁下部纵筋。

①当下部纵筋多于一排时，用"/"将各排纵筋自上而下分开。

【例】梁下部纵筋注写为 6Φ25　2/4，则表示上一排纵筋为 2Φ25，下一排纵筋为 4Φ25，全部伸入支座。

②当同排纵筋有两种直径时，用"+"将两种直径的纵筋相联，注写时角筋写在前面。

③当梁下部纵筋不全部伸入支座时，将梁支座下部纵筋减少的数量写在括号内。

【例】梁下部纵筋注写为 6Φ25　2(-2)/4，则表示上排纵筋为 2Φ25，且不伸入支座；下一排纵筋为 4Φ25，全部伸入支座。

梁下部纵筋注写为 2Φ25+3Φ22(-3)/5Φ25，表示上排纵筋为 2Φ25 和 3Φ22，其中 3Φ22 不伸入支座；下一排纵筋为 5Φ25，全部伸入支座。

④当梁的集中标注中已分别注写了梁上部和下部均为通长的纵筋值时，则不需在梁下部重复做原位标注。

⑤当梁设置竖向加腋时，加腋部位下部纵筋应在支座下部以 Y 打头注写在括号内(图 4-33)。当梁设置水平加腋时，水平加腋内上、下部斜纵筋应在加腋支座上部以 Y 打头注写在括号内，上下部斜纵筋之间用"/"分隔(图 4-34)。

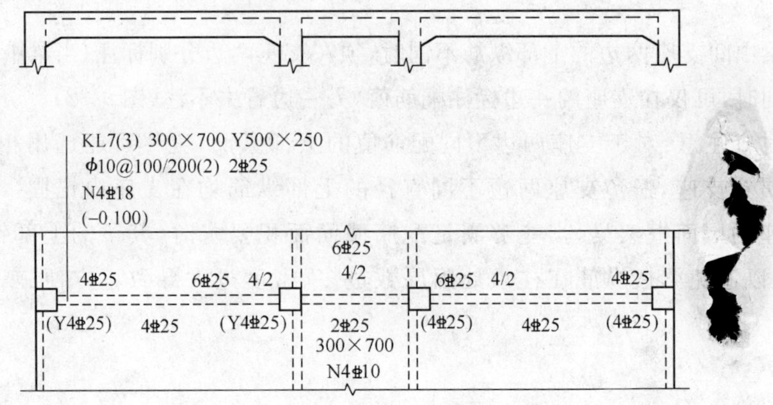

图 4-33 梁加腋平面注写方式表达示例

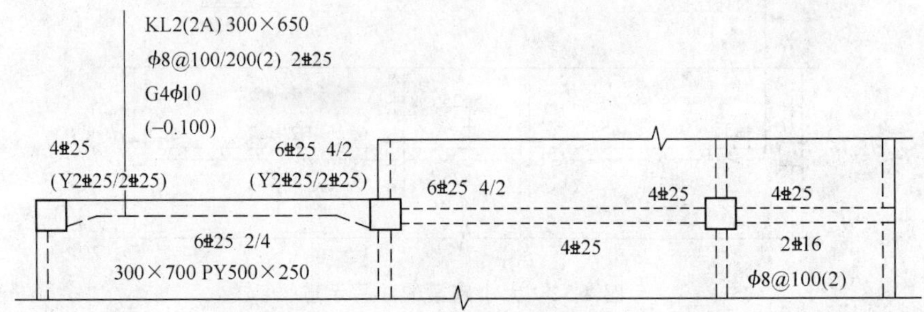

图 4-34 梁水平加腋平面注写方式表达示例

3）当在梁上集中标注的内容（即梁截面尺寸、箍筋、上部通长筋或架立筋，梁侧面纵向构造钢筋或受扭纵向钢筋，以及梁顶面标高高差中的某一项或几项数值）不适用于某跨或某悬挑部分时，则将其不同数值原位标注在该跨或该悬挑部位，施工时应按原位标注数值取用。

当在多跨梁的集中标注中已注明加腋，而该梁某跨的根部却不需要加腋时，则应在该跨原位标注等截面的 $b\times h$，以修正集中标注中的加腋信息（图 4-33）。

4）附加箍筋或吊筋，将其直接画在平面图中的主梁上，用线引注总配筋值（附加箍筋的肢数注在括号内）（图 4-35）。当多数附加箍筋或吊筋相同时，可在梁平法施工图上统一注明，少数与统一注明值不同时，再原位引注。

施工时应注意：附加箍筋或吊筋的几何尺寸应按照标准构造详图，结合其所在位置的主梁和次梁的截面尺寸而定。

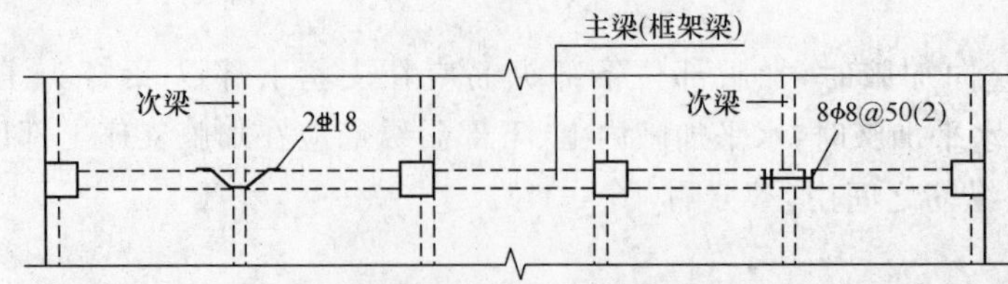

图 4-35 附加箍筋和吊筋的画法示例

(5)井字梁通常由非框架梁构成,并以框架梁为支座(特殊情况下以专门设置的非框架大梁为支座)。在此情况下,为明确区分井字梁与作为井字梁支座的梁,井字梁用单粗虚线表示(当井字梁顶面高出板面时可用单粗实线表示),作为井字梁支座的梁用双细虚线表示(当梁顶面高出板面时可用双细实线表示)。

《混凝土结构施工图平面整体表示方法制图规则和构造详图》(11G101)所规定的井字梁是指在同一矩形平面内相互正交所组成的结构构件,井字梁所分布范围称为"矩形平面网格区域"(简称"网格区域")。当在结构平面布置中仅有由四根框架梁框起的一片网格区域时,所有在该区域相互正交的井字梁均为单跨;当有多片网格区域相连时,贯通多片网格区域的井字梁为多跨,且相邻两片网格区域分界处即为该井字梁的中间支座。对某根井字梁编号时,其跨数为其总支座数减 1;在该梁的任意两个支座之间,无论有几根同类梁与其相交,均不作为支座(图 4-36)。

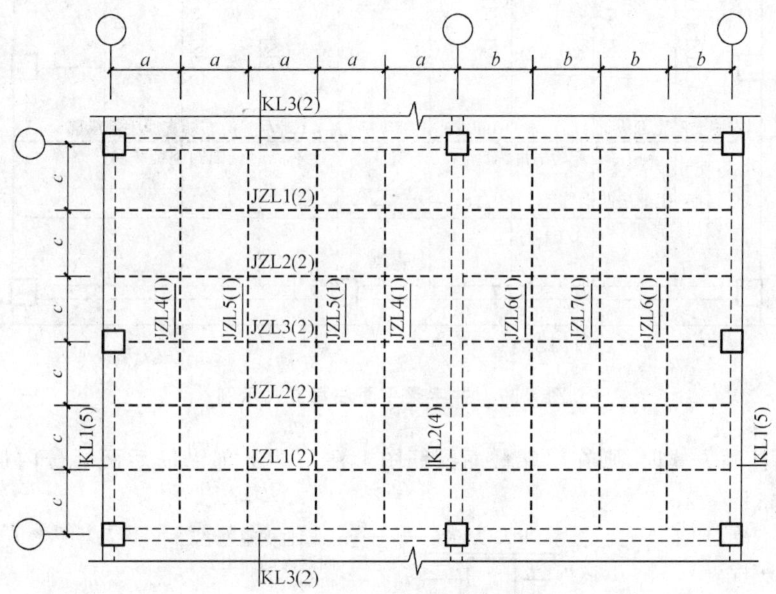

图 4-36　井字梁矩形平面网格区域示意

设计者应注明纵横两个方向梁相交处同一层面钢筋的上下交错关系(指梁上部或下部的同层面交错钢筋何梁在上何梁在下),以及在该相交处两方向梁箍筋的布置要求。

注:本图仅示意井字梁的注写方法,未注明截面几何尺寸 $b \times h$,支座上部纵筋伸出长度 $a_{01} \sim a_{03}$,以及纵筋与箍筋的具体数值。

(6)井字梁的端部支座和中间支座上部纵筋的伸出长度 a_0 值,应由设计者在原位加注具体数值予以注明。

当采用平面注写方式时,则在原位标注的支座上部纵筋后面括号内加注具体伸出长度值(图 4-37)。

【例】贯通两片网格区域采用平面注写方式的某井字梁,其中间支座上部纵筋注写为 6⌀25　4/2(3 200/2 400),表示该位置上部纵筋设置两排,上一排纵筋为 4⌀25,自支座边缘向跨内伸出长度 3 200;下一排纵筋为 2⌀25,自支座边缘向跨内伸出长度为 2 400。

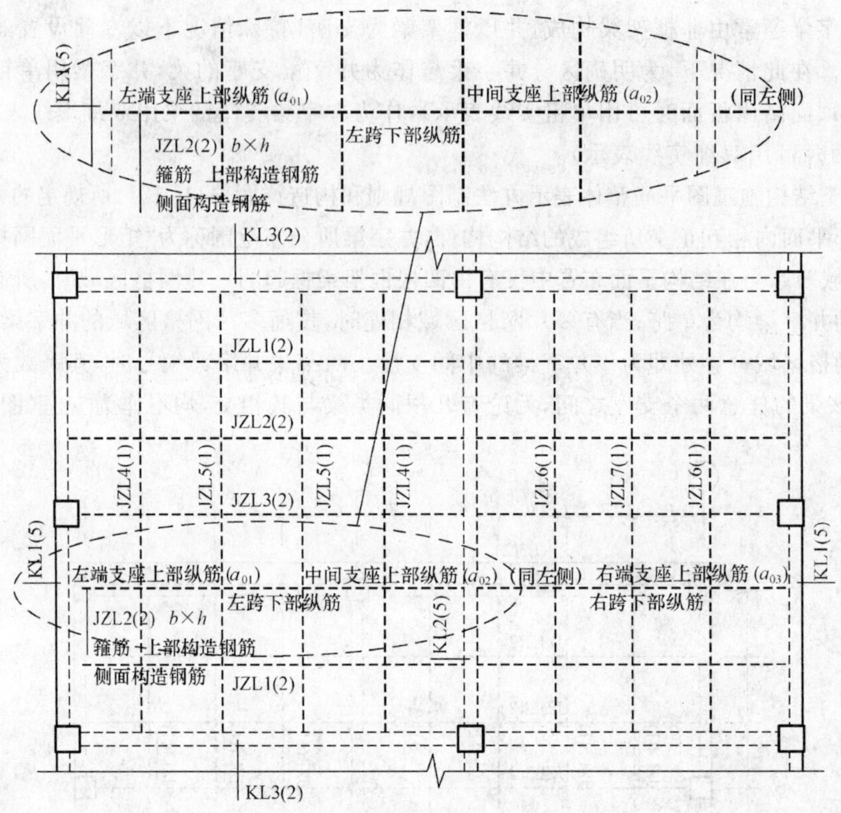

图 4-37 井字梁平面注写方式示例

当为截面注写方式时，则在梁端截面配筋图上注写的上部纵筋后面括号内加注具体伸出长度值(图 4-38)。

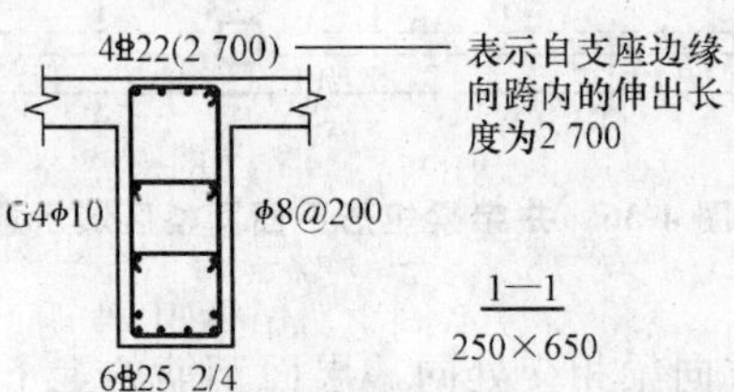

图 4-38 井字梁截面注写方式示例

设计时应注意：当井字梁连续设置在两片或多排网格区域时，才具有上面提及的井字梁中间支座。当某根井字梁端支座与其所在网格区域之外的非框架梁相连时，该位置上部钢筋的连续布置方式需由设计者注明。

(7)在梁平法施工图中，当局部梁的布置过密时，可将过密区用虚线框出，适当放大比例后再用平面注写方式表示。

3. 截面注写方式

(1)截面注写方式，是在分标准层绘制的梁平面布置图上，分别在不同编号的梁中各选择一根梁用剖面号引出配筋图，并在其上注写截面尺寸和配筋具体数值来表达梁平法施工图的方式。

(2)对所有梁按本规则表 4-7 的规定进行编号，从相同编号的梁中选择一根梁，先将"单边截面号"画在该梁上，再将截面配筋详图画在本图或其他图上。当某梁的顶面标高与结构层的楼面标高不同时，还应继其梁编号后注写梁顶面标高高差(注写规定与平面注写方式相同)。

(3)在截面配筋详图上注写截面尺寸 $b\times h$、上部筋、下部筋、侧面构造筋或受扭筋以及箍筋的具体数值时，其表达形式与平面注写方式相同。

(4)截面注写方式既可以单独使用，也可与平面注写方式结合使用。

4. 梁支座上部纵筋的长度规定

(1)为方便施工，凡框架梁的所有支座和非框架梁(不包括井字梁)的中间支座上部纵筋的伸出长度 a_0 值在标准构造详图中统一取值为：第一排非通长筋及与跨中直径不同的通长筋从柱(梁)边起伸出至 $l_n/3$ 位置；第二排非通长筋伸出至 $l_n/4$ 位置。l_n 的取值规定为：对于端支座，l_n 为本跨的净跨值；对于中间支座，l_n 为支座两边较大一跨的净跨值。

(2)悬挑梁(包括其他类型梁的悬挑部分)上部第一排纵筋伸出至梁端头并下弯，第二排伸出至 $3l/4$ 位置，l 为自柱(梁)边算起的悬挑净长。当具体工程需要将悬挑梁中的部分上部钢筋从悬挑梁根部开始斜向弯下时，应由设计者另加注明。

(3)在统一梁支座端上部纵筋伸出长度的取值时，特别是在大小跨相邻和端跨外为长悬臂的情况下，还应注意按《混凝土结构设计规范》(GB 50010—2010)的相关规定进行校核，若不满足时应根据规范规定进行变更。

5. 不伸入支座的梁下部纵筋长度规定

(1)当梁(不包括框支梁)下部纵筋不全部伸入支座时，不伸入支座的梁下部纵筋截断点距支座边的距离，在标准构造详图中统一取为 $0.1l_{ni}$(l_{ni} 为本跨梁的净跨值)。

(2)当确定不伸入支座的梁下部纵筋的数量时，应符合《混凝土结构设计规范》(GB 50010－2010)的有关规定。

6. 其他

(1)当设计按铰接时，平直段伸至端支座对边后弯折，且平直段长度≥$0.35l_{ab}$，弯折段长度 $15d$(d 为纵向钢筋直径)；当充分利用钢筋的抗拉强度时，直段伸至端支座对边后弯折，且平直段长度≥$0.6l_{ab}$，弯折段长 $15d$。设计者应在平法施工图中注明采用何种构造，当多数采用同种构造时可在图注中统一写明，并将少数不同之处在图中注明。

(2)当计算中不利用该钢筋的强度时，其伸入支座的锚固长度对于带肋钢筋为 $12d$，对于光面钢筋为 $15d$(d 为纵向钢筋直径)，此时设计者应注明。

(3)当计算中需要充分利用下部纵向钢筋的抗压强度或抗拉强度，或具体工程有特殊要求时，其锚固长度应由设计者按照《混凝土结构设计规范》(GB 50010—2010)的相关规定进行变更。

(4)当非框架梁配有受扭纵向钢筋时，梁纵筋锚入支座的长度为 l_a，在端支座直锚长度不足时可伸至端支座对边后弯折，且平直段长度≥$0.6\ l_{ab}$，弯折段长度 $15d$。设计者应在图中注明。

(5)当梁纵筋兼做温度应力钢筋时，其锚入支座的长度由设计确定。

(6)当两楼层之间设有层间梁时(如结构夹层位置处的梁)，应将设置该部分梁的区域划出另行绘制梁结构布置图，然后在其上表达梁平法施工图。

二、梁平法施工图识图

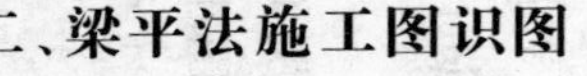

1. 梁平法施工图平面注写方式示例(图 4-39)

层号	标高(m)	层高(m)
屋面2	65.670	
塔层2	62.370	3.30
屋面1(塔层1)	59.070	3.30
16	55.470	3.60
15	51.870	3.60
14	48.270	3.60
13	44.670	3.60
12	41.070	3.60
11	37.470	3.60
10	33.870	3.60
9	30.270	3.60
8	26.670	3.60
7	23.070	3.60
6	19.470	3.60
5	15.870	3.60
4	12.270	3.60
3	8.670	3.60
2	4.470	4.20
1	−0.030	4.50
−1	−4.530	4.50
−2	−9.030	4.50

结构层楼面标高
结构层高

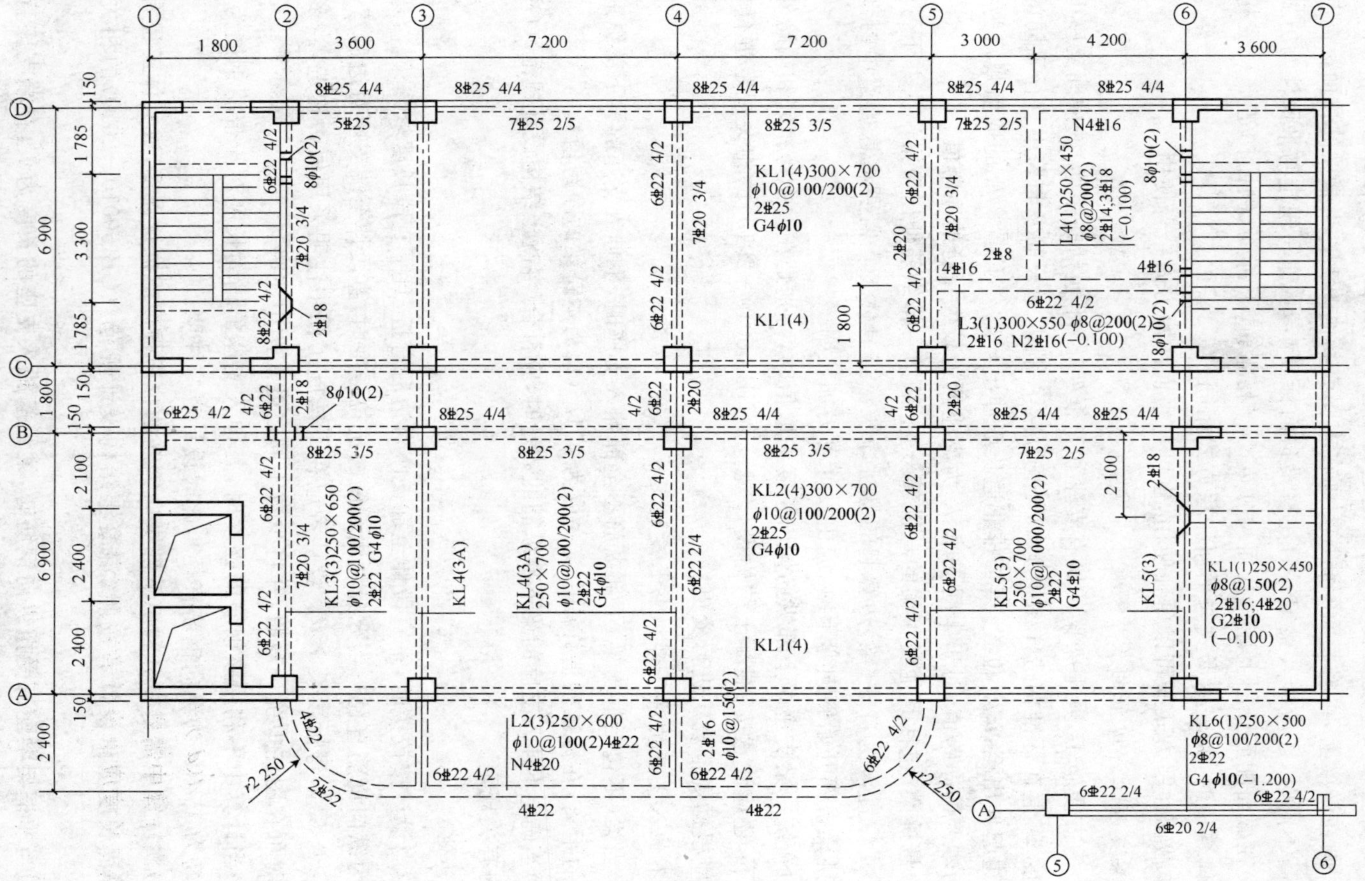

图 4-39 平法施工图平面注写方式示例

2. 梁平法施工图截面注写方式示例(图 4-40)

层号	标高(m)	层高(m)
屋面2	65.670	
塔层2	62.370	3.30
屋面1(塔层1)	59.070	3.30
16	55.470	3.60
15	51.870	3.60
14	48.270	3.60
13	44.670	3.60
12	41.070	3.60
11	37.470	3.60
10	33.870	3.60
9	30.270	3.60
8	26.670	3.60
7	23.070	3.60
6	19.470	3.60
5	15.870	3.60
4	12.270	3.60
3	8.670	3.60
2	4.470	4.20
1	-0.030	4.50
-1	-4.530	4.50
-2	-9.030	4.50

结构层楼面标高
结构层高

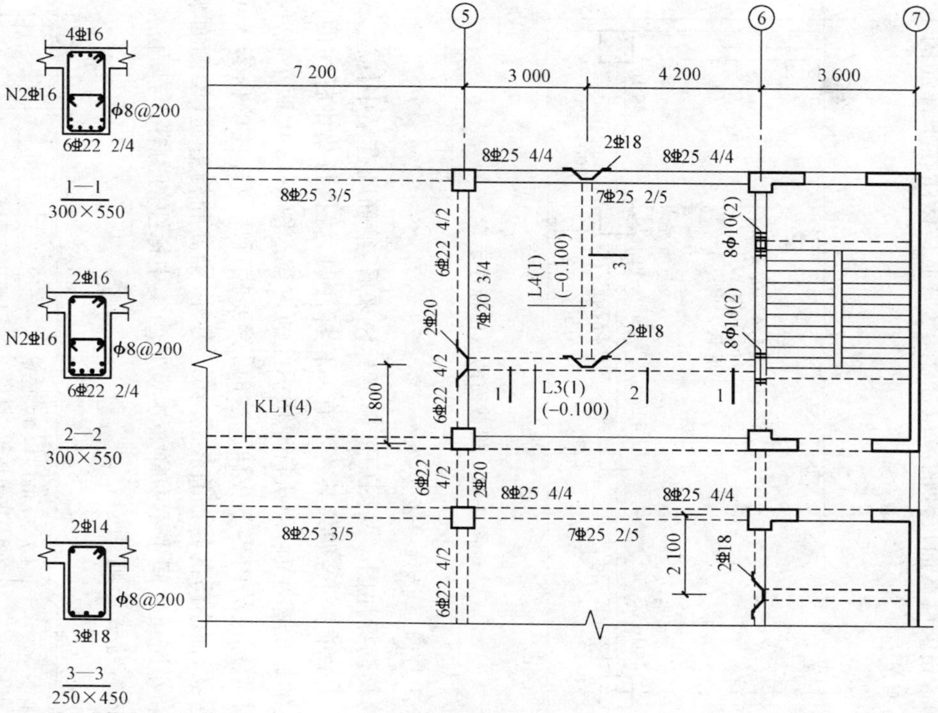

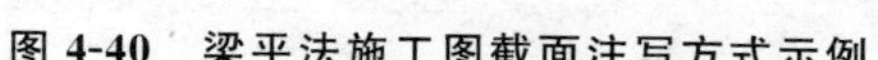

图 4-40 梁平法施工图截面注写方式示例

3. 梁的原位标注实例

图 4-41 是具有四跨的连续框架梁，在集中标注里，梁的截面尺寸是 300 mm×500 mm。也就是说，如果跨中没有对梁的截面尺寸专门做出原位标注时，便一律执行集中标注的截面尺寸。但是，这里的右边跨跨度，比其他三跨跨度短。由荷载引起的弯矩小，设计的高度变小（因为梁上部有通长筋，考虑施工，梁宽不宜变窄）。因而，从右边跨的原位标注可以看出，它的截面是 300 mm×450 mm。梁截面尺寸的原位标注，习惯上是标注在下部筋的下方。这个标注补充了集中标注的不足。

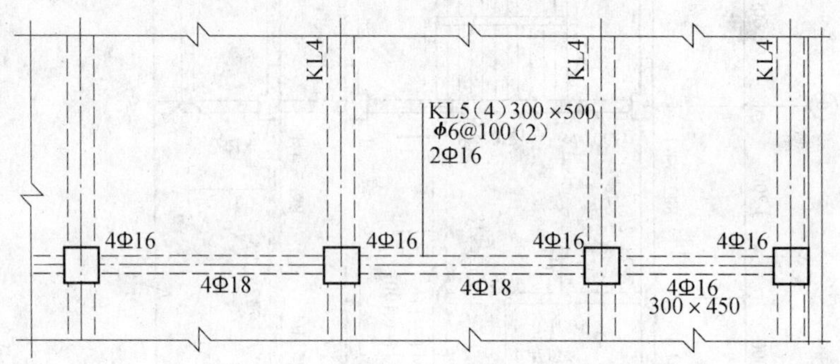

图 4-41 梁截面的原位标注示意

4. 梁的集中标注与原位标注并存实例

图 4-42 是梁的箍筋标注图。从图中的箍筋标注来看，箍筋既有集中标注，又有原位标注。在既有箍筋集中标注的前提下：如果某跨没有原位标注时，就执行集中标注的内容；如果某跨有不同于集中标注的原位标注时，便执行原位标注的内容。图 4-42 中两个较小跨的箍筋原位标注的内容，就与集中标注的内容不一样。这时，就要执行原位标注的内容。可以看出，大跨梁中的箍筋直径是 $\phi 8$，而小跨的箍筋直径是 $\phi 6$。另外，梁高和构造筋（梁侧面纵向筋）及梁的截面高度，大跨梁和小跨梁之间也不一样。这就是当集中标注的内容，与原位标注的内容不一致时，原位标注的内容优先原则。

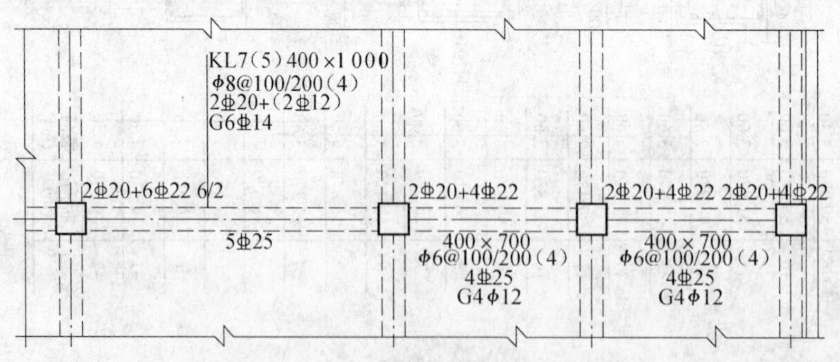

图 4-42 梁的箍筋标注

5. 梁平面施工图示例

第二节剪力墙构件中第二部分剪力墙平法施工图识图的第 5 个实例剪力墙平法施工图实

例的图 4-26 即为梁平法施工图和图纸说明，其部分连梁采用平面注写方式。从中我们可以了解以下内容：

图名为标准层顶梁配筋平面图，比例为 1∶100；

轴线编号及其间距尺寸与建筑图、标准层墙柱平面布置图一致；

梁的编号从 LL1 至 LL26（其中 LL12、LL13 和 LL18 在 2 号楼图中），标高参照各层楼面，数量每种 1～4 根，每根梁的平面位置如图 4-42 所示。

由图纸说明知，梁的混凝土强度为 C30。

以 LL1、LL3、LL14 为例说明如下：

LL1(1) 位于①轴线和㉕轴线上，1 跨；截面 200 mm×450 mm；箍筋为直径 8 mm 的Ⅰ级钢筋，间距为 100 mm，双肢箍；上部 2⌀16 通长钢筋，下部 2⌀16 通长钢筋。梁高≥450 mm，需配置侧向构造钢筋，侧面构造钢筋应为剪力墙配置的水平分布筋，其在 3、4 层直径为 12 mm、间距为 250 mm 的Ⅱ级钢筋，在 5～16 层为直径为 10 mm、间距为 250 mm 的Ⅰ级钢筋。因转换层以上两层（3、4 层）剪力墙，抗震等级为三级，以上各层抗震等级为四级，知 3、4 层（标高 6.950～12.550 m）纵向钢筋伸入墙内的锚固长度 l_{aE} 为 $31d$，5～16 层（标高 12.550～49.120 m）纵向钢筋的锚固长度 l_{aE} 为 $30d$。如为顶层，连梁纵向钢筋伸入墙内的长度范围内，应设置间距为 150 mm 的箍筋，箍筋直径与连梁跨内箍筋直径相同。

LL3(1) 位于②轴线和㉔轴线上，1 跨；截面 200 mm×400 mm；箍筋直径为 8 mm 的Ⅰ级钢筋，间距为 200 mm，双肢箍；上部 2⌀16 通长钢筋，下部 2⌀22（角筋）+1⌀20 通长钢筋；梁两端原位标注显示，端部上部钢筋为 3⌀16，要求有一根钢筋在跨中截断，由于 LL3 两端以梁为支座，按非框架梁构造要求截断钢筋，构造要求如图 4-43 所示，其中纵向钢筋锚固长度 l_{aE} 为 $30d$。

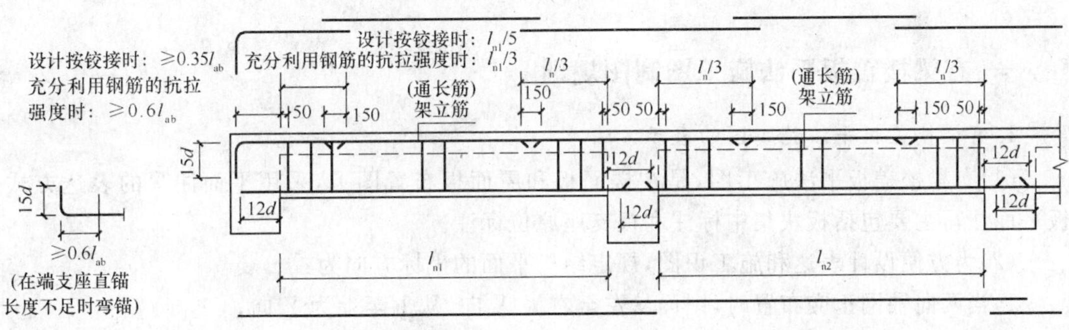

图 4-43　梁配筋构造

l_{ab}——受拉钢筋的非抗震基本锚固长度；d——纵向钢筋直径；

l_n——相邻左右两跨中跨度较大一跨的跨度值；l_{n1}——左跨的净跨值；l_{n2}——右跨的净跨值

注：当梁配有受扭纵向钢筋时，梁下部纵筋锚入支座的长度应为 l_a，在端支座直锚长度不足时可弯锚。

LL14(1) 位于Ⓑ轴线上，1 跨；截面 200 mm×450 mm；箍筋为直径 8 mm 的Ⅰ级钢筋，加密区间距为 100 mm，非加密区间距为 150 mm，双肢箍，连梁沿梁全长箍筋的构造要求按框架梁梁端加密区箍筋构造要求采用，构造如图 4-44 所示，图中 h_b 为梁截面高度；上部 2⌀20 通长钢筋，下部 3⌀22 通长钢筋；梁两端原位标注显示，端部上部钢筋为 3⌀20，要求有一根钢筋在跨中截断，参考框架梁钢筋截断要求，其中一根钢筋在距梁端 1/4 静跨处截断。梁高≥450 mm，需配置侧向构造钢筋，侧面构造钢筋应为剪力墙上配置水平分布筋，其在 3、4 层直径为 12 mm、间距为 250 mm 的Ⅱ级钢筋，在 5～16 层直径为 10 mm、间距为 250 mm 的Ⅰ级钢筋。因转换层以上两层(3、4 层)剪力墙，抗震等级为三级，以上各层抗震等级为四级，知 3、4 层(标高 6.950～12.550 m)纵向钢筋伸入墙内的锚固长度 l_{aE} 为 $31d$，5～16 层(标高 12.550～49.120 m)纵向钢筋的锚固长度 l_{aE} 为 $30d$。如为顶层，连梁纵向钢筋伸入墙内的长度范围内，应设置间距为 150 mm 的箍筋，箍筋直径与连梁跨内箍筋直径相同。

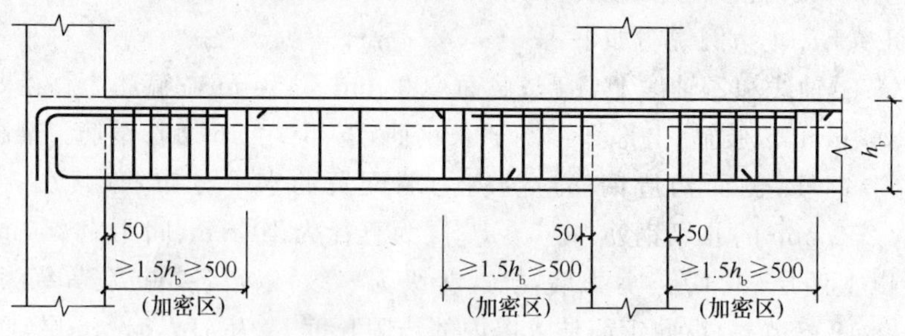

图 4-44　梁箍筋构造

h_b——梁截面高度

此外，图中梁纵、横交汇处设置附加箍筋，例如 LL3 与 LL14 交汇处，在 LL14 上设置附加箍筋 6 根直径为 16 mm 的Ⅰ级钢筋，双肢箍。需要注意的是，主、次梁交汇处上部钢筋主梁在上，次梁在下。

第四节　板构件

一、有梁楼盖板平法施工图制图规则

1. 有梁楼盖板平法施工图的表示方法

(1)有梁楼盖板平法施工图，是在楼面板和屋面板布置图上，采用平面注写的表达方式。板平面注写主要包括板块集中标注和板支座原位标注。

(2)为方便设计表达和施工识图，规定结构平面的坐标方向为：

1)当两向轴网正交布置时，图面从左至右为 X 向，从下至上为 Y 向；

2)当轴网转折时，局部坐标方向顺轴网转折角度做相应转折；

3)当轴网向心布置时，切向为 X 向，径向为 Y 向。

此外，对于平面布置比较复杂的区域，如轴网转折交界区域、向心布置的核心区域等，其平面坐标方向应由设计者另行规定并在图上明确表示。

2. 板块集中标注

(1)板块集中标注的内容为：板块编号、板厚、贯通纵筋，以及当板面标高不同时的标高高差。

对于普通楼面，两向均以一跨为一板块；对于密肋楼盖，两向主梁(框架梁)均以一跨为一板块(非主梁密肋不计)。所有板块应逐一编号，相同编号的板块可择其一做集中标注，其他仅注写置于圆圈内的板编号，以及当板面标高不同时的标高高差。

板块编号按表 4-8 的规定。

表 4-8　板块编号

板类型	代号	序号
楼面板	LB	××
屋面板	WB	××
悬挑板	XB	××

板厚注写为 h＝×××(为垂直于板面的厚度)；当悬挑板的端部改变截面厚度时，用"/"分隔根部与端部的高度值，注写为 h＝×××/×××；当设计已在图注中统一注明板厚时，此项可不注。

贯通纵筋按板块的下部和上部分别注写(当板块上部不设贯通纵筋时则不注)，并以 B 代表下部，以 T 代表上部，B&T 代表下部与上部；X 向贯通纵筋以 X 打头，Y 向贯通纵筋以 Y 打头，两向贯通纵筋配置相同时则以 X&Y 打头。

当为单向板时，分布筋可不必注写，而在图中统一注明。

当在某些板内(例如在悬挑板 XB 的下部)配置有构造钢筋时，则 X 向以 X_c，Y 向以 Y_c 打头注写。

当 Y 向采用放射配筋时(切向为 X 向，径向为 Y 向)，设计者应注明配筋间距的定位尺寸。

当贯通筋采用两种规格钢筋"隔一布一"方式时，表达为 xx/yy@xxx，表示直径为 xx 的钢筋和直径为 yy 的钢筋二者之间间距为 xxx，直径 xx 的钢筋的间距为 xxx 的 2 倍，直径 yy 的钢筋的间距为 xxx 的 2 倍。

板面标高高差，是指相对于结构层楼面标高的高差，应将其注写在括号内，且有高差则注，无高差不注。

【例】有一楼面板块注写为：LB5　h＝110

B：X⌀12@120；Y⌀10@110

表示 5 号楼面板，板厚 110，板下部配置的贯通纵筋 X 向为⌀12@120，Y 向为⌀10@110；板上部未配置贯通纵筋。

【例】有一楼面板块注写为：LB5　h＝110

B：X⌀10/12@100；Y⌀10@110

表示 5 号楼面板，板厚 110，板下部配置的贯通纵筋 X 向为⌀10、⌀12 隔一布一，⌀10 与⌀12 之间间距为 100；Y 向为⌀10@110；板上部未配置贯通纵筋。

【例】有一悬挑板注写为：XB2　h＝150/100

B：X_c&Y_c ⌀@200

表示 2 号悬挑板，板根部厚 150，端部厚 100，板下部配置构造钢筋双向均为⌀8@200(上部受力钢筋见板支座原位标注)。

(2)同一编号板块的类型、板厚和贯通纵筋均应相同，但板面标高、跨度、平面形状以及板支座上部非贯通纵筋可以不同，如同一编号板块的平面形状可为矩形、多边形及其他形状等。施工预算时，应根据其实际平面形状，分别计算各块板的混凝土与钢材用量。

设计与施工应注意：单向或双向连续板的中间支座上部同向贯通纵筋，不应在支座位置连接或分别锚固。当相邻两跨的板上部贯通纵筋配置相同，且跨中部位有足够空间连接时，可在两跨任意一跨的跨中连接部位连接；当相邻两跨的上部贯通纵筋配置不同时，应将配置较大者越过其标注的跨数终点或起点伸至相邻跨的跨中连接区域连接。

设计应注意板中间支座两侧上部贯通纵筋的协调配置，施工及预算应按具体设计和相应标准构造要求实施。等跨与不等跨板上部贯通纵筋的连接有特殊要求时，其连接部位及方式应由设计者注明。

3. 板支座原位标注

(1)板支座原位标注的内容为：板支座上部非贯通纵筋和悬挑板上部受力钢筋。

板支座原位标注的钢筋，应在配置相同跨的第一跨表达(当在梁悬挑部位单独配置时则在原位表达)。在配置相同跨的第一跨(或梁悬挑部位)，垂直于板支座(梁或墙)绘制一段适宜长度的中粗实线(当该筋通长设置在悬挑板或短跨板上部时，实线段应画至对边或贯通短跨)，以该线段代表支座上部非贯通纵筋，并在线段上方注写钢筋编号(如①、②等)、配筋值、横向连续布置的跨数(注写在括号内，且当为一跨时可不注)，以及是否横向布置到梁的悬挑端。

【例】(××)为横向布置的跨数，(××A)为横向布置的跨数及一端的悬挑梁部位，(××B)为横向布置的跨数及两端的悬挑梁部位。

板支座上部非贯通筋自支座中线向跨内的伸出长度，注写在线段的下方位置。

当中间支座上部非贯通纵筋向支座两侧对称伸出时，可仅在支座一侧线段下方标注伸出长度，另一侧不注，如图 4-45。

当向支座两侧非对称伸出时，应分别在支座两侧线段下方注写伸出长度，如图 4-46。

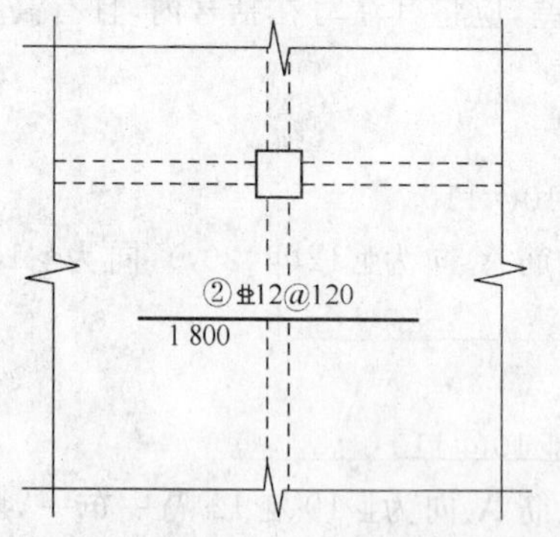

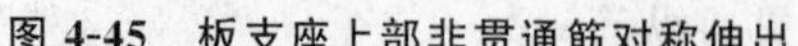

图 4-45 板支座上部非贯通筋对称伸出

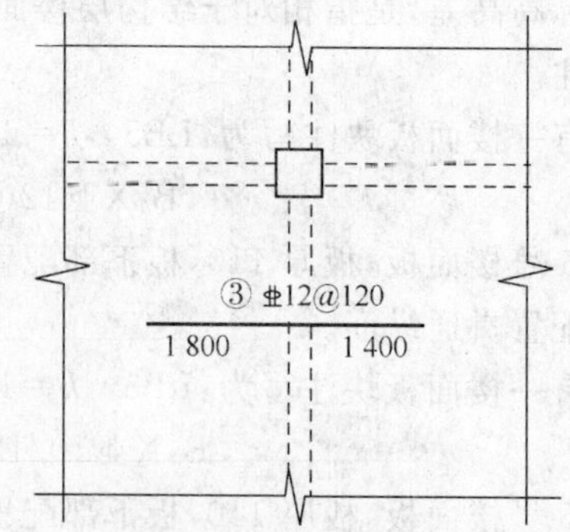

图 4-46 板支座上部非贯通筋非对称伸出

对线段画至对边贯通全跨或贯通全悬挑长度的上部通长纵筋，贯通全跨或伸出至全悬挑一侧的长度值不注，只注明非贯通筋另一侧的伸出长度值，如图 4-47。

当板支座为弧形，支座上部非贯通纵筋呈放射状分布时，设计者应注明配筋间距的度量位置并加注“放射分布”四字，必要时应补绘平面配筋图，如图 4-48。

关于悬挑板的注写方式如图 4-49 所示。当悬挑板端部厚度不小于 150 时，设计者应指定板端部封边构造方式，当采用 U 形钢筋封边时，还应指定 U 形钢筋的规格、直径。

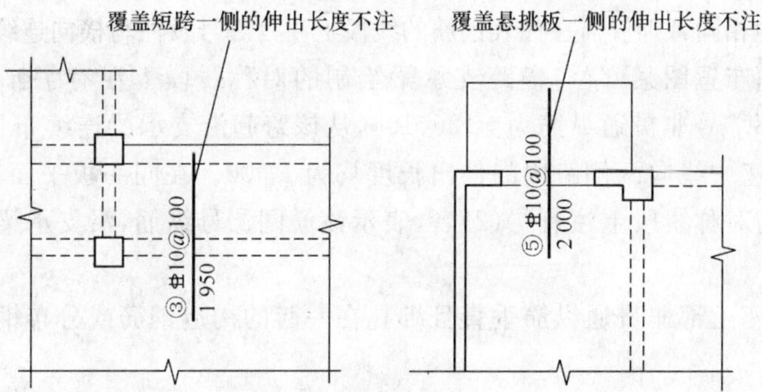

图 4-47　板支座非贯通筋贯通全跨或伸出至悬挑端

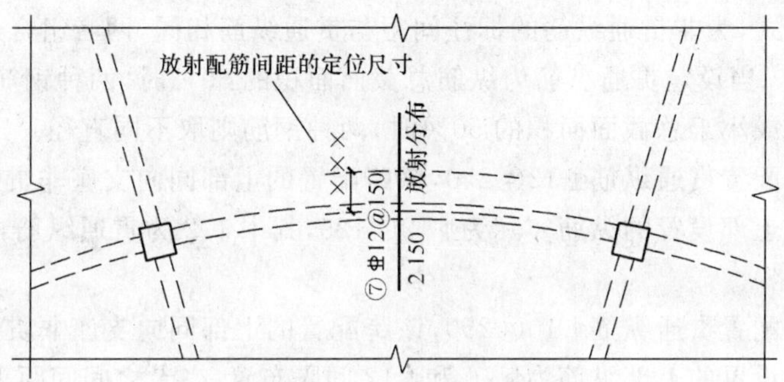

图 4-48　弧形支座处放射配筋

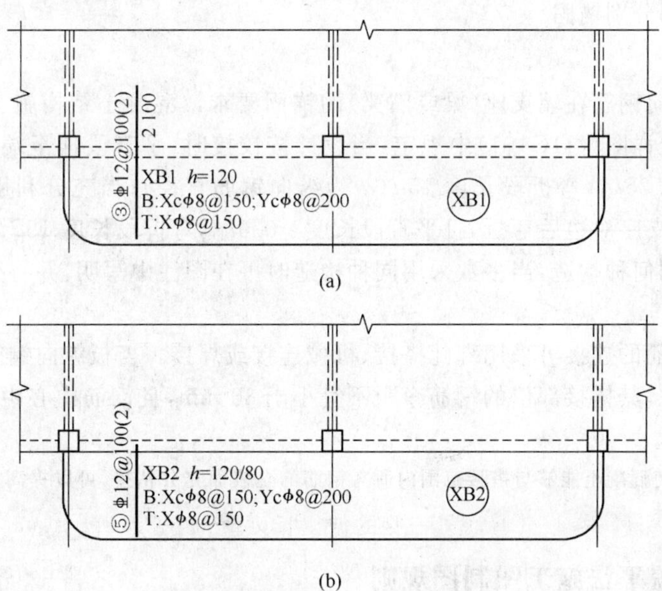

图 4-49　悬挑板支座非贯通筋

在板平面布置图中，不同部位的板支座上部非贯通纵筋及悬挑板上部受力钢筋，可仅在一个部位注写，对其他相同者则仅需在代表钢筋的线段上注写编号及注写横向连续布置的跨数即可。

【例】在板平面布置图某部位，横跨支承梁绘制的对称线段上注有⑦⏀12@100(5A)和1 500，表示支座上部⑦号非贯通纵筋为⏀12@100，从该跨起沿支承梁连续布置5跨加梁一端的悬挑端，该筋自支座中线向两侧跨内的伸出长度均为1 500。在同一板平面布置图的另一部位横跨梁支座绘制的对称线段上注有⑦(2)者，表示该筋同⑦号纵筋，沿支承梁连续布置2跨，且无梁悬挑端布置。

此外，与板支座上部非贯通纵筋垂直且绑扎在一起的构造钢筋或分布钢筋，应由设计者在图中注明。

(2)当板的上部已配置有贯通纵筋，但需增配板支座上部非贯通纵筋时，应结合已配置的同向贯通纵筋的直径与间距采取“隔一布一”方式配置。

“隔一布一”方式，为非贯通纵筋的标注间距与贯通纵筋相同，两者组合后的实际间距为各自标注间距的1/2。当设定贯通纵筋为纵筋总截面面积的50%时，两种钢筋应取相同直径；当设定贯通纵筋大于或小于总截面面积的50%时，两种钢筋则取不同直径。

【例】板上部已配置贯通纵筋⏀12@250，该跨配置的上部同向支座非贯通纵筋为⑤⏀12@250，表示在该支座上部设置的纵筋实际为⏀12@125，其中1/2为贯通纵筋，1/2为⑤号非贯通纵筋(伸出长度值略)。

【例】板上部已配置贯通纵筋⏀10@250，该跨配置的上部同向支座非贯通纵筋为③⏀12@250，表示该跨实际设置的上部纵筋为⏀10和⏀12间隔布置，二者之间间距为125。

施工应注意：当支座一侧设置了上部贯通纵筋(在板集中标注中以T打头)，而在支座另一侧仅设置了上部非贯通纵筋时，如果支座两侧设置的纵筋直径、间距相同，应将二者连通，避免各自在支座上部分别锚固。

4.其他

(1)板上部纵向钢筋在端支座(梁或圈梁)的锚固要求，《混凝土结构施工平面整体表示方法制图规则和构造详图》(11G101)中规定：当设计按铰接时，平直段伸至端支座对边后弯折，且平直段长度≥$0.35l_{ab}$，弯折段长度$15d$(d为纵向钢筋直径)；当充分利用钢筋的抗拉强度时，平直段伸至端支座对边后弯折，且平直段长度≥$0.6l_{ab}$，弯折段长度$15d$。设计者应在平法施工图中注明采用何种构造，当多数采用同种构造时可在图注中写明，并将少数不同之处在图中注明。

(2)板纵向钢筋的连接可采用绑扎搭接、机械连接或焊接。当板纵向钢筋采用非接触方式的绑扎搭接连接时，其搭接部位的钢筋净距不宜小于30 mm，且钢筋中心距不应大于$0.2l_l$及150 mm的较小者。

注：非接触搭接使混凝土能够与搭接范围内所有钢筋的全表面充分粘接，可以提高搭接钢筋之间通过混凝土传力的可靠度。

二、无梁楼盖平法施工图制图规则

1.无梁楼盖平法施工图的表示方法

(1)无梁楼盖平法施工图，是在楼面板和屋面板布置图上，采用平面注写的表达方式。

(2)板平面注写主要有板带集中标注、板带支座原位标注两部分内容。

2.板带集中标注

(1)集中标注应在板带贯通纵筋配置相同跨的第一跨(X 向为左端跨,Y 向为下端跨)注写。相同编号的板带可择其一做集中标注,其他仅注写板带编号(注在圆圈内)。

板带集中标注的具体内容为:板带编号,板带厚及板带宽和贯通纵筋。

板带编号按表 4-9 的规定。

表 4-9 板带编号

板带类型	代号	序号	跨数及有无悬挑
柱上板带	ZSB	××	(××)、(××A)或(××B)
跨中板带	KZB	××	(××)、(××A)或(××B)

注:1.跨数按柱网轴线计算(两相邻柱轴线之间为一跨);

2.(××A)为一端有悬挑,(××B)为两端有悬挑,悬挑不计入跨数。

板带厚注写为 h=×××,板带宽注写为 b=×××。当无梁楼盖整体厚度和板带宽度已在图中注明时,此项可不注。

贯通纵筋按板带下部和板带上部分别注写,并以 B 代表下部,T 代表上部,B&T 代表下部和上部。当采用放射配筋时,设计者应注明配筋间距的度量位置,必要时补绘配筋平面图。

【例】设有一板带注写为:ZSB2(5A) h=300 b=3 000

B=⏀16@100;T⏀18@200

表示 2 号柱上板带,有 5 跨且一端有悬挑;板带厚 300,宽 3 000;板带配置贯通纵筋下部为⏀16@100,上部为⏀18@200。

设计与施工应注意:相邻等跨板带上部贯通纵筋应在跨中 1/3 净跨长范围内连接;当同向连续板带的上部贯通纵筋配置不同时,应将配置较大者越过其标注的跨数终点或起点伸至相邻跨的跨中连接区域连接。

设计应注意板带中间支座两侧上部贯通纵筋的协调配置,施工及预算应按具体设计和相应标准构造要求实施。等跨与不等跨板上部贯通纵筋的连接构造要求见相关标准构造详图;当具体工程对板带上部纵向钢筋的连接有特殊要求时,其连接部位及方式应由设计者注明。

(2)当局部区域的板面标高与整体不同时,应在无梁楼盖的板平法施工图上注明板面标高高差及分布范围。

3.板带支座原位标注

(1)板带支座原位标注的具体内容为:板带支座上部非贯通纵筋。

以一段与板带同向的中粗实线段代表板带支座上部非贯通纵筋;对柱上板带,实线段贯穿柱上区域绘制;对跨中板带:实线段横贯柱网轴线绘制。在线段上注写钢筋编号(如①、②等)、配筋值及在线段的下方注写自支座中线向两侧跨内的伸出长度。

当板带支座非贯通纵筋自支座中线向两侧对称伸出时,其伸出长度可仅在一侧标注;当配置在有悬挑端的边柱上时,该筋伸出到悬挑尽端,设计不注。当支座上部非贯通纵筋呈放射分布时,设计者应注明配筋间距的定位位置。

不同部位的板带支座上部非贯通纵筋相同者,可仅在一个部位注写,其余则在代表非贯通纵筋的线段上注写编号。

【例】设有平面布置图的某部位，在横跨板带支座绘制的对称线段上注有⑦⌀18@250，在线段一侧的下方注有1 500，是表示支座上部⑦号非贯通纵筋为⌀18@250，自支座中线向两侧跨内的伸出长度均为1 500。

(2)当板带上部已经配有贯通纵筋，但需增加配置板带支座上部非贯通纵筋时，应结合已配同贯通纵筋的直径与间距，采取"隔一布一"的方式配置。

【例】设有一板带上部已配置贯通纵筋⌀18@240，板带支座上部非贯通纵筋为⑤⌀18@240，则板带在该位置实际配置的上部纵筋为⌀18@120，其中1/2为贯通纵筋，1/2为⑤号非贯通纵筋。

【例】设有一板带上部已配置贯通纵筋⌀18@240，板带支座上部非贯通纵筋为③⌀20@240，则板带在该位置实际配置的上部纵筋为⌀18和⌀20间隔布置，二者之间间距为120。

4. 暗梁的表示方法

(1)暗梁平面注写包括暗梁集中标注、暗梁支座原位标注两部分内容。施工图中在柱轴线处画中粗虚线表示暗梁。

(2)暗梁集中标注包括暗梁编号、暗梁截面尺寸(箍筋外皮宽度×板厚)、暗梁箍筋、暗梁上部通长筋或架立筋四部分内容。暗梁编号按表4-10规定。

表4-10 暗梁编号

构件类型	代号	序号	跨数及有无悬挑
暗梁	AL	××	(××)、(××A)或(××B)

注：1. 跨数按柱网轴线计算(两相邻柱轴线之间为一跨)；
2. (××A)为一端有悬挑，(××B)为两端有悬挑，悬挑不计入跨数。

(3)暗梁支座原位标注包括梁支座上部纵筋、梁下部纵筋。当在暗梁上集中标注的内容不适用于某跨或某悬挑端时，则将其不同数值标注在该跨或该悬挑端，施工时按原位注写取值。

(4)柱上板带标注的配筋仅设置在暗梁之外的柱上板带范围内。

(5)暗梁中纵向钢筋连接、锚固及支座上部纵筋的伸出长度等要求同轴线处柱上板带中纵向钢筋。

5. 其他

(1)无梁楼盖跨中板带上部纵向钢筋在端支座的锚固要求，《混凝土结构施工图平面整体表示方法制图规则和构造详图》(11G101)规定：当设计按铰接时，平直段伸至端支座对边后弯折，且平直段长度≥$0.35l_{ab}$，弯折段长度$15d$(d为纵向钢筋直径)；当充分利用钢筋的抗拉强度时，直段伸至端支座对边后弯折，且平直段长度≥$0.6\ l_{ab}$，弯折段长度$15d$。设计者应在平法施工图中注明采用何种构造，当多数采用同种构造时可在图注中写明，并将少数不同之处在图中注明。

(2)板纵向钢筋的连接可采用绑扎搭接、机械连接或焊接。当板纵向钢筋采用非接触方式的绑扎搭接连接时，其搭接部位的钢筋净距不宜小于30 mm，且钢筋中心距不应大于$0.2l_l$及150 mm的较小者。

注：非接触搭接使混凝土能够与搭接范围内所有钢筋的全表面充分粘接，可以提高搭接钢筋之间通过混凝土传力的可靠度。

三、板平法施工图识图

1. 有梁楼盖平法施工图示例(图 4-50)

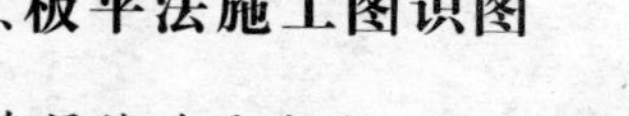

层号	标高(m)	层高(m)
屋面2	65.670	
塔层2	62.370	3.30
屋面1(塔层1)	59.070	3.30
16	55.470	3.60
15	51.870	3.60
14	48.270	3.60
13	44.670	3.60
12	41.070	3.60
11	37.470	3.60
10	33.870	3.60
9	30.270	3.60
8	26.670	3.60
7	23.070	3.60
6	19.470	3.60
5	15.870	3.60
4	12.270	3.60
3	8.670	3.60
2	4.470	4.20
1	−0.030	4.50
−1	−4.530	4.50
−2	−9.030	4.50

结构层楼面标高
结构层高

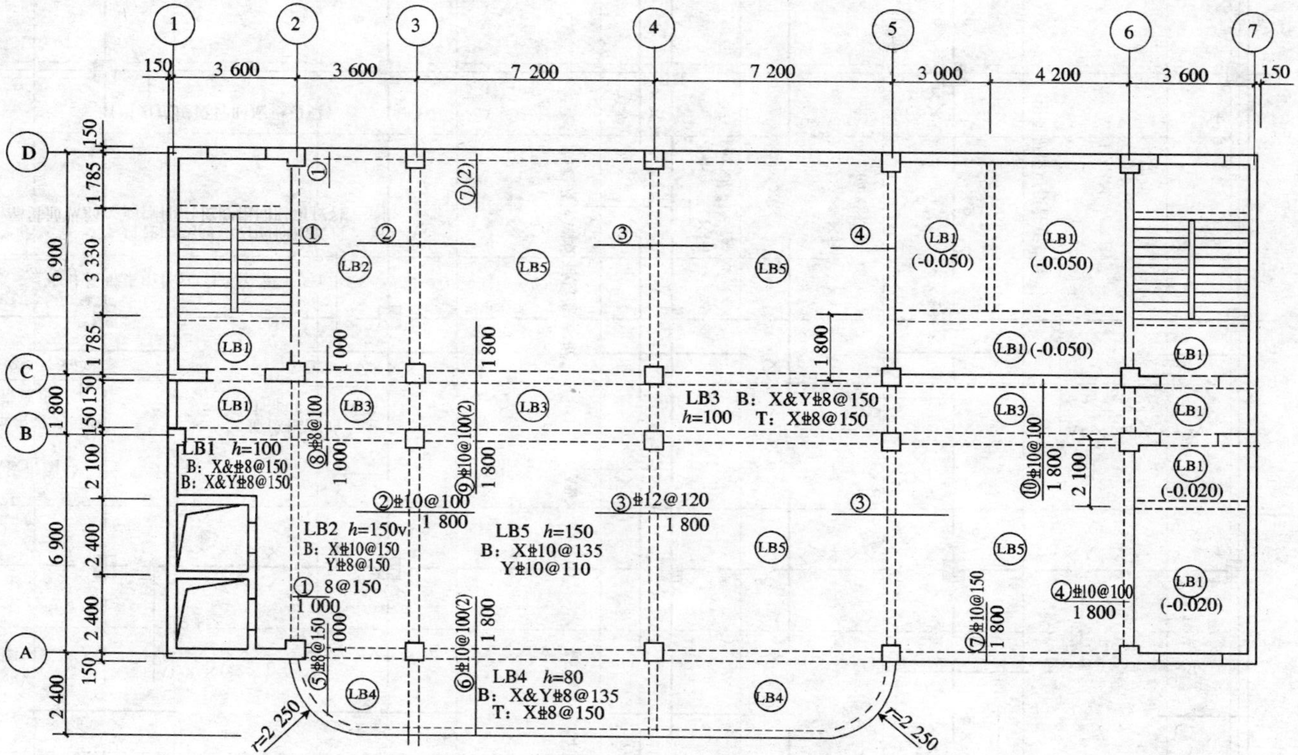

图 4-50　有梁楼盖平法施工图示例

2. 无梁楼板平法施工图示例(图 4-51)

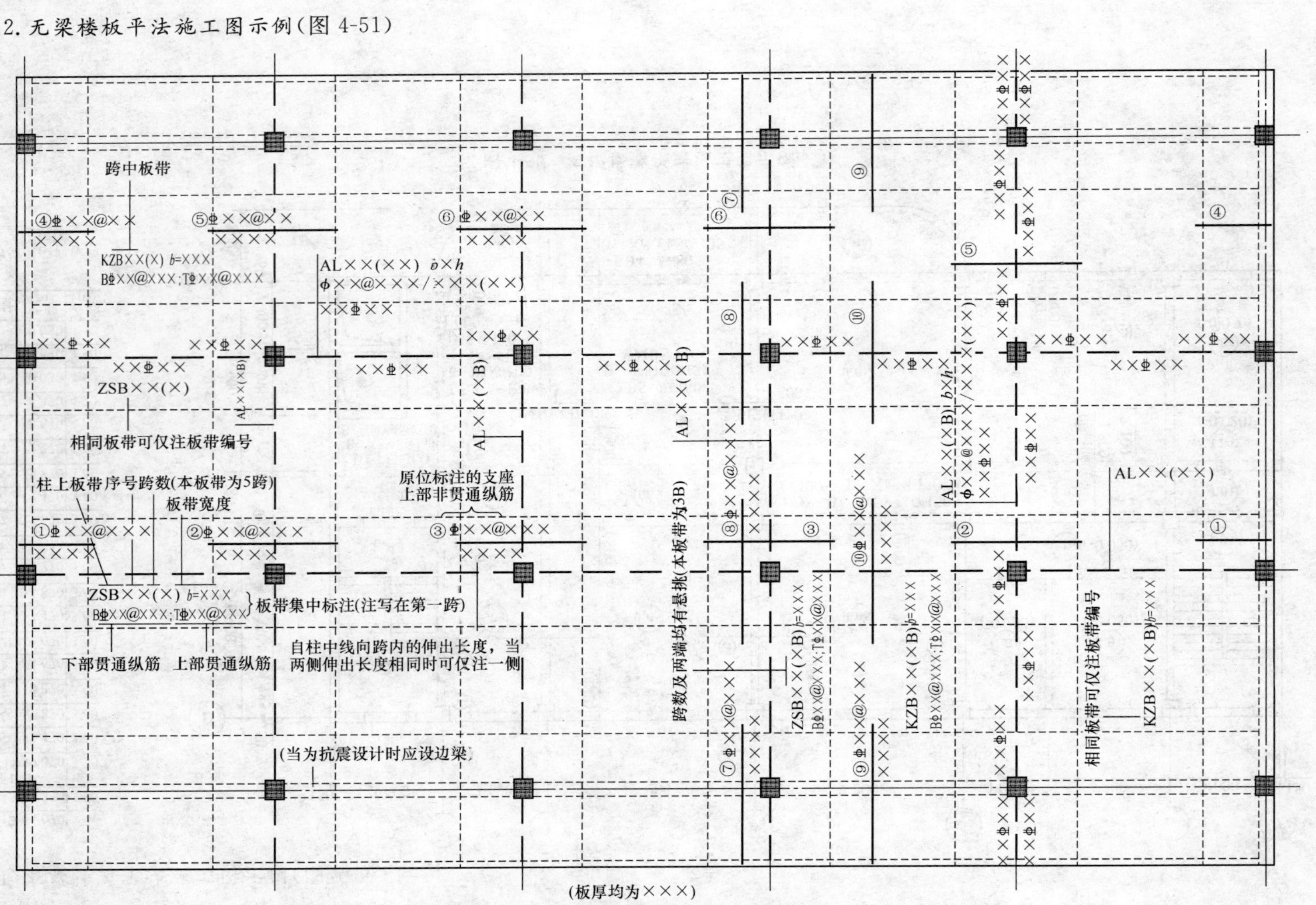

图 4-51 无梁楼板平法施工图示例

3.楼板平面图的集中标注和原位标注实例

图 4-52 是用平法制图标准方法绘制的楼板结构施工平面图。其标注有集中标注也有原位标注。图中间注写的是集中标注；四周注写的是原位标注。“LB1”表示 1 号楼面板。集中标注的内容有：“$h=150$”表示板厚为 150 mm；“B”表示板的下部贯通纵筋；“X”表示贯通纵筋沿横向铺设；“Y”表示贯通纵筋沿图纸竖向铺设。图中四周原位标注的是负筋。在平法制图标准方法绘制的 HPB300 负筋，没有画直角钩。①号负筋下方的 180，是指梁的中心线到钢筋端部的距离。换句话说，就是钢筋长度等于两个 180，为 360。但是，请注意，如果梁的两侧的数据不一样时，就要把两侧的数据加到一起，才是它的长度。②号负筋和①号负筋的道理一样。③号负筋是位于梁的一侧，它下面标注的 180 就是钢筋的长度。④号负筋和③号负筋情况一样，只是数据不同。

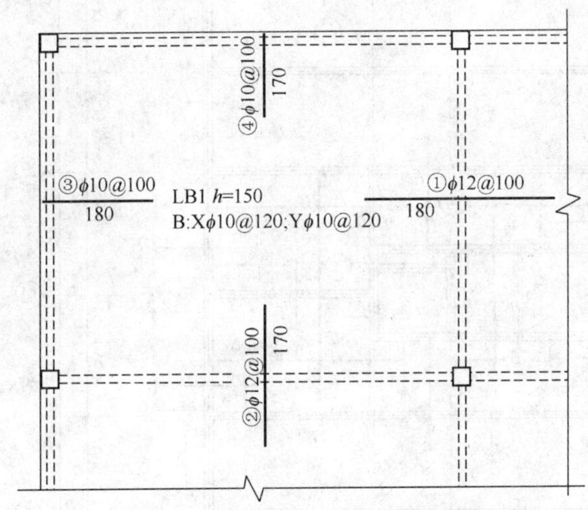

图 4-52　平法制图楼板结构施工平面图

4.现浇楼板施工图实例

图 4-53 是某工程标准层顶板施工图。

从中我们可以了解以下内容：

图 4-53 为××工程标准层顶板配筋平面图，绘制比例为 1∶100；

轴线编号及其间距尺寸，与建筑图、梁平法施工图一致；

根据图纸说明知，板的混凝土强度等级为 C30；

板厚度有 110 mm 和 120 mm 两种，具体位置和标高如图。

以左下角房间为例，说明配筋。

下部：下部钢筋弯钩向上或向左，受力钢筋为 ϕ8@140（直径为 8 mm 的Ⅰ级钢筋，间距为 140 mm）沿房屋纵向布置，横向布置钢筋同样为 ϕ8@140，纵向（房间短向）钢筋在下，横向（房间长向）钢筋在上。

上部：上部钢筋弯钩向下或向右，与墙相交处有上部构造钢筋，①轴处沿房屋纵向设 ϕ8@140（未注明，根据图纸说明配置），伸出墙外 1 020 mm；②轴处沿房屋纵向设 ϕ12@200，伸出墙外 1 210 mm；轴处沿房屋横向设 ϕ8@140，伸出墙外 1 020 mm；轴处沿房屋横向设⌽12@200，伸出墙外 1 080 mm。上部钢筋作直钩顶在板底。

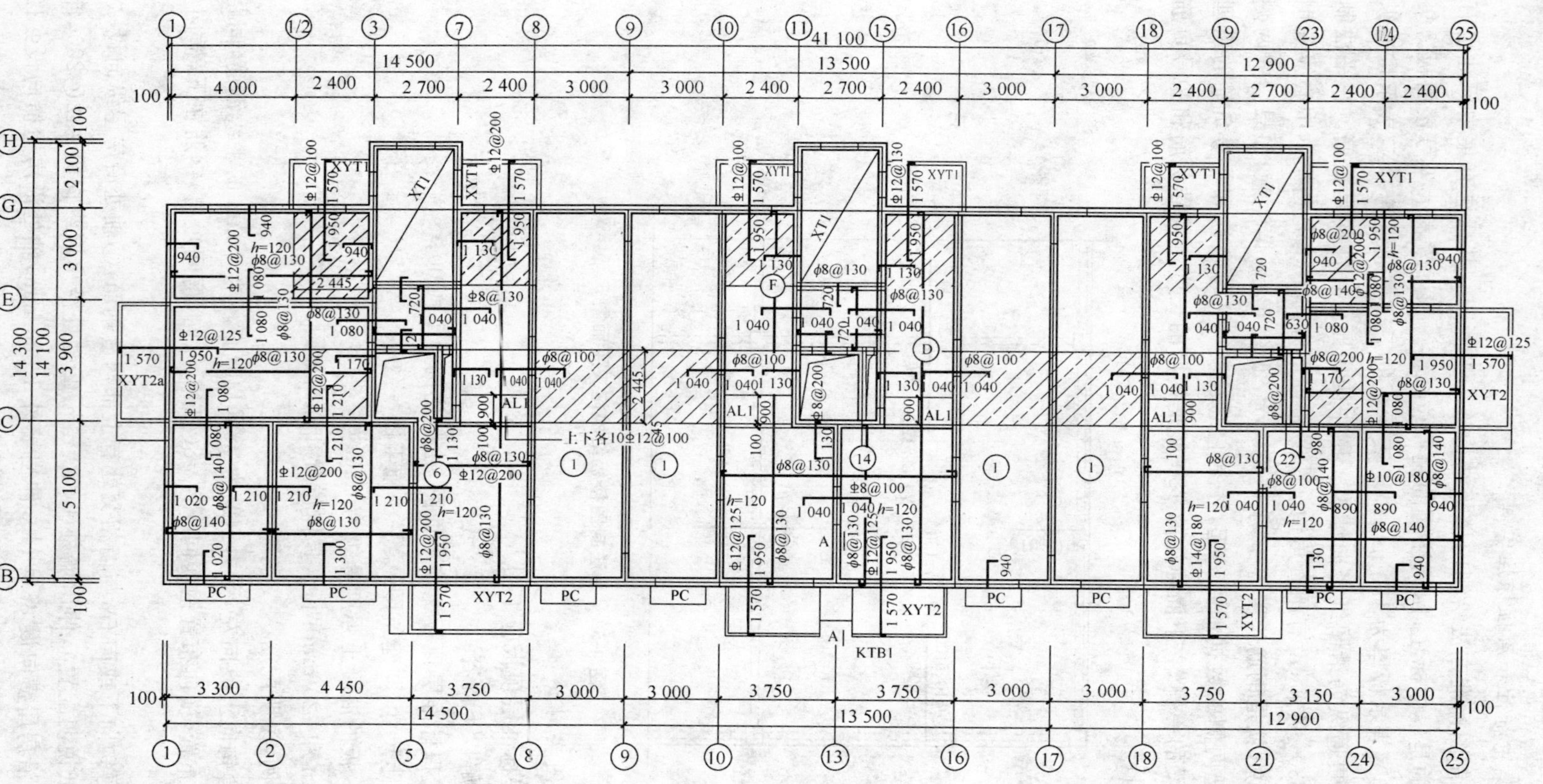

设计说明：1.混凝土等级C30，钢筋采用HPB300(ϕ)，HRB335(Φ)；
2.▨所示范围为厨房或卫生间顶板，板顶标高为建筑标高−0.080 m，其他部位板顶标高为建筑标高−0.050 m；
3.未注明板厚均为110 mm；
4.未注明钢筋的规格为8@140。

图 4-53　标准层顶板配筋平面图

现浇混凝土板式楼梯的平法识图

第一节　板式楼梯平法施工图制图规则

1. 现浇混凝土板式楼梯平法施工图的表示方法

(1)现浇混凝土板式楼梯平法施工图有平面注写、剖面注写和列表注写三种表达方式,设计者可根据工程具体情况任选一种。

在这里我们采用的梯板表达方式,与楼梯相关的平台板、梯梁、梯柱的注写方式参见国家建筑标准设计图集《混凝土结构施工图平面整体表示方法制图规则和构造详图(现浇混凝土框架、剪力墙、梁、板)》(11G101—1)。

(2)楼梯平面布置图,应按照楼梯标准层,采用适当比例集中绘制,需要时绘制其剖面图。

(3)为方便施工,在集中绘制的板式楼梯平法施工图中,宜注明各结构层的楼面标高、结构层高及相应的结构层号。

2. 楼梯类型

(1)在这里我们将提到 11 种类型的楼梯,详见表 5-1。

(2)楼梯注写:楼梯编号由梯板代号和序号组成,如 AT××、BT××、ATa××等。

表 5-1　楼梯类型

<table>
<tr><th rowspan="2">梯板代号</th><th colspan="2">适用范围</th><th rowspan="2">是否参与结构整体抗震计算</th></tr>
<tr><th>抗震构造措施</th><th>适用结构</th></tr>
<tr><td>AT</td><td rowspan="2">无</td><td rowspan="2">框架、剪力墙、砌体结构</td><td rowspan="2">不参与</td></tr>
<tr><td>BT</td></tr>
<tr><td>CT</td><td rowspan="2">无</td><td rowspan="2">框架、剪力墙、砌体结构</td><td rowspan="2">不参与</td></tr>
<tr><td>DT</td></tr>
<tr><td>ET</td><td rowspan="2">无</td><td rowspan="2">框架、剪力墙、砌体结构</td><td rowspan="2">不参与</td></tr>
<tr><td>FT</td></tr>
<tr><td>GT</td><td rowspan="2">无</td><td>框架结构</td><td rowspan="2">不参与</td></tr>
<tr><td>HT</td><td>框架、剪力墙、砌体结构</td></tr>
</table>

（续表）

梯板代号	适用范围		是否参与结构整体抗震计算
	抗震构造措施	适用结构	
ATa	有	框架结构	不参与
ATb			不参与
ATc			参与

注：1. ATa 低端设滑动支座支承在梯梁上；ATb 低端设滑动支座支承在梯梁的挑板上；

2. ATa、ATb、ATc 均用于抗震设计，设计者应指定楼梯的抗震等级。

(3)AT～ET 型板式楼梯具备以下特征。

1)AT～ET 型板式楼梯代号代表一段带上下支座的梯板。梯板的主体为踏步段，除踏步段之外，梯板可包括低端平板、高端平板以及中位平板。

2)AT～ET 各型梯板的截面形状为：

AT 型梯板全部由踏步段构成；

BT 型梯板由低端平板和踏步段构成；

CT 型梯板由踏步段和高端平板构成；

DT 型梯板由低端平板、踏步板和高端平板构成；

ET 型梯板由低端踏步段、中位平板和高端踏步段构成。

3)AT～ET 型梯板的两端分别以(低端和高端)梯梁为支座，采用该组板式楼梯的楼梯间内部既要设置楼层梯梁，也要设置层间梯梁(其中 ET 型梯板两端均为楼层梯梁)，以及与其相连的楼层平台板和层间平台板。

4)AT～ET 型梯板的型号、板厚、上下部纵向钢筋及分布钢筋等内容由设计者在平法施工图中注明。梯板上部纵向钢筋向跨内伸出的水平投影长度见相应的标准构造详图，设计不注，但设计者应予以校核；当标准构造详图规定的水平投影长度不满足具体工程要求时，应由设计者另行注明。

(4)FT～HT 型板式楼梯具备以下特征。

1)FT～HT 每个代号代表两跑踏步段和连接他们的楼层平板及层间平板。

2)FT～HT 型梯板的构成分两类。

第一类：FT 型和 GT 型，由层间平板、踏步段和楼层平板构成。

第二类：HT 型，由层间平板和踏步段构成。

3)FT～HT 型梯板的支承方式如下。

①FT 型：梯板一端的层间平板采用三边支承，另一端的楼层平板也采用三边支承。

②GT 型：梯板一端的层间平板采用单边支承，另一端的楼层平板采用三边支承。

③HT 型：梯板一端的层间平板采用三边支承，另一端的梯板段采用单边支承(在梯梁上)。

以上各型梯板的支承方式见表 5-2

表 5-2　FT～HT 型梯板支承方式

梯板类型	层间平板端	踏步段端(楼层处)	楼层平板端
FT	三边支承		三边支承
GT	单边支承		三边支承
HT	三边支承	单边支承(梯梁上)	

注：由于 FT～HT 梯板本身带有层间平板或楼层平板，对平板段采用三边支承方式可以有效减少梯板的计算跨度，能够减少板厚从而减轻梯板自重和减少配筋。

4)FT～HT 型梯板的型号、板厚、上下部纵向钢筋及分布钢筋等内容由设计者在平法施工图中注明。FT～HT 型平台上部横向钢筋及其外伸长度，在平面图中原位标注。梯板上部纵向钢筋向跨内伸出的水平投影长度见相应的标准构造详图，设计不注，但设计者应予以校核；当标准构造详图规定的水平投影长度不满足具体工程要求时，应由设计者另行注明。

(5)ATa、ATb 型板式楼梯具备以下特征。

1)ATa、ATb 型为带滑动支座的板式楼梯，梯板全部由踏步段构成，其支承方式为梯板高端均支承在梯梁上，ATa 型梯板低端带滑动支座支承在梯梁上，ATb 型梯板低端带滑动支座支承在梯梁的挑板上。

2)滑动支座采用何种做法应由设计指定。滑动支座垫板可选用聚四氟乙烯板(四氟板)，也可选用其他能起到有效滑动的材料，其连接方式由设计者另行处理。

3)ATa、ATb 型梯板采用双层双向配筋。梯梁支承在梯柱上时，其构造做法按《混凝土结构施工图平面整体表示方法制图规则和构造详图(现浇混凝土框架、剪力墙、梁、板》(11G101—1)中框架梁 KL；支承在梁上时，其构造做法按 11G101—1 中非框架梁 L。

(6)ATc 型板式楼梯具备以下特征。

1)ATc 型梯板全部由踏步段构成，其支承方式为梯板两端均支承在梯梁上。

2)ATc 楼梯休息平台与主体结构可整体连接，也可脱开连接。

3)ATc 型楼梯梯板厚度应按计算确定，且不宜小于 140 mm；梯板采用双层配筋。

4)ATc 型梯板两侧设置边缘构件(暗梁)，边缘构件的宽度取 1.5 倍板厚；边缘构件纵筋数量，当抗震等级为一、二级时不少于 6 根，当抗震等级为三、四级时不少于 4 根；纵筋直径为 ϕ12 且不小于梯板纵向受力钢筋的直径；箍筋为 ϕ6@200。

梯梁按双向受弯构件计算，当支承在梯柱上时，其构造做法按《混凝土结构施工图平面整体表示方法制图规则和构造详图(现浇混凝土框架、剪力墙、梁、板》(11G101—1)中框架梁 KL；当支承在梁上时，其构造做法按 11G101—1 中非框架梁 L。

平台板按双层双向配筋。

(7)建筑专业地面、楼层平台板和层间平台板的建筑面层厚度经常与楼梯踏步面层厚度不同，为使建筑面层做好后的楼梯踏步等高，各型号楼梯踏步板的第一级踏步高度和最后一级踏步高度需要相应增加或减少，见楼梯剖面图，若没有楼梯剖面图，取值方法按 11G101—2 中采用。

3. 平面注写方式

(1)平面注写方式，是在楼梯平面布置图上注写截面尺寸和配筋具体数值来表达楼梯施工图的方式。包括集中标注和外围标注。

(2)楼梯集中标注的内容有五项，具体规定如下。

1)梯板类型代号与序号，如 AT××。

2)梯板厚度，注写为 h=×××。当为带平板的梯板且梯段板厚度和平板厚度不同时，可在梯段板厚度后面括号内以字母 P 打头注写平板厚度。

【例】h=130(P150)，130 表示梯段板厚度，150 表示梯板平板段的厚度。

3)踏步段总高度和踏步级数，之间以"/"分隔。

4)梯板支座上部纵筋和下部纵筋，之间以"；"分隔。

5)梯板分布筋，以 F 打头注写分布钢筋具体值，该项也可在图中统一说明。

【例】平面图中梯板类型及配筋的完整标注示例如下(AT 型)。

AT1，h=120　梯板类型及编号，梯板板厚

1 800/12　踏步段总高度/踏步级数

⏀10@200;⏀12@150　上部纵筋;下部纵筋

Fϕ8@250　梯板分布筋(可统一说明)

(3)楼梯外围标注的内容,包括楼梯间的平面尺寸、楼层结构标高、层间结构标高、楼梯的上下方向、梯板的平面几何尺寸、平台板配筋、梯梁及梯柱配筋等。

(4)各类型梯板的平面注写要求见"AT～HT、ATa、ATb、ATc 型楼梯平面注写方式与适用条件"。

4.剖面注写方式

(1)剖面注写方式需在楼梯平法施工图中绘制楼梯平面布置图和楼梯剖面图,注写方式分平面注写、剖面注写两部分。

(2)楼梯平面布置图注写内容,包括楼梯间的平面尺寸、楼层结构标高、层间结构标高、楼梯的上下方向、梯板的平面几何尺寸、梯板类型及编号、平台板配筋、梯梁及梯柱配筋等。

(3)楼梯剖面图注写内容,包括梯板集中标注、梯梁梯柱编号、梯板水平及竖向尺寸、楼层结构标高、层间结构标高等。

(4)梯板集中标注的内容有四项,具体规定如下:

1)梯板类型及编号,如 AT××。

2)梯板厚度,注写为 h=×××。当梯板由踏步段和平板构成,且踏步段梯板厚度和平板厚度不同时,可在梯板厚度后面括号内以字母 P 打头注写平板厚度。

3)梯板配筋。注明梯板上部纵筋和梯板下部纵筋,用";"将上部与下部纵筋的配筋值分隔开来。

4)梯板分布筋,以 F 打头注写分布钢筋具体值,该项也可在图中统一说明。

【例】剖面图中梯板配筋完整的标注如下:

AT1,h=120　梯板类型及编号,梯板板厚

⏀10@200;⏀12@150　上部纵筋;下部纵筋

Fϕ8@250　梯板分布筋(可统一说明)

5.列表注写方式

(1)列表注写方式,是用列表方式注写梯板截面尺寸和配筋具体数值来表达楼梯施工图的方式。

(2)列表注写方式的具体要求同剖面注写方式。

梯板列表格式见表 5-3。

表 5-3　梯板几何尺寸和配筋

梯板编号	踏步段总高度/踏步级数	板厚 h	上部纵向钢筋	下部纵向钢筋	分布筋

6.其他

(1)楼层平台梁板配筋可绘制在楼梯平面图中,也可在各层梁板配筋图中绘制;层间平台梁板配筋在楼梯平面图中绘制。

(2)楼层平台板可与该层的现浇楼板作整体设计。

第二节　板式楼梯平面识图

一、AT 型楼梯

AT 型楼梯标准构造详图，见表 5-4。

表 5-4　AT 型楼梯标准构造详图

名称	构造图	说明
截面形状与支座位置示意图	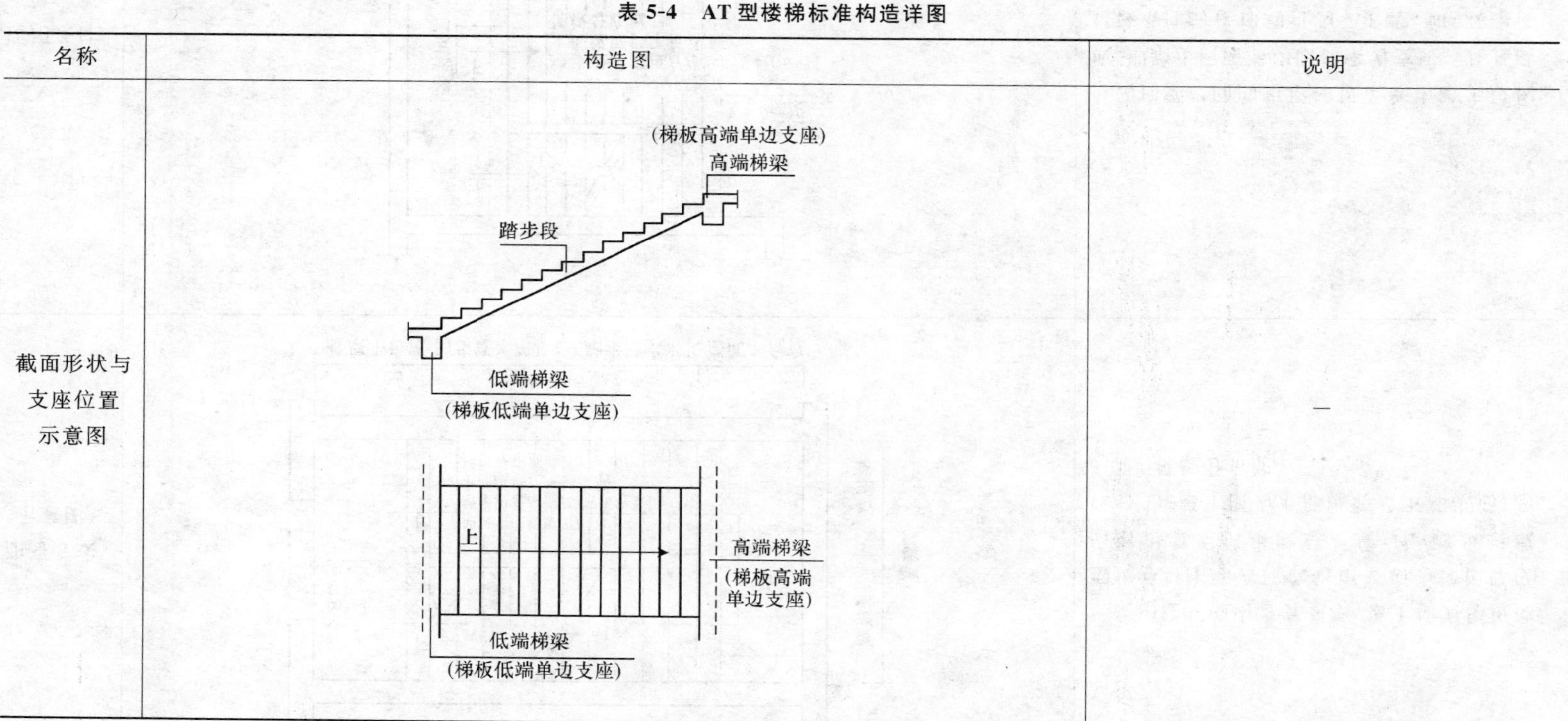	—

（续表）

名称	构造图	说明
注写方式示意图	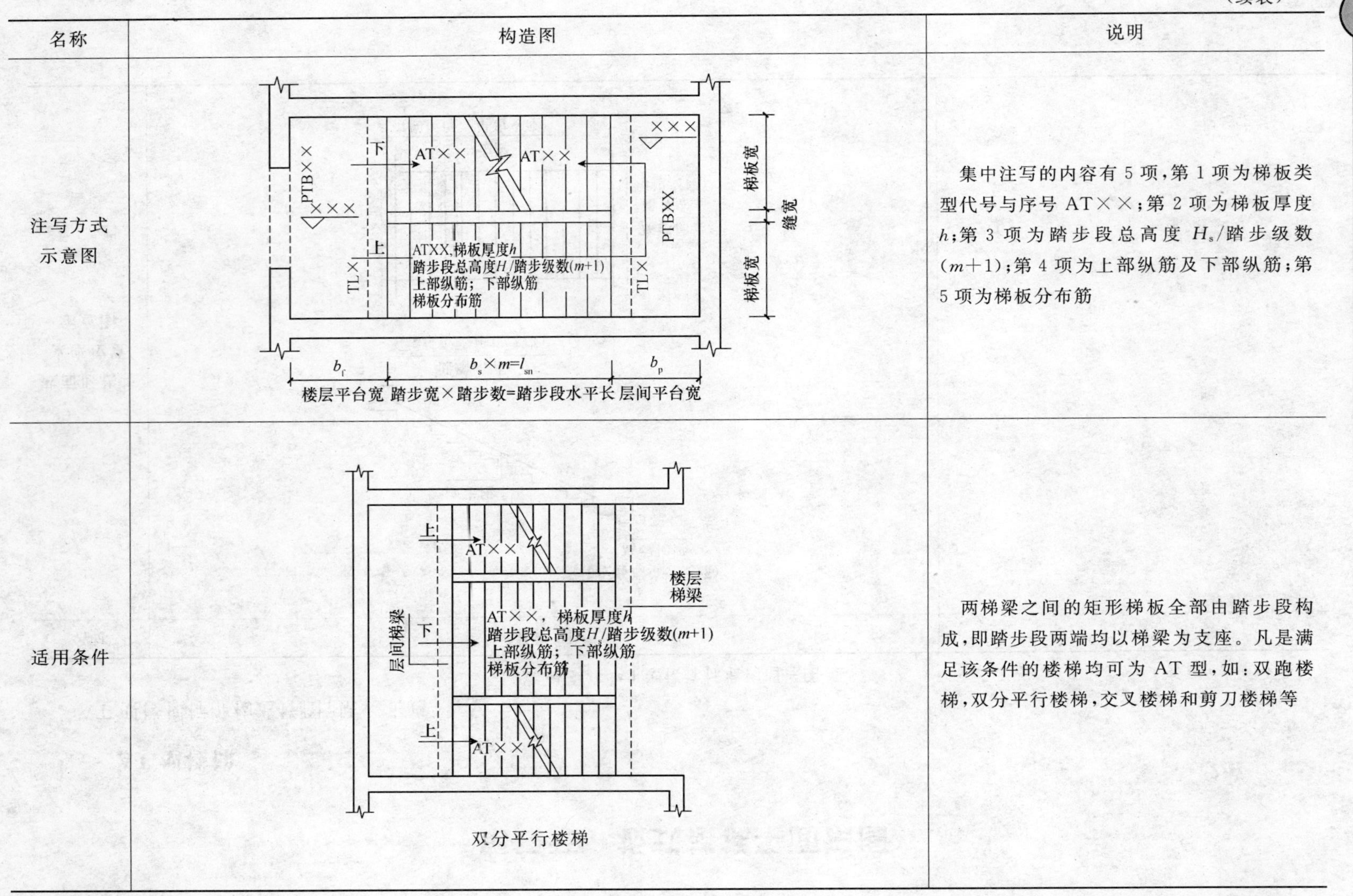	集中注写的内容有 5 项，第 1 项为梯板类型代号与序号 AT××；第 2 项为梯板厚度 h；第 3 项为踏步段总高度 H_s/踏步级数（m＋1）；第 4 项为上部纵筋及下部纵筋；第 5 项为梯板分布筋
适用条件	双分平行楼梯	两梯梁之间的矩形梯板全部由踏步段构成，即踏步段两端均以梯梁为支座。凡是满足该条件的楼梯均可为 AT 型，如：双跑楼梯，双分平行楼梯，交叉楼梯和剪刀楼梯等

（续表）

名称	构造图	说明
适用条件	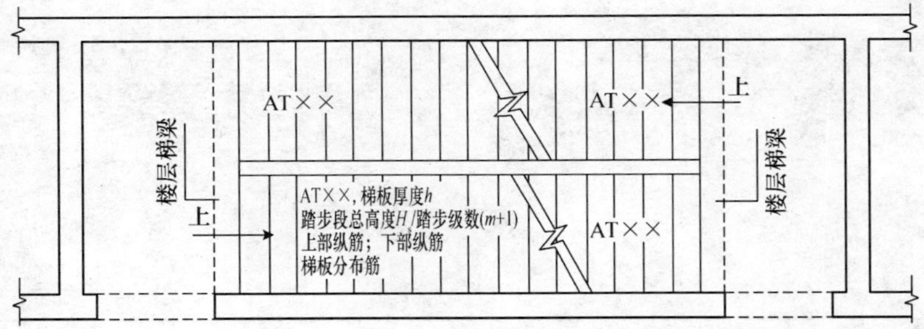 交叉楼梯(无层间平台板) 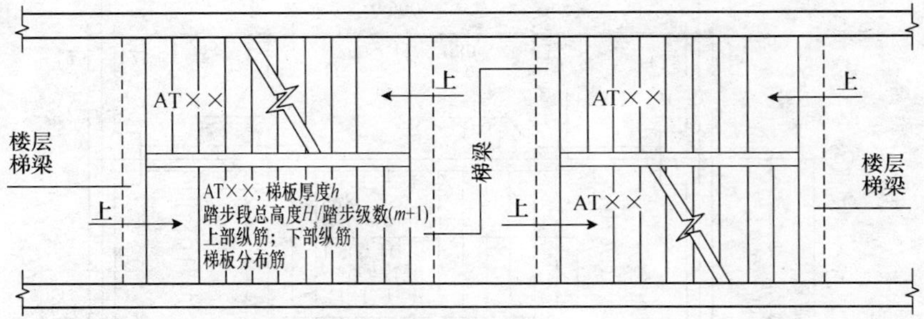 剪刀楼梯	两梯梁之间的矩形梯板全部由踏步段构成，即踏步段两端均以梯梁为支座。凡是满足该条件的楼梯均可为 AT 型，如：双跑楼梯，双分平行楼梯，交叉楼梯和剪刀楼梯等

（续表）

名称	构造图	说明
设计示例	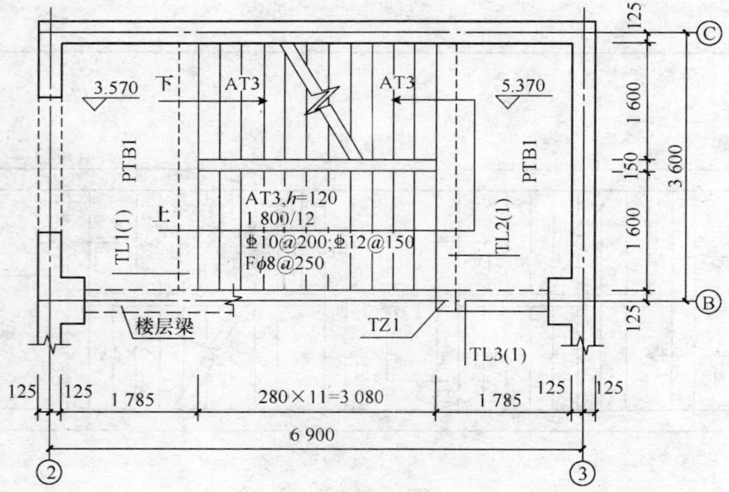 3.570 下 AT3 AT3 5.370 PTB1 PTB1 AT3,h=120 1 800/12 Φ10@200;Φ12@150 Fϕ8@250 上 TL1(1) TL2(1) 楼层梁 TZ1 TL3(1) 125 1 600 150 1 600 125 3 600 125 125 1 785 280×11=3 080 1 785 125 125 6 900 ② ③ Ⓑ Ⓒ	—

（续表）

<table>
<tr><th>名称</th><th>构造图</th><th>说明</th></tr>
<tr><td>配筋构造图</td><td>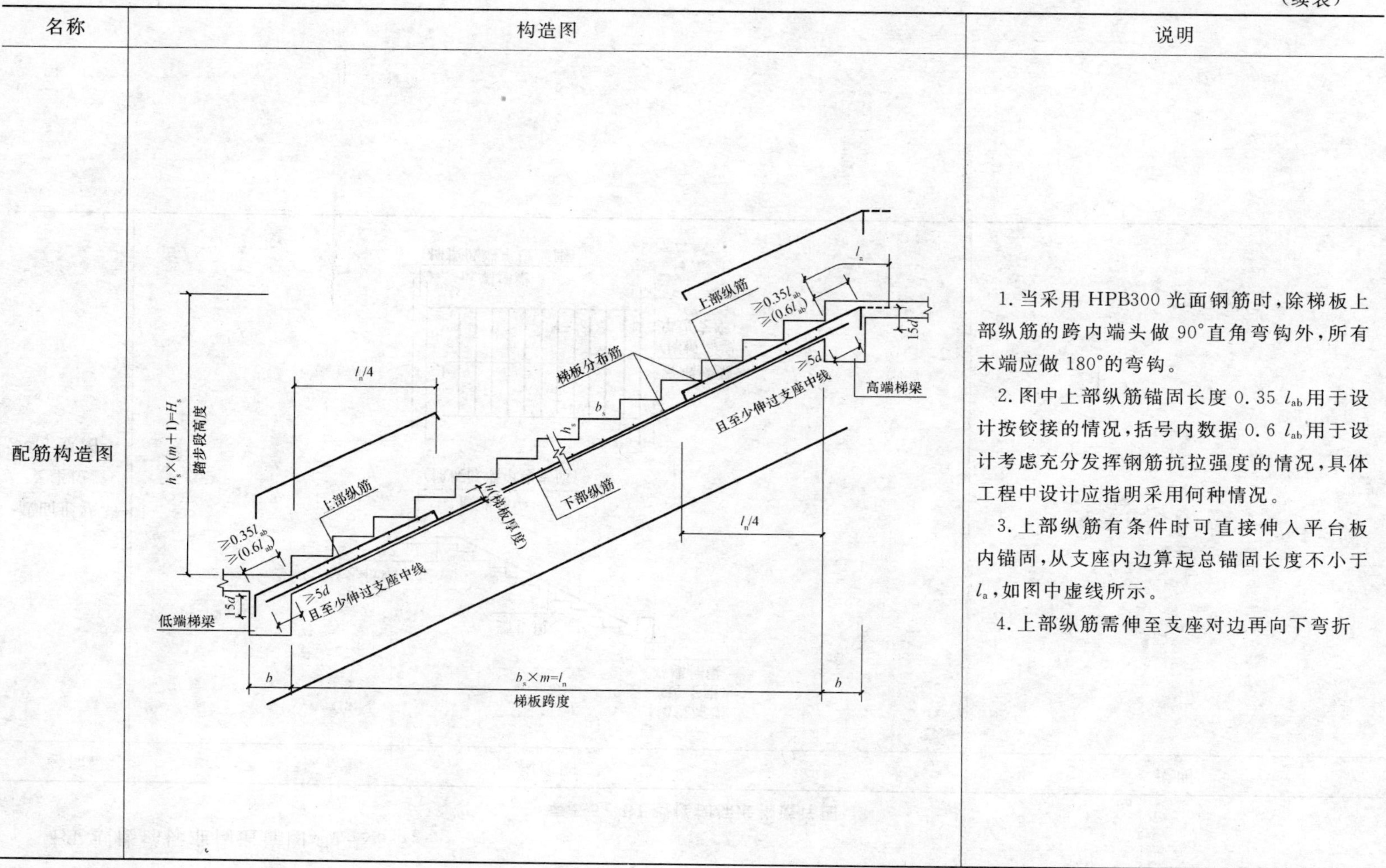
</td><td>1. 当采用 HPB300 光面钢筋时，除梯板上部纵筋的跨内端头做 90°直角弯钩外，所有末端应做 180°的弯钩。
2. 图中上部纵筋锚固长度 0. 35 l_{ab}用于设计按铰接的情况，括号内数据 0. 6 l_{ab}用于设计考虑充分发挥钢筋抗拉强度的情况，具体工程中设计应指明采用何种情况。
3. 上部纵筋有条件时可直接伸入平台板内锚固，从支座内边算起总锚固长度不小于 l_a，如图中虚线所示。
4. 上部纵筋需伸至支座对边再向下弯折</td></tr>
</table>

二、BT 型楼梯

BT 型楼梯标准构造详图，见表 5-5。

表 5-5　BT 型楼梯标准构造详图

名称	构造图	说明
截面形状与支座位置示意图	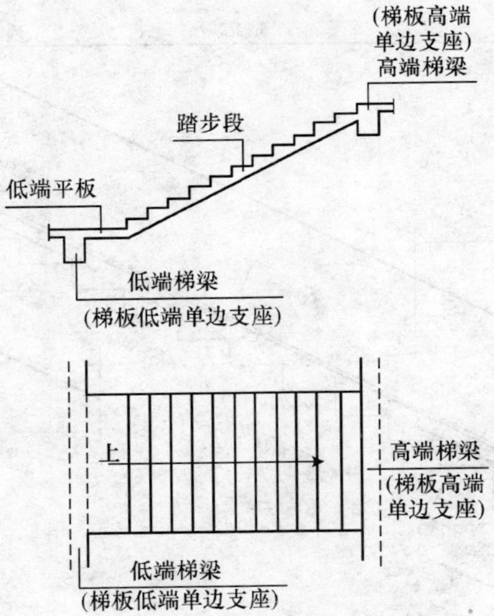 低端平板 踏步段 (梯板高端单边支座)高端梯梁 低端梯梁(梯板低端单边支座) 上 高端梯梁(梯板高端单边支座) 低端梯梁(梯板低端单边支座)	—

（续表）

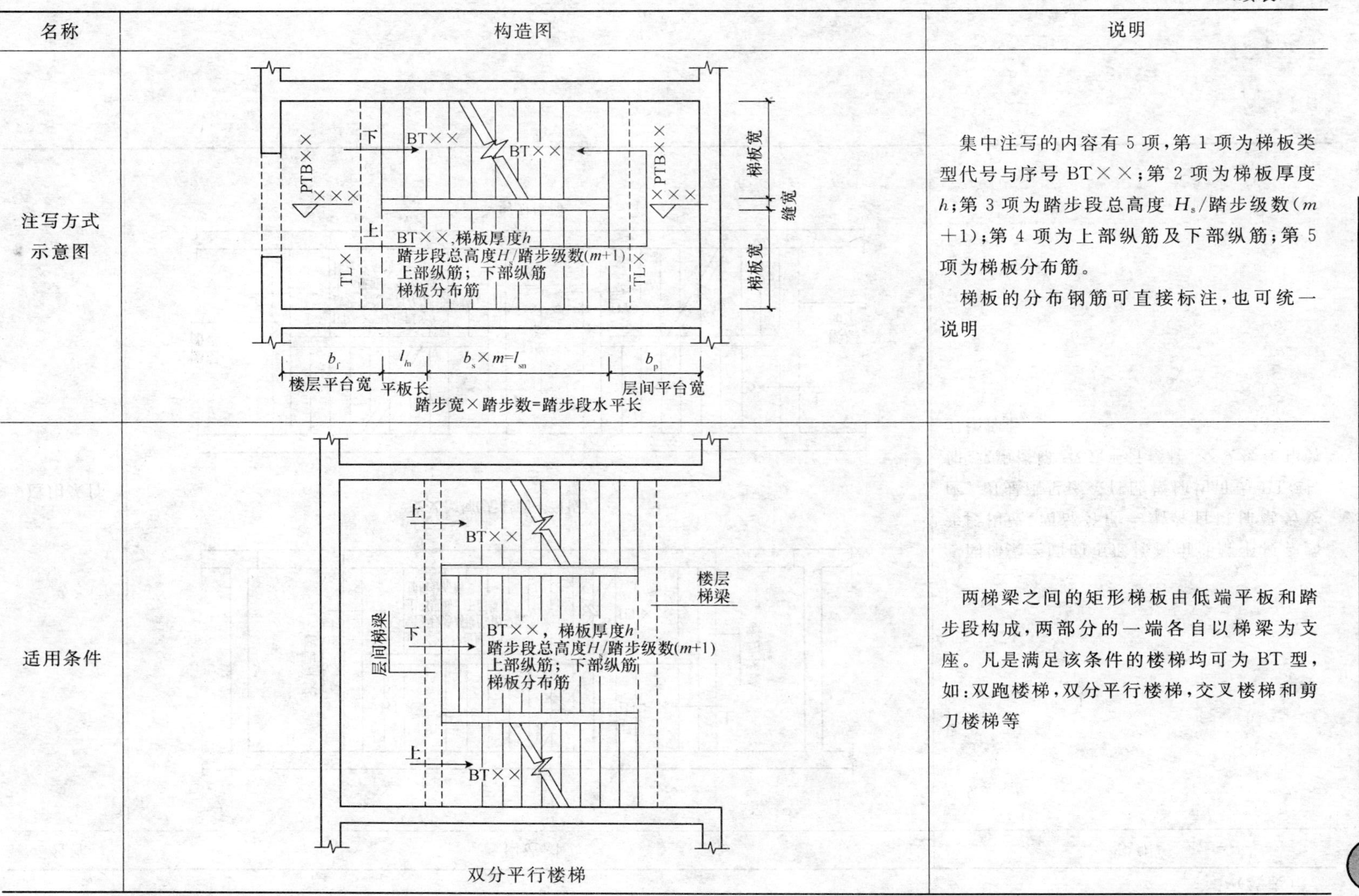

名称	构造图	说明
注写方式示意图		集中注写的内容有5项，第1项为梯板类型代号与序号 BT××；第2项为梯板厚度 h；第3项为踏步段总高度 H_s/踏步级数（m+1）；第4项为上部纵筋及下部纵筋；第5项为梯板分布筋。 梯板的分布钢筋可直接标注，也可统一说明
适用条件	双分平行楼梯	两梯梁之间的矩形梯板由低端平板和踏步段构成，两部分的一端各自以梯梁为支座。凡是满足该条件的楼梯均可为 BT 型，如：双跑楼梯，双分平行楼梯，交叉楼梯和剪刀楼梯等

（续表）

<table>
<tr><th>名称</th><th>构造图</th><th>说明</th></tr>
<tr><td>适用条件</td><td>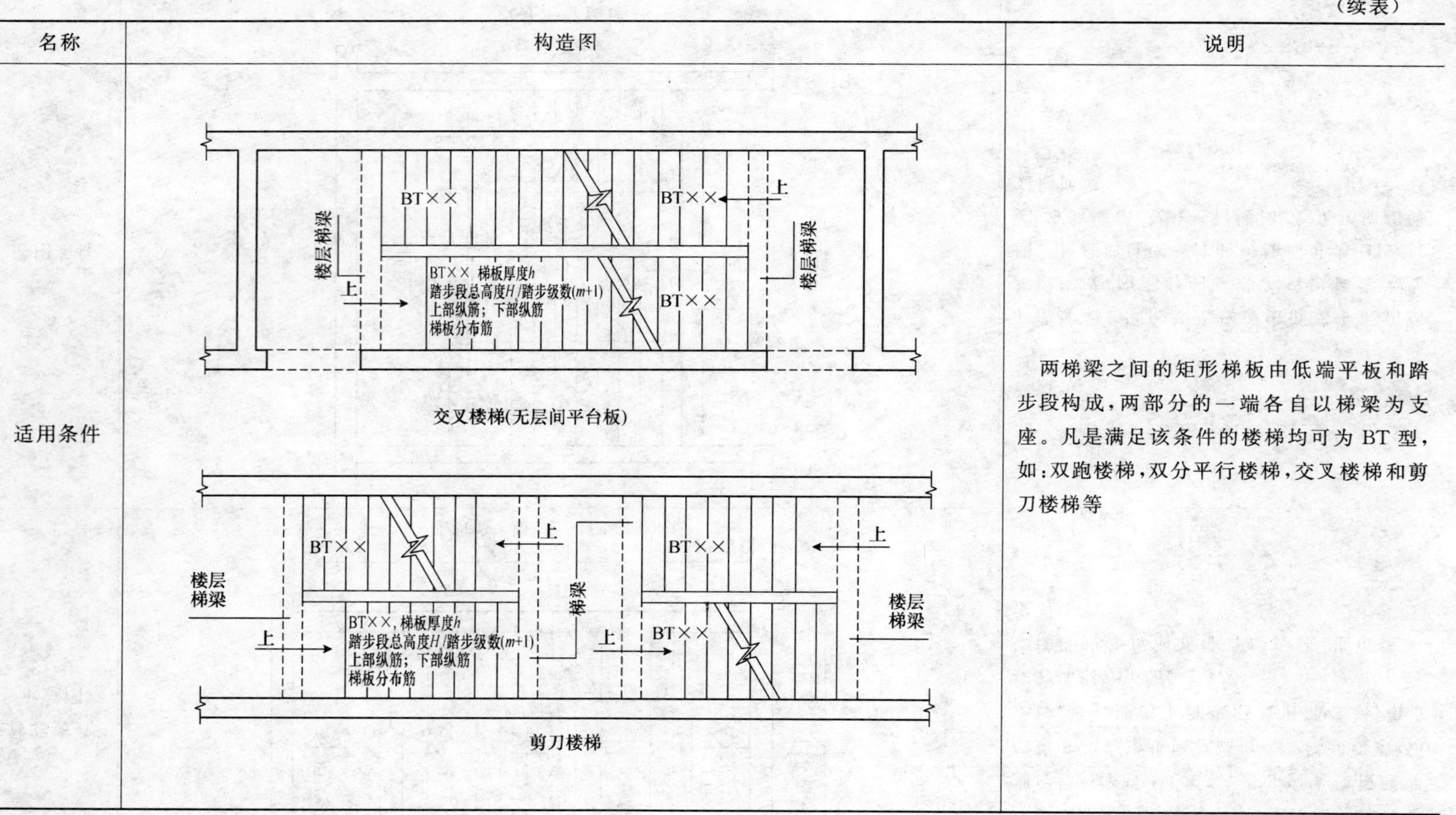

交叉楼梯(无层间平台板)
剪刀楼梯</td><td>两梯梁之间的矩形梯板由低端平板和踏步段构成，两部分的一端各自以梯梁为支座。凡是满足该条件的楼梯均可为BT型，如：双跑楼梯，双分平行楼梯，交叉楼梯和剪刀楼梯等</td></tr>
</table>

（续表）

名称	构造图	说明
设计示例	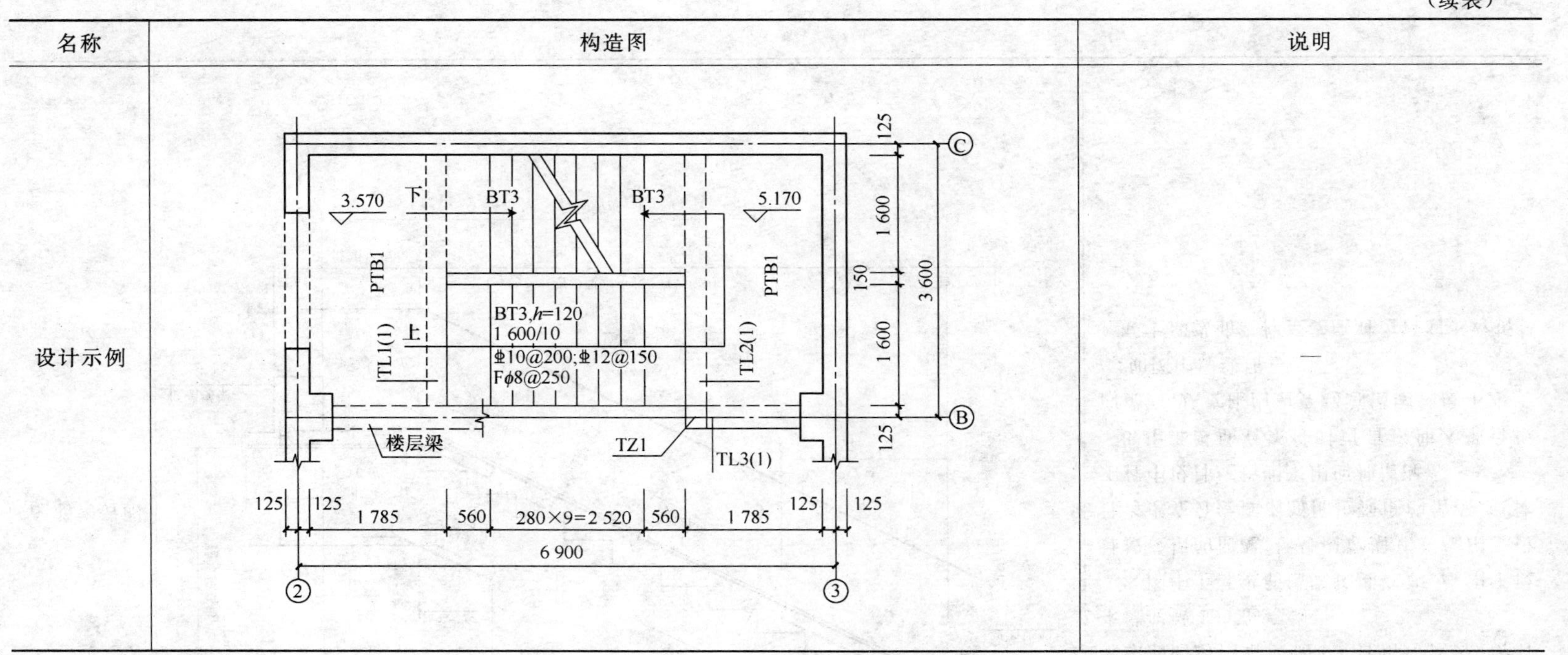	—

（续表）

<table>
<tr><th>名称</th><th>构造图</th><th>说明</th></tr>
<tr><td>配筋构造图</td><td>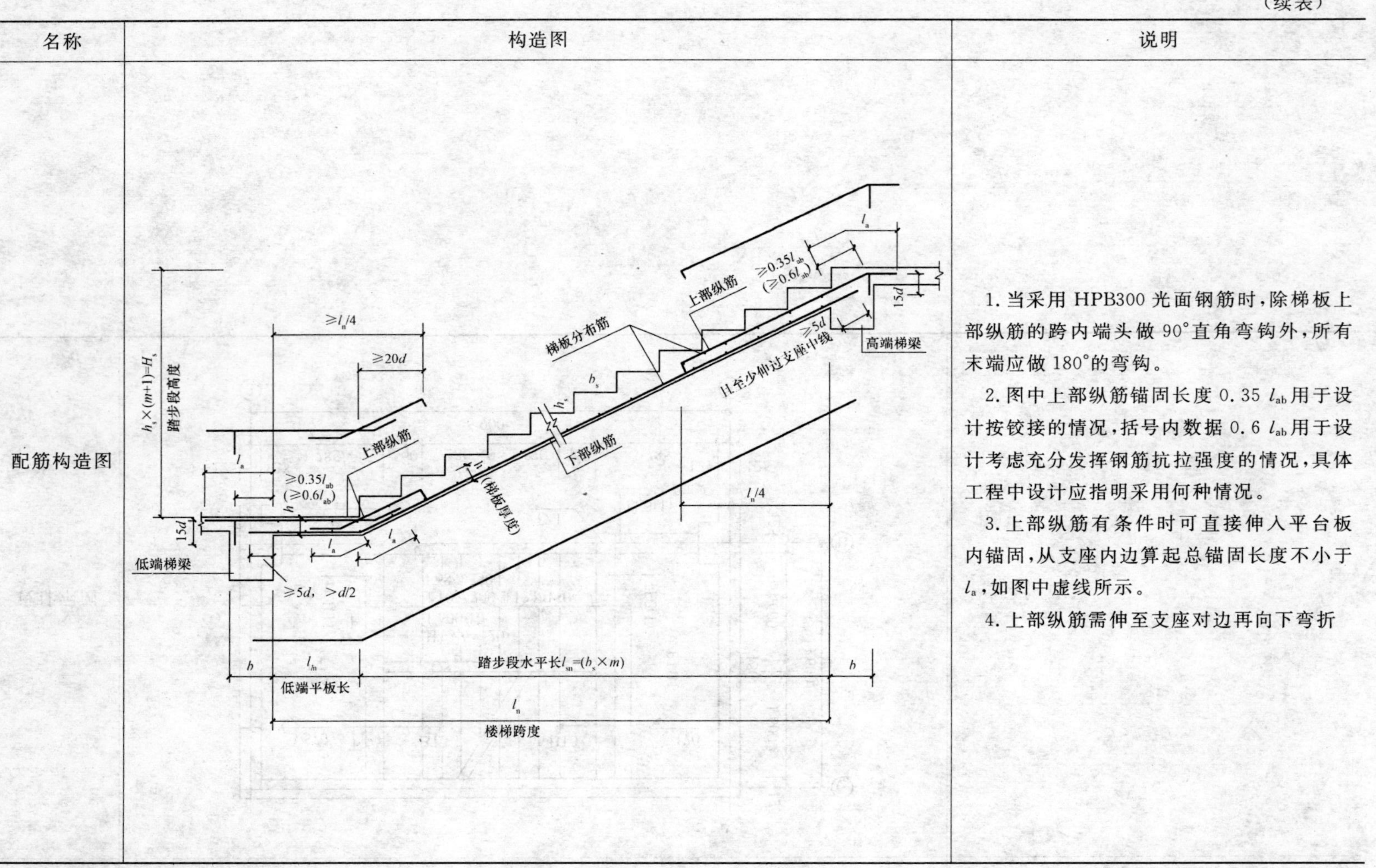
</td><td>1. 当采用 HPB300 光面钢筋时，除梯板上部纵筋的跨内端头做 90°直角弯钩外，所有末端应做 180°的弯钩。
2. 图中上部纵筋锚固长度 0.35 l_{ab}用于设计按铰接的情况，括号内数据 0.6 l_{ab}用于设计考虑充分发挥钢筋抗拉强度的情况，具体工程中设计应指明采用何种情况。
3. 上部纵筋有条件时可直接伸入平台板内锚固，从支座内边算起总锚固长度不小于l_a，如图中虚线所示。
4. 上部纵筋需伸至支座对边再向下弯折</td></tr>
</table>

三、CT 型楼梯

CT 型楼梯标准构造详图，见表 5-6。

表 5-6 CT 型楼梯标准构造详图

名称	构造图	说明
截面形状与支座位置示意图	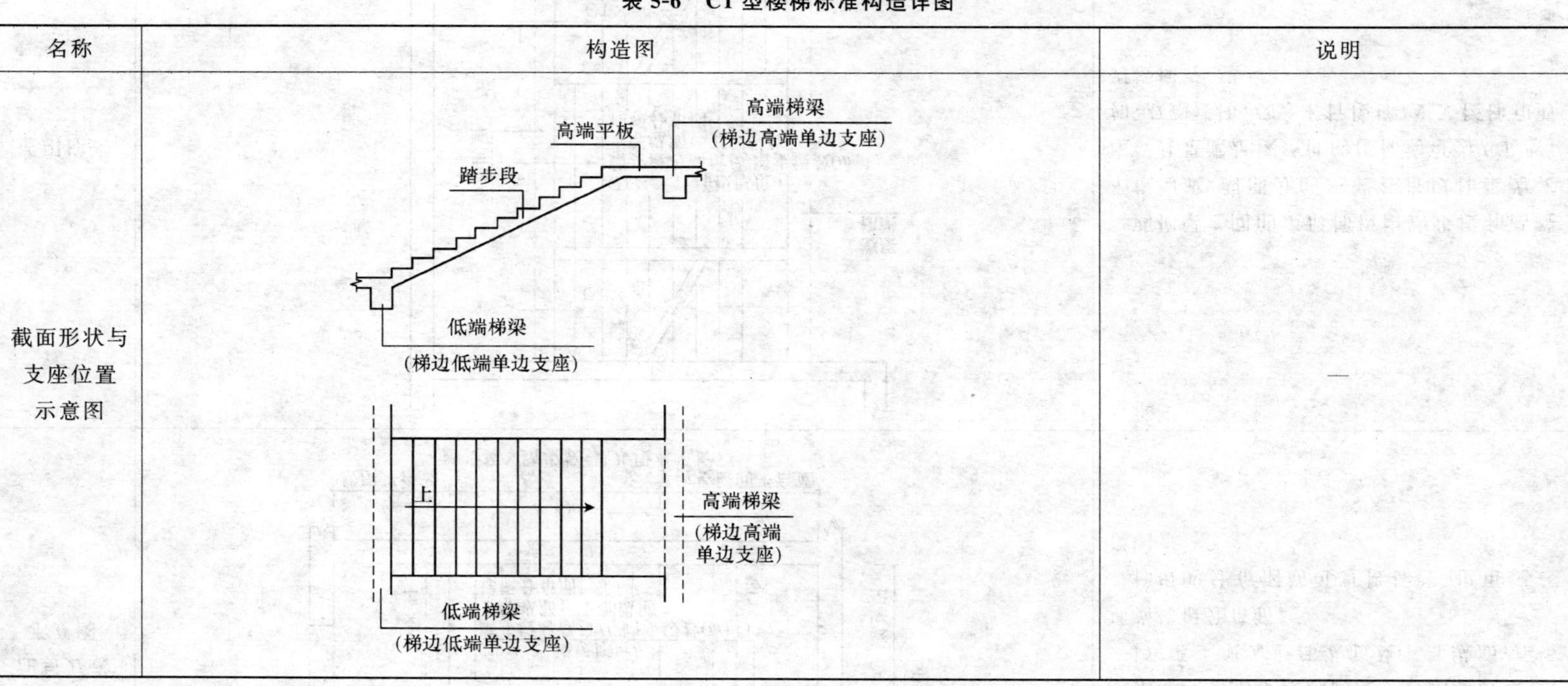	—

（续表）

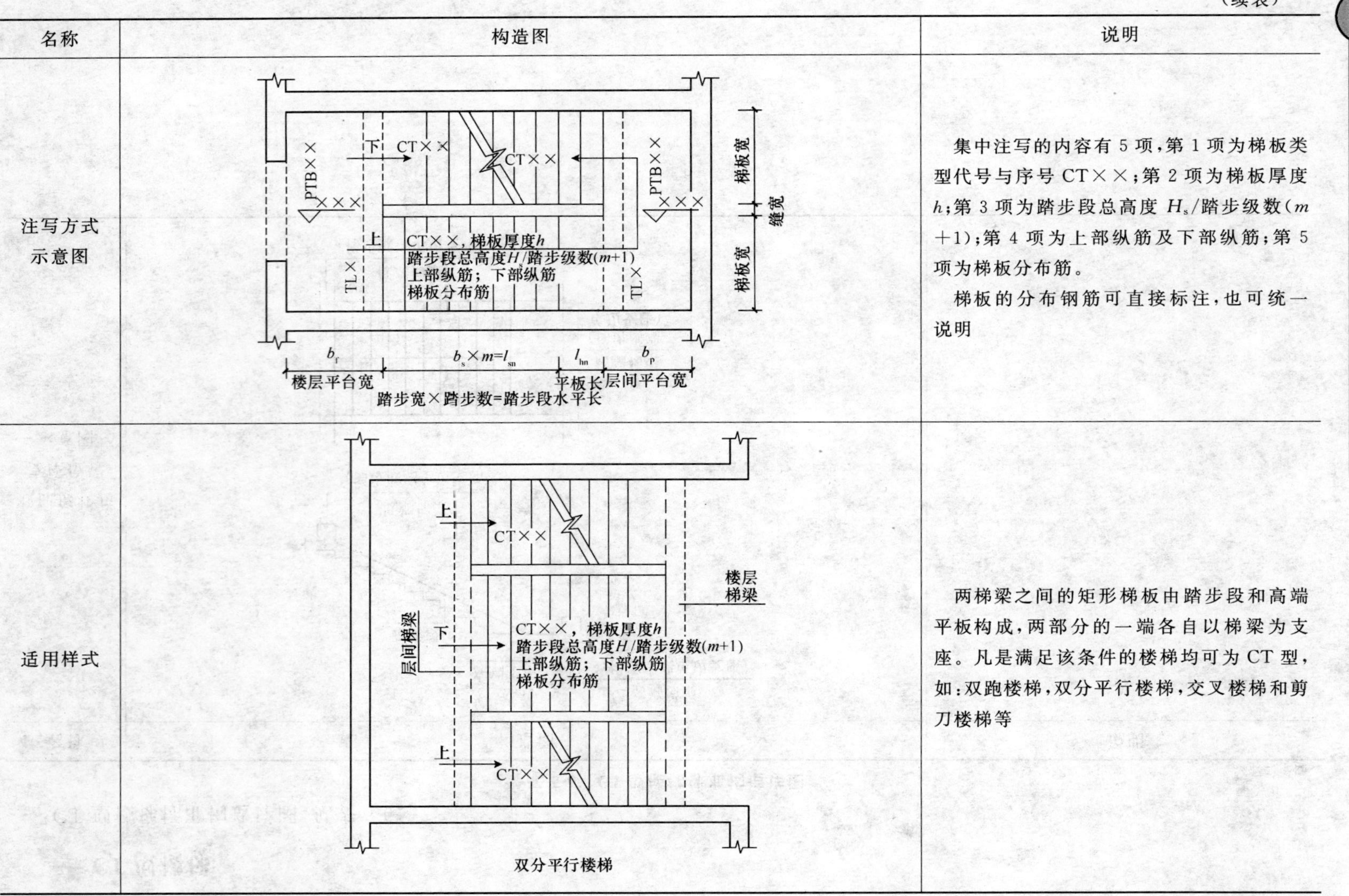

双分平行楼梯

名称	构造图	说明
注写方式示意图		集中注写的内容有 5 项，第 1 项为梯板类型代号与序号 CT××；第 2 项为梯板厚度 h；第 3 项为踏步段总高度 H_s/踏步级数（$m+1$）；第 4 项为上部纵筋及下部纵筋；第 5 项为梯板分布筋。 梯板的分布钢筋可直接标注，也可统一说明
适用样式	双分平行楼梯	两梯梁之间的矩形梯板由踏步段和高端平板构成，两部分的一端各自以梯梁为支座。凡是满足该条件的楼梯均可为 CT 型，如：双跑楼梯，双分平行楼梯，交叉楼梯和剪刀楼梯等

（续表）

名称	构造图	说明
适用样式	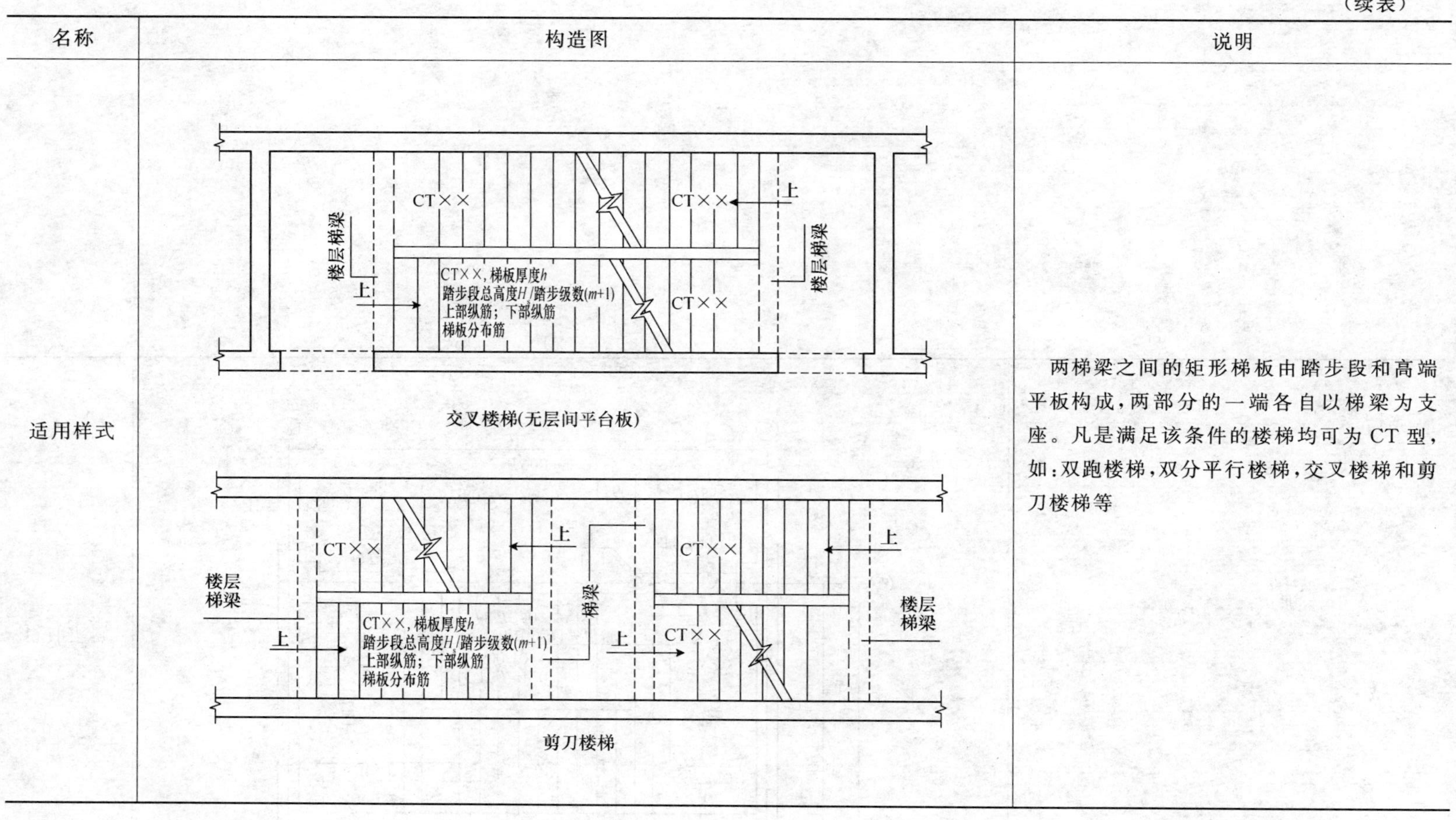 交叉楼梯(无层间平台板) 剪刀楼梯	两梯梁之间的矩形梯板由踏步段和高端平板构成，两部分的一端各自以梯梁为支座。凡是满足该条件的楼梯均可为CT型，如：双跑楼梯，双分平行楼梯，交叉楼梯和剪刀楼梯等

（续表）

名称	构造图	说明
设计示例	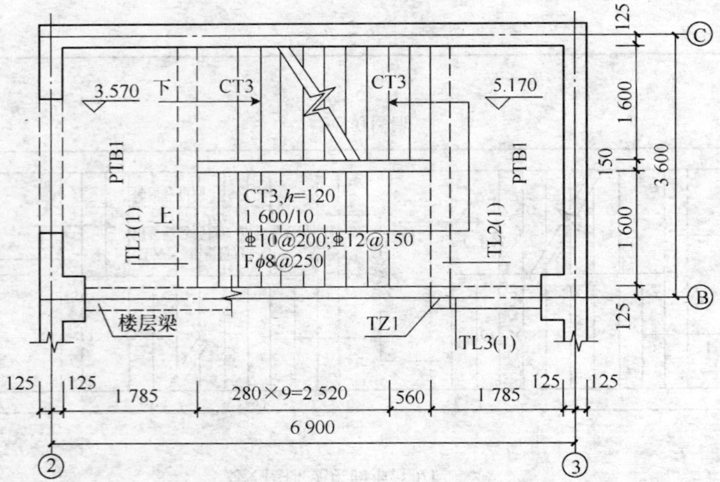	—

（续表）

<table>
<tr><th>名称</th><th>构造图</th><th>说明</th></tr>
<tr><td>配筋构造图</td><td>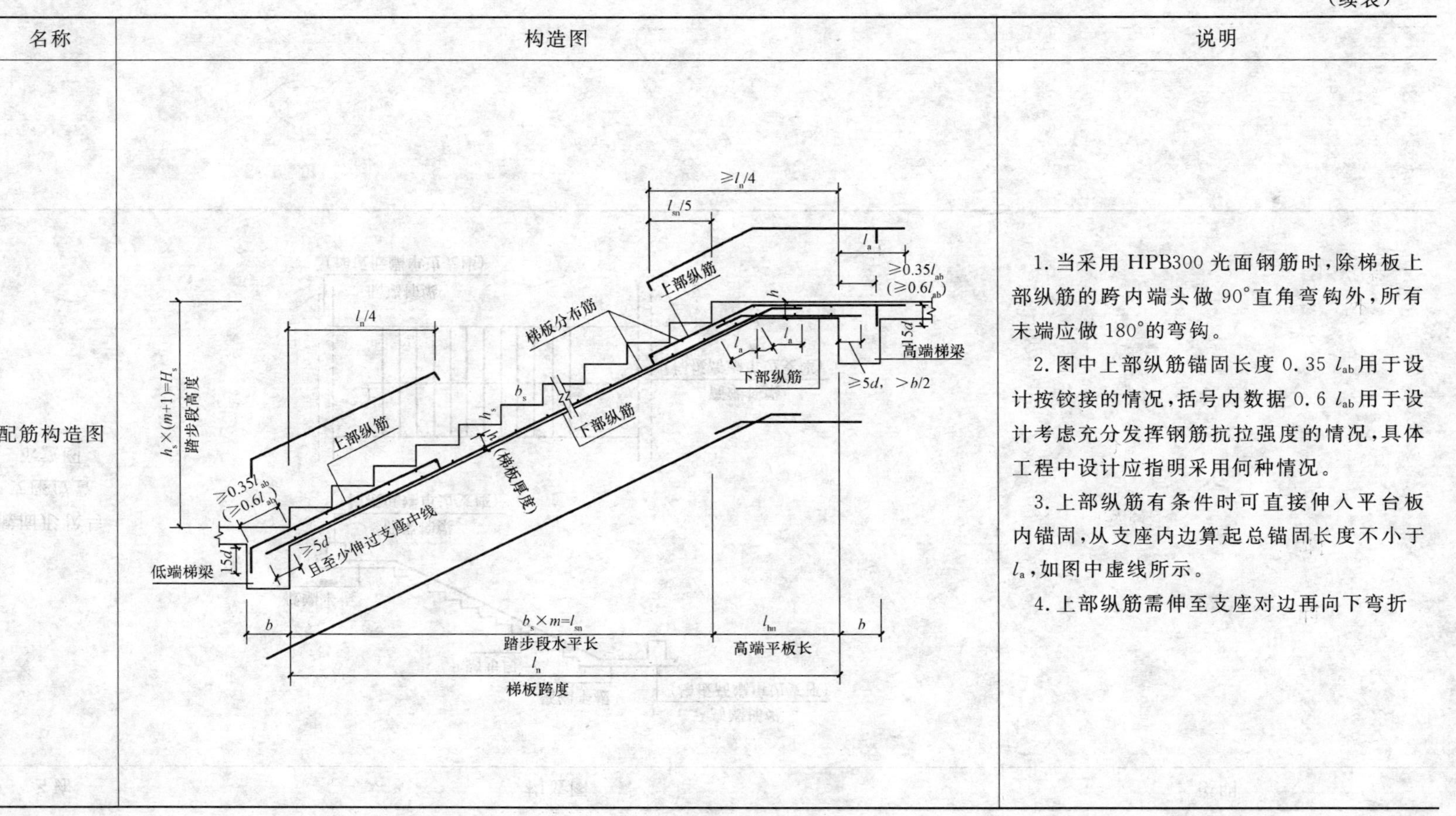
</td><td>1. 当采用 HPB300 光面钢筋时，除梯板上部纵筋的跨内端头做 90°直角弯钩外，所有末端应做 180°的弯钩。
2. 图中上部纵筋锚固长度 0.35 l_{ab}用于设计按铰接的情况，括号内数据 0.6 l_{ab}用于设计考虑充分发挥钢筋抗拉强度的情况，具体工程中设计应指明采用何种情况。
3. 上部纵筋有条件时可直接伸入平台板内锚固，从支座内边算起总锚固长度不小于 l_a，如图中虚线所示。
4. 上部纵筋需伸至支座对边再向下弯折</td></tr>
</table>

四、DT 型楼梯

DT 型楼梯标准构造详图，见表 5-7。

表 5-7　DT 型楼梯标准构造详图

名称	构造图	说明
截面形状与支座位置示意图	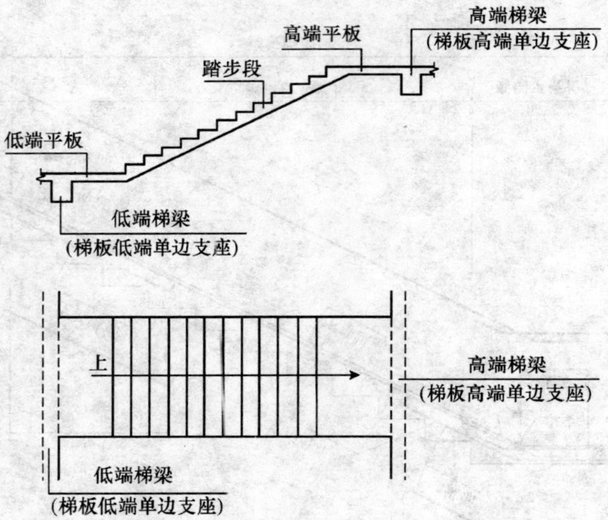 低端平板 踏步段 高端平板 高端梯梁（梯板高端单边支座） 低端梯梁（梯板低端单边支座） 上 高端梯梁（梯板高端单边支座） 低端梯梁（梯板低端单边支座）	—

（续表）

名称	构造图	说明
注写方式示意图	PTB×× ××× 下 DT×× DT×× PTB×× ××× 梯板宽 缝宽 梯板宽 上 DT××，梯板厚度h 踏步段总高度H_s/踏步级数$(m+1)$ 上部纵筋；下部纵筋 梯板分布筋 TL× TL× 平板长 平板长 b_f l_{ln} $b_s\times m=l_{sn}$ l_{hn} b_p 楼层平台宽 踏步宽×踏步数=踏步段水平长 层间平台宽	集中注写的内容有5项，第1项为梯板类型代号与序号DT××；第2项为梯板厚度h；第3项为踏步段总高度H_s/踏步级数$(m+1)$；第4项为上部纵筋及下部纵筋；第5项为梯板分布筋。 梯板的分布钢筋可直接标注，也可统一说明
适用条件	上 DT×× 楼层梯梁 层间梯梁 下 DT××，梯板厚度h 踏步段总高度H_s/踏步级数$(m+1)$ 上部纵筋；下部纵筋 梯板分布筋 上 DT×× 双分平行楼梯	两梯梁之间的矩形梯板由低端平板、踏步段和高端平板构成，高、低端平板的一端各自以梯梁为支座。凡是满足该条件的楼梯均可为DT型，如：双跑楼梯，双分平行楼梯，交叉楼梯和剪刀楼梯等

（续表）

名称	构造图	说明
适用条件	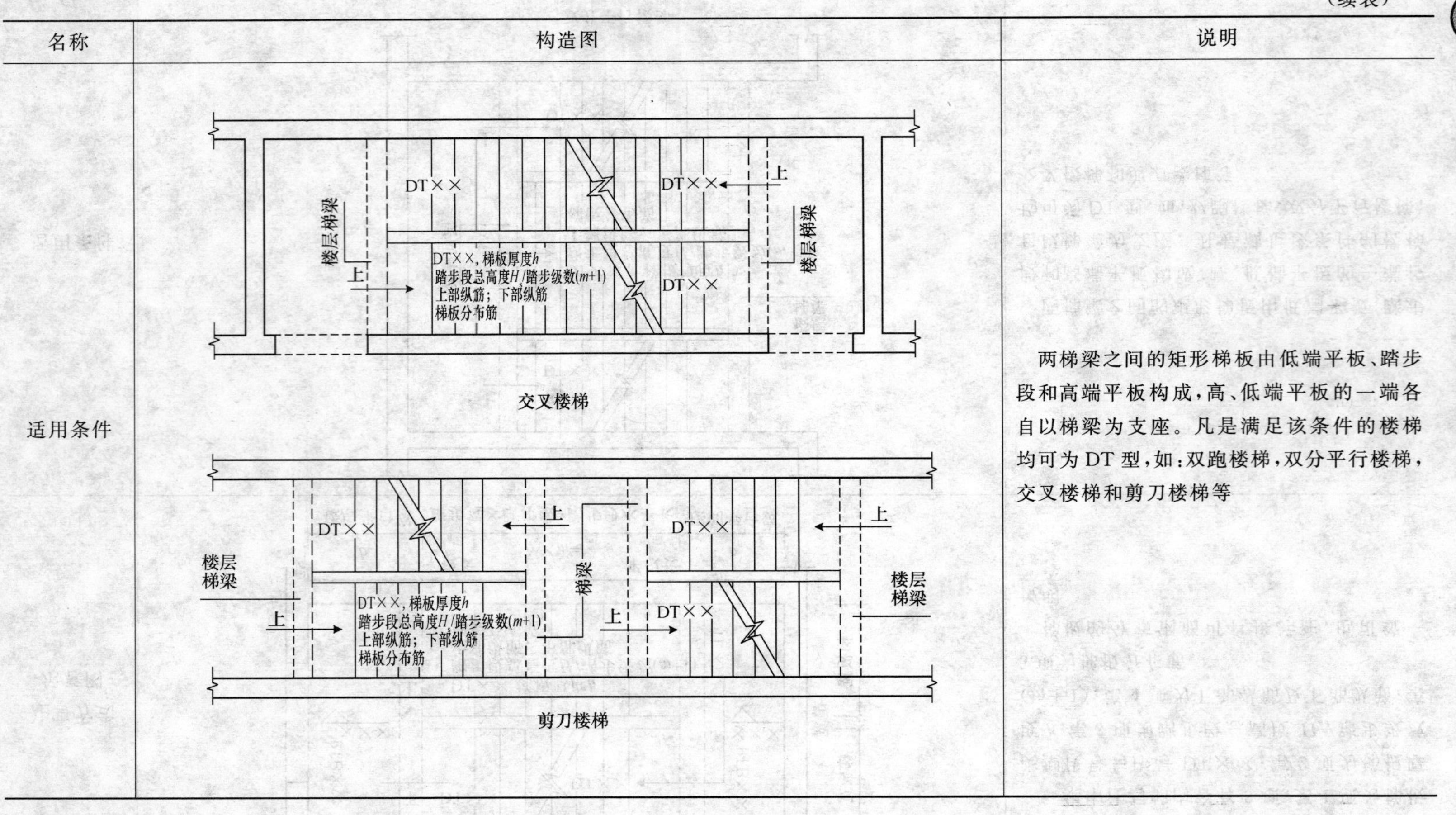交叉楼梯 剪刀楼梯	两梯梁之间的矩形梯板由低端平板、踏步段和高端平板构成，高、低端平板的一端各自以梯梁为支座。凡是满足该条件的楼梯均可为DT型，如：双跑楼梯，双分平行楼梯，交叉楼梯和剪刀楼梯等

（续表）

名称	构造图	说明
设计示例	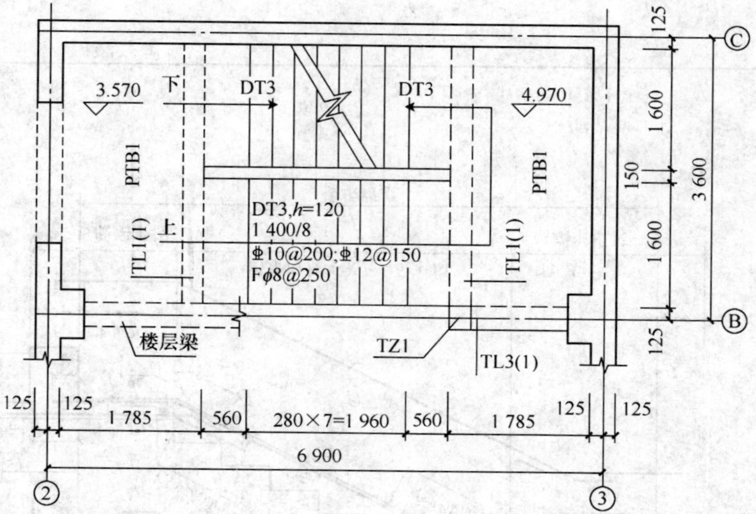 3.570 PTB1 下 上 TL1(1) DT3 DT3,h=120 1 400/8 ⌀10@200;⌀12@150 Fϕ8@250 DT3 4.970 PTB1 TL1(1) 楼层梁 TZ1 TL3(1) 125 125 1 785 560 280×7=1 960 560 1 785 125 125 6 900 ② ③ 125 1 600 150 1 600 125 3 600 Ⓒ Ⓑ	—

（续表）

名称	构造图	说明
配筋构造图	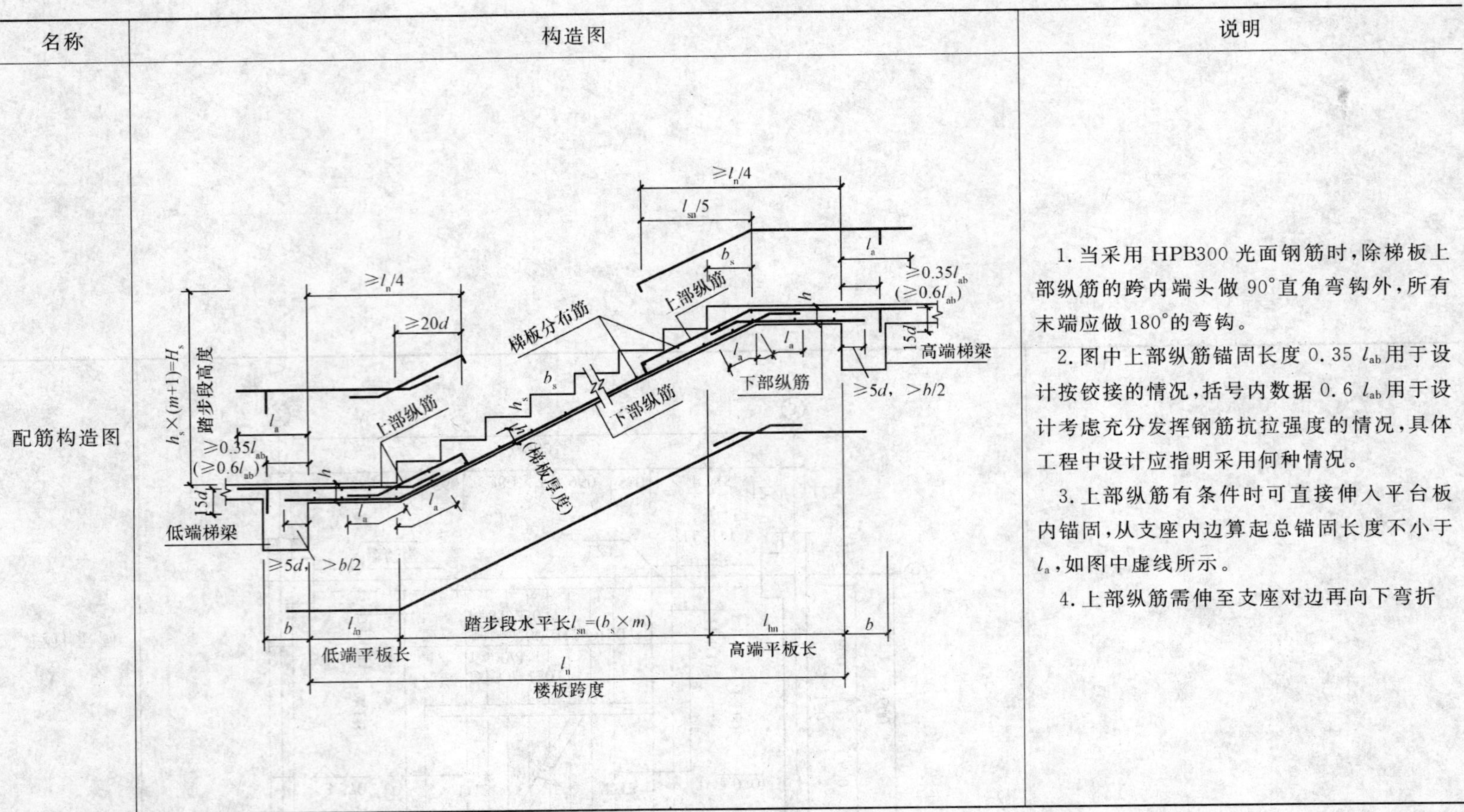	1. 当采用 HPB300 光面钢筋时，除梯板上部纵筋的跨内端头做 90°直角弯钩外，所有末端应做 180°的弯钩。 2. 图中上部纵筋锚固长度 0.35 l_{ab}用于设计按铰接的情况，括号内数据 0.6 l_{ab}用于设计考虑充分发挥钢筋抗拉强度的情况，具体工程中设计应指明采用何种情况。 3. 上部纵筋有条件时可直接伸入平台板内锚固，从支座内边算起总锚固长度不小于l_a，如图中虚线所示。 4. 上部纵筋需伸至支座对边再向下弯折

五、ET 型楼梯

ET 型楼梯标准构造详图，见表 5-8。

表 5-8　ET 型楼梯标准构造详图

名称	构造图	说明
截面形状与支座位置示意图	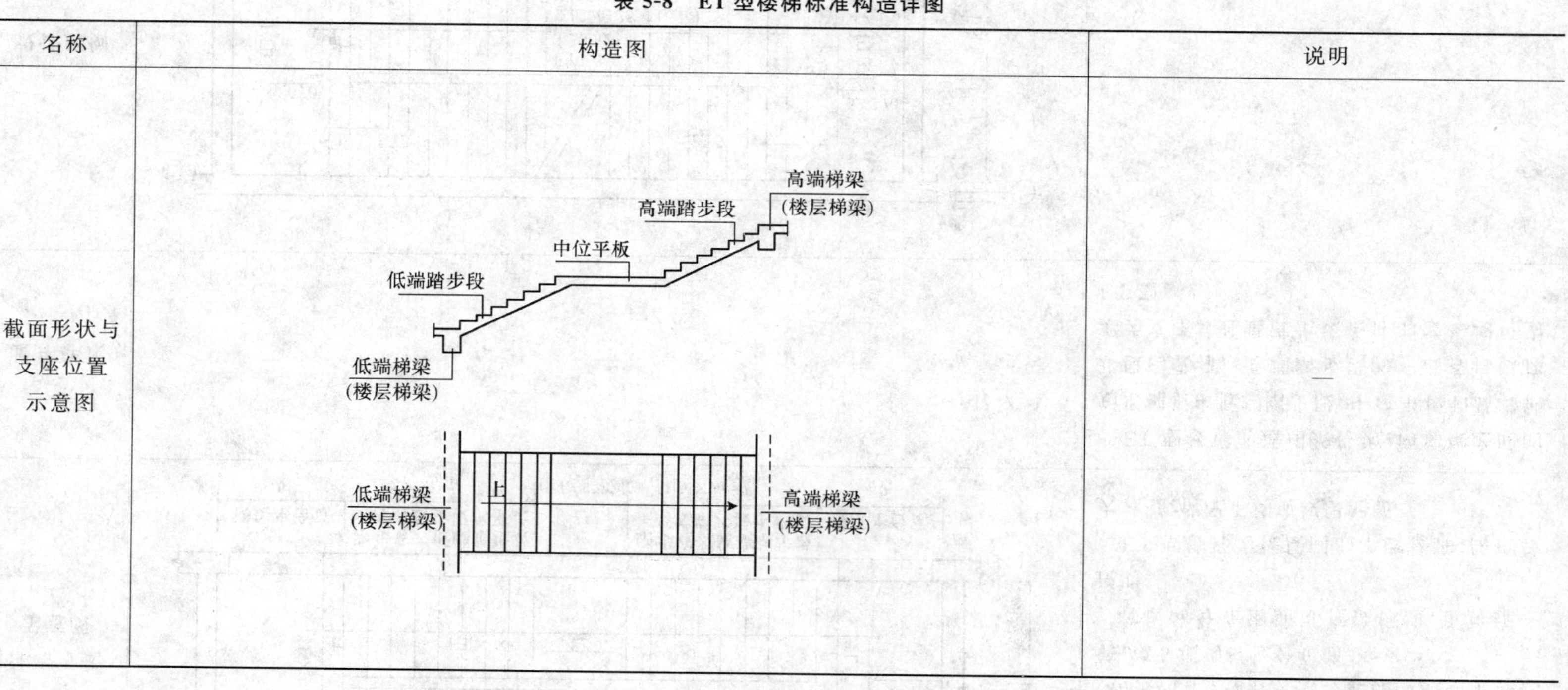	—

（续表）

名称	构造图	说明
注写方式示意图	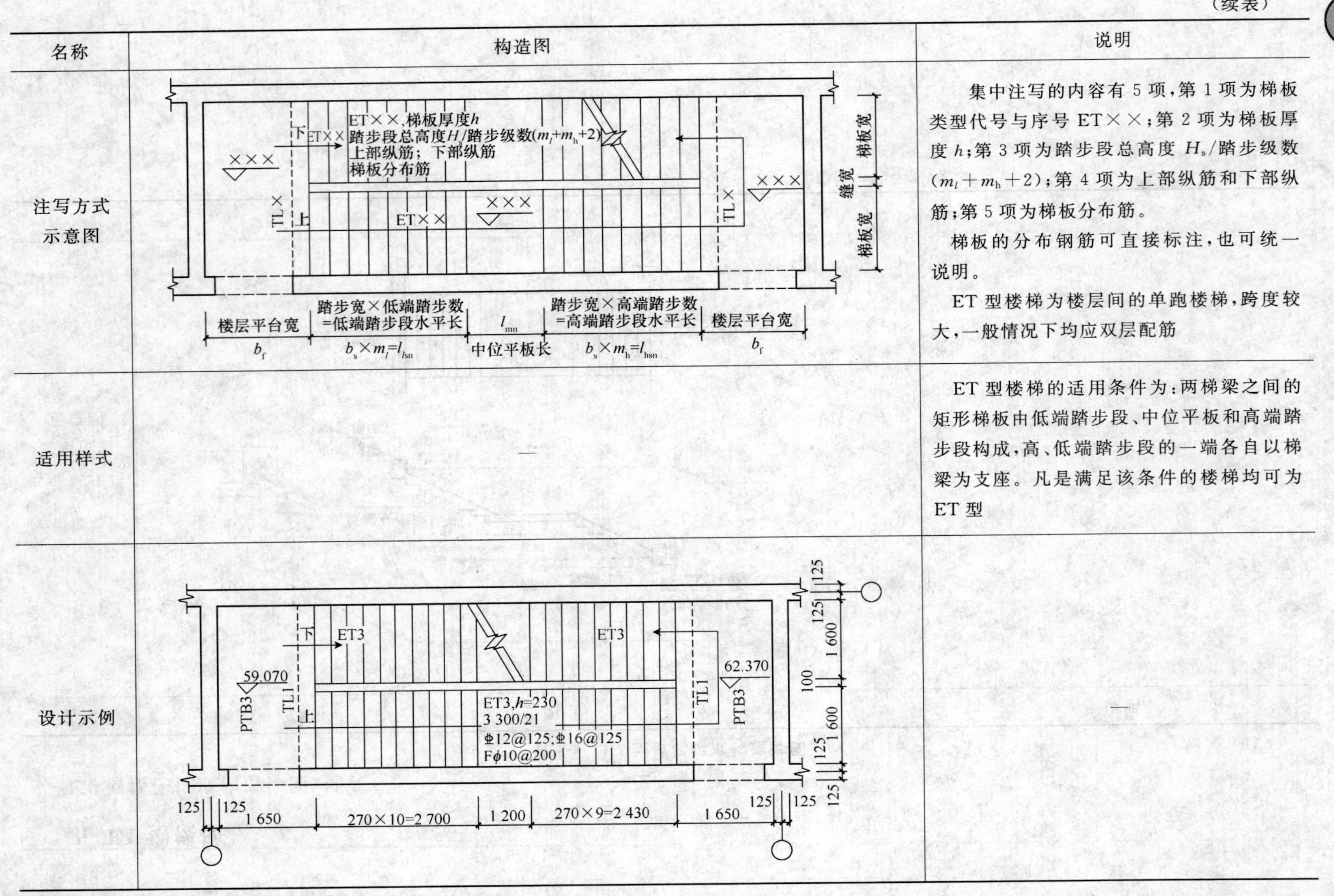	集中注写的内容有5项，第1项为梯板类型代号与序号ET××；第2项为梯板厚度h；第3项为踏步段总高度H_s/踏步级数(m_l+m_h+2)；第4项为上部纵筋和下部纵筋；第5项为梯板分布筋。 梯板的分布钢筋可直接标注，也可统一说明。 ET型楼梯为楼层间的单跑楼梯，跨度较大，一般情况下均应双层配筋
适用样式	—	ET型楼梯的适用条件为：两梯梁之间的矩形梯板由低端踏步段、中位平板和高端踏步段构成，高、低端踏步段的一端各自以梯梁为支座。凡是满足该条件的楼梯均可为ET型
设计示例	（见上图）	—

（续表）

名称	构造图	说明
配筋构造图	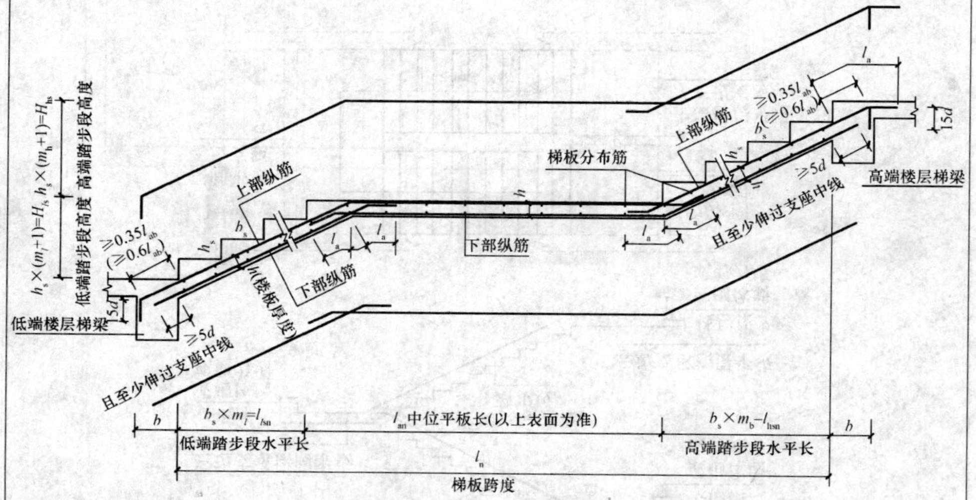	1. 当采用 HPB300 光面钢筋时，除梯板上部纵筋的跨内端头做 90°直角弯钩外，所有末端应做 180°的弯钩。 2. 图中上部纵筋锚固长度 0.35 l_{ab}用于设计按铰接的情况，括号内数据 0.6 l_{ab}用于设计考虑充分发挥钢筋抗拉强度的情况，具体工程中设计应指明采用何种情况。 3. 上部纵筋有条件时可直接伸入平台板内锚固，从支座内边算起总锚固长度不小于 l_a，如图中虚线所示。 4. 上部纵筋需伸至支座对边再向下弯折

六、FT 型楼梯

FT 型楼梯标准构造详图，见表 5-9。

表 5-9　FT 型楼梯标准构造详图

名称	构造图	说明
截面形状与支座位置示意图	三边支承楼层平板 踏步段 楼层梁或砌体墙或剪力墙 三边支承层间平板 层间梁或砌体墙或剪力墙 踏步段 三边支承楼层平板 楼层梁或砌体墙或剪力墙 上 楼层平板三边支座 层间平板三边支座 上层楼层平板三边支座	

（续表）

名称	构造图	说明
注写方式示意图	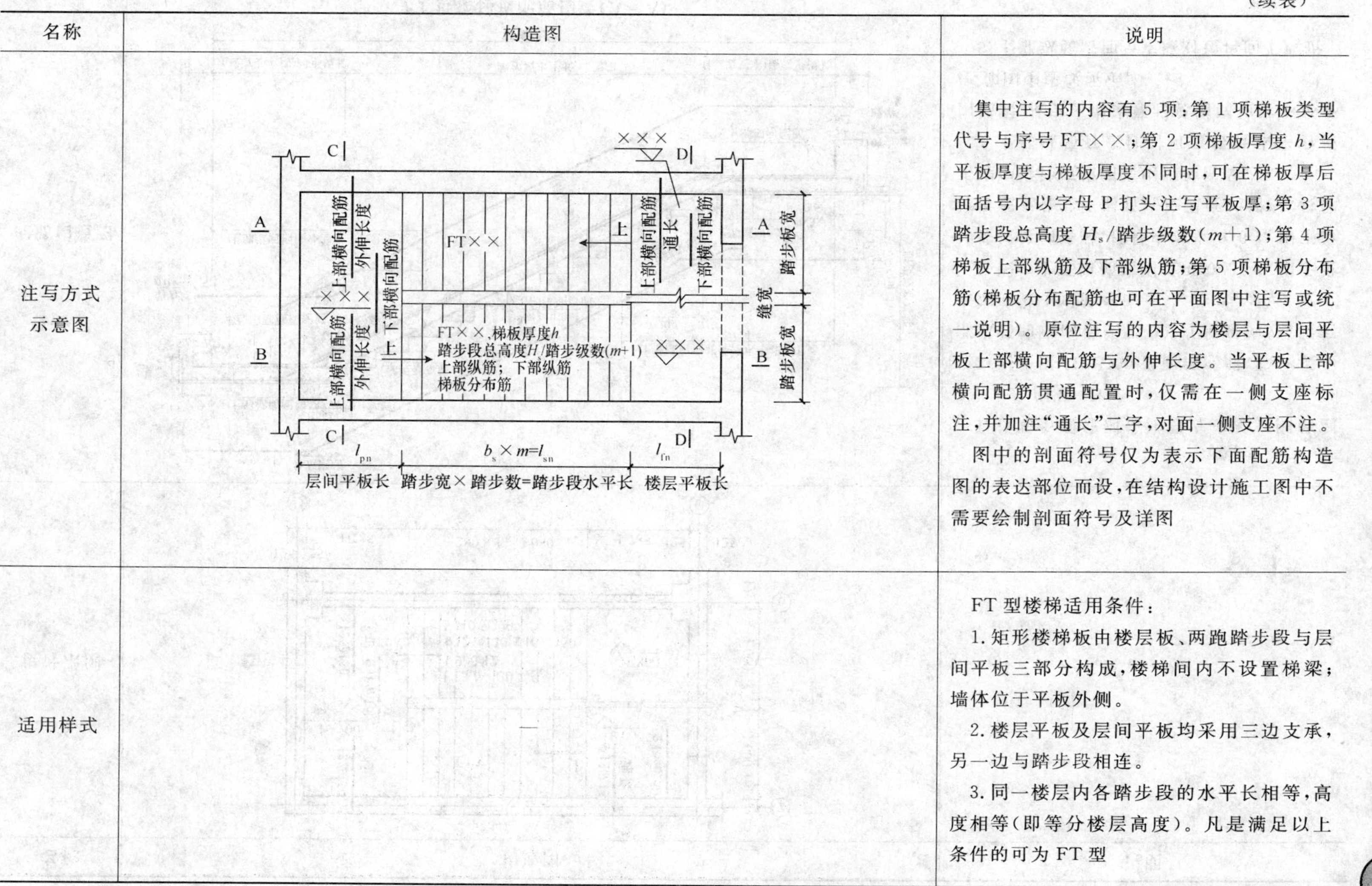	集中注写的内容有5项：第1项梯板类型代号与序号FT××；第2项梯板厚度h，当平板厚度与梯板厚度不同时，可在梯板厚后面括号内以字母P打头注写平板厚；第3项踏步段总高度H_s/踏步级数($m+1$)；第4项梯板上部纵筋及下部纵筋；第5项梯板分布筋（梯板分布配筋也可在平面图中注写或统一说明）。原位注写的内容为楼层与层间平板上部横向配筋与外伸长度。当平板上部横向配筋贯通配置时，仅需在一侧支座标注，并加注“通长”二字，对面一侧支座不注。 图中的剖面符号仅为表示下面配筋构造图的表达部位而设，在结构设计施工图中不需要绘制剖面符号及详图
适用样式	—	FT型楼梯适用条件： 1.矩形楼梯板由楼层板、两跑踏步段与层间平板三部分构成，楼梯间内不设置梯梁；墙体位于平板外侧。 2.楼层平板及层间平板均采用三边支承，另一边与踏步段相连。 3.同一楼层内各踏步段的水平长相等，高度相等（即等分楼层高度）。凡是满足以上条件的可为FT型

（续表）

名称	构造图	说明
设计示例	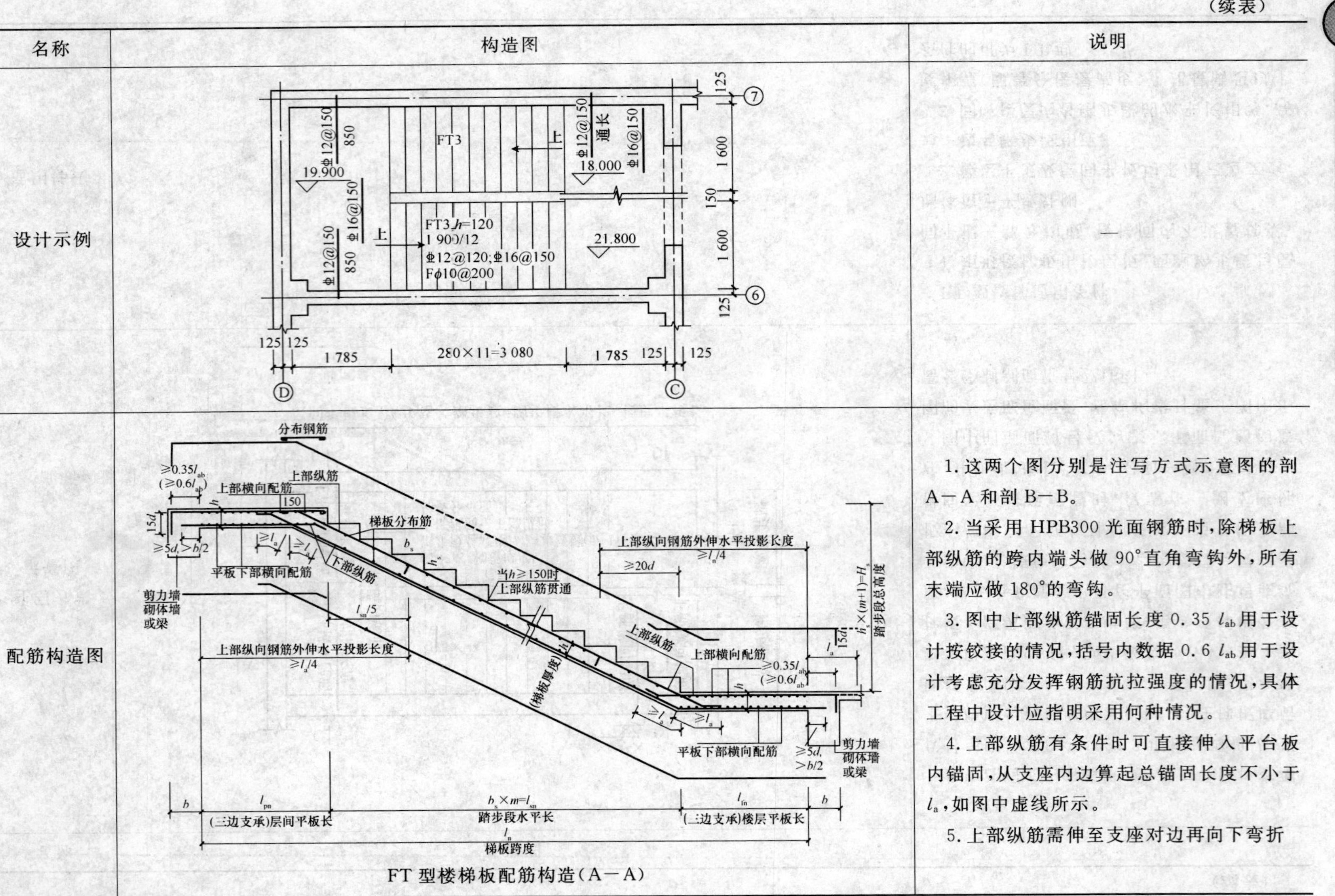	—
配筋构造图	FT 型楼梯板配筋构造（A－A）	1. 这两个图分别是注写方式示意图的剖 A－A 和剖 B－B。 2. 当采用 HPB300 光面钢筋时，除梯板上部纵筋的跨内端头做 90°直角弯钩外，所有末端应做 180°的弯钩。 3. 图中上部纵筋锚固长度 0.35 l_{ab} 用于设计按铰接的情况，括号内数据 0.6 l_{ab} 用于设计考虑充分发挥钢筋抗拉强度的情况，具体工程中设计应指明采用何种情况。 4. 上部纵筋有条件时可直接伸入平台板内锚固，从支座内边算起总锚固长度不小于 l_a，如图中虚线所示。 5. 上部纵筋需伸至支座对边再向下弯折

（续表）

名称	构造图	说明
配筋构造图	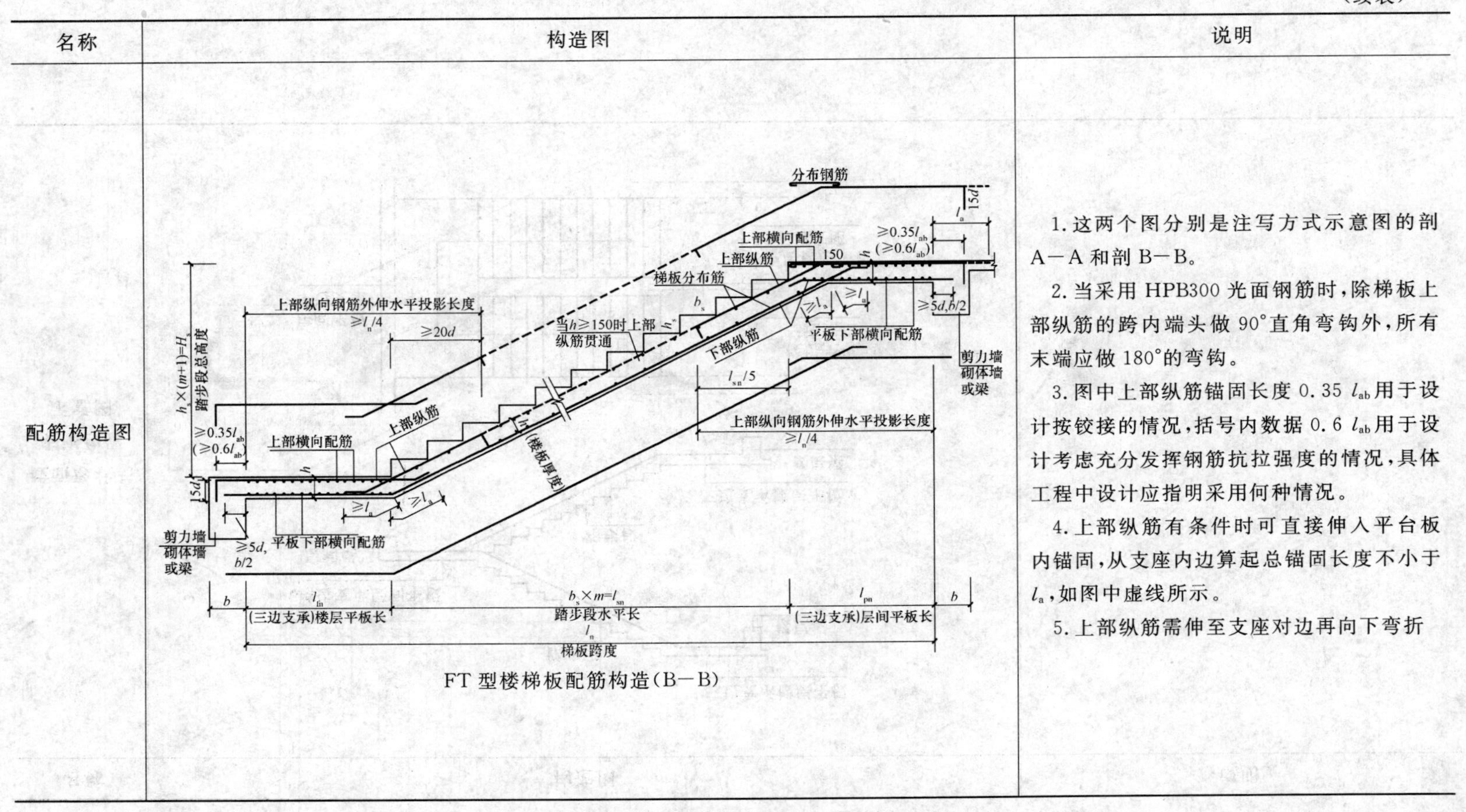FT 型楼梯板配筋构造（B－B）	1. 这两个图分别是注写方式示意图的剖 A－A 和剖 B－B。 2. 当采用 HPB300 光面钢筋时，除梯板上部纵筋的跨内端头做 90°直角弯钩外，所有末端应做 180°的弯钩。 3. 图中上部纵筋锚固长度 0.35 l_{ab} 用于设计按铰接的情况，括号内数据 0.6 l_{ab} 用于设计考虑充分发挥钢筋抗拉强度的情况，具体工程中设计应指明采用何种情况。 4. 上部纵筋有条件时可直接伸入平台板内锚固，从支座内边算起总锚固长度不小于 l_a，如图中虚线所示。 5. 上部纵筋需伸至支座对边再向下弯折

七、GT 型楼梯

GT 型楼梯标准构造详图，见表 5-10。

表 5-10　GT 型楼梯标准构造详图

名称	构造图	说明
截面形状与支座位置示意图	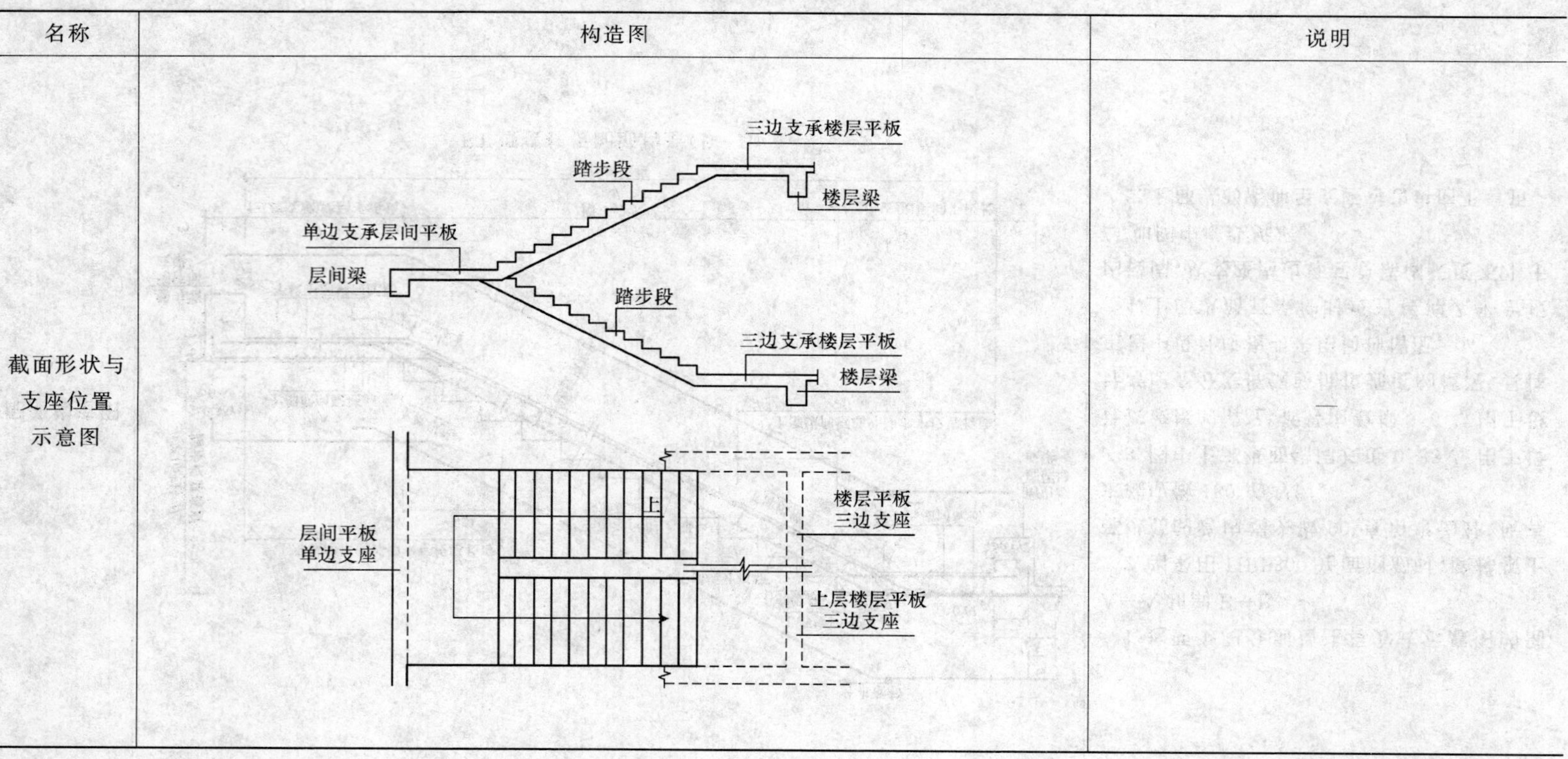	

（续表）

名称	构造图	说明
注写方式示意图	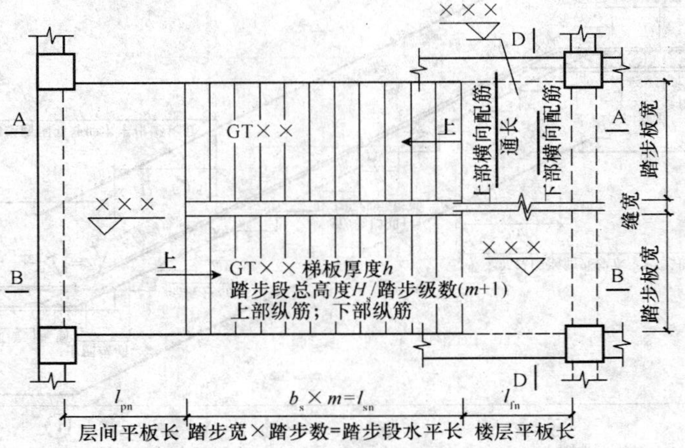 ××× D A　GT××　上　上部横向配筋　通长　下部横向配筋　A　踏步板宽 ×××　缝宽 ××× B　上　GT××梯板厚度h 踏步段总高度H/踏步级数(m+1) 上部纵筋；下部纵筋　B　踏步板宽 D l_{pn}　$b_s \times m = l_{sn}$　l_{fn} 层间平板长　踏步宽×踏步数=踏步段水平长　楼层平板长	集中注写的内容有5项：第1项梯板类型代号与序号FT××；第2项梯板厚度h，当平板厚度与梯板厚度不同时，可在梯板厚度后面括号内以字母P打头注写平板厚；第3项踏步段总高度H_s/踏步级数（$m+1$）；第4项梯板上部纵筋及下部纵筋；第5项梯板分布筋（梯板分布钢筋也可在平面图中注写或统一说明）。原位注写的内容为楼层与层间平板上部纵向与横向配筋，横向配筋的外伸长度。当平板上部横向钢筋贯通配置时，仅需在一侧支座标注，并加注“通长”二字，对面一侧支座不注。 图中的剖面符号仅为表示下面配筋构造图的表达部位而设，在结构设计施工图中不需要绘制剖面符号及详图
适用条件	—	GT型楼梯的适用条件为： 1. 楼梯间内不设置梯梁，矩形梯板由楼层平板、两跑踏步段与层间平板三部分构成。 2. 楼层平板采用三边支承，另一边与踏步段的一端相连；层间平板采用单边支承，对边与踏步段的另一端相连，另外两相对侧边为自由边。 3. 同一楼层内各踏步段的水平长度相等，高度相等（即等分楼层高度）。凡是满足以上条件的均可为GT型

（续表）

名称	构造图	说明
设计示例	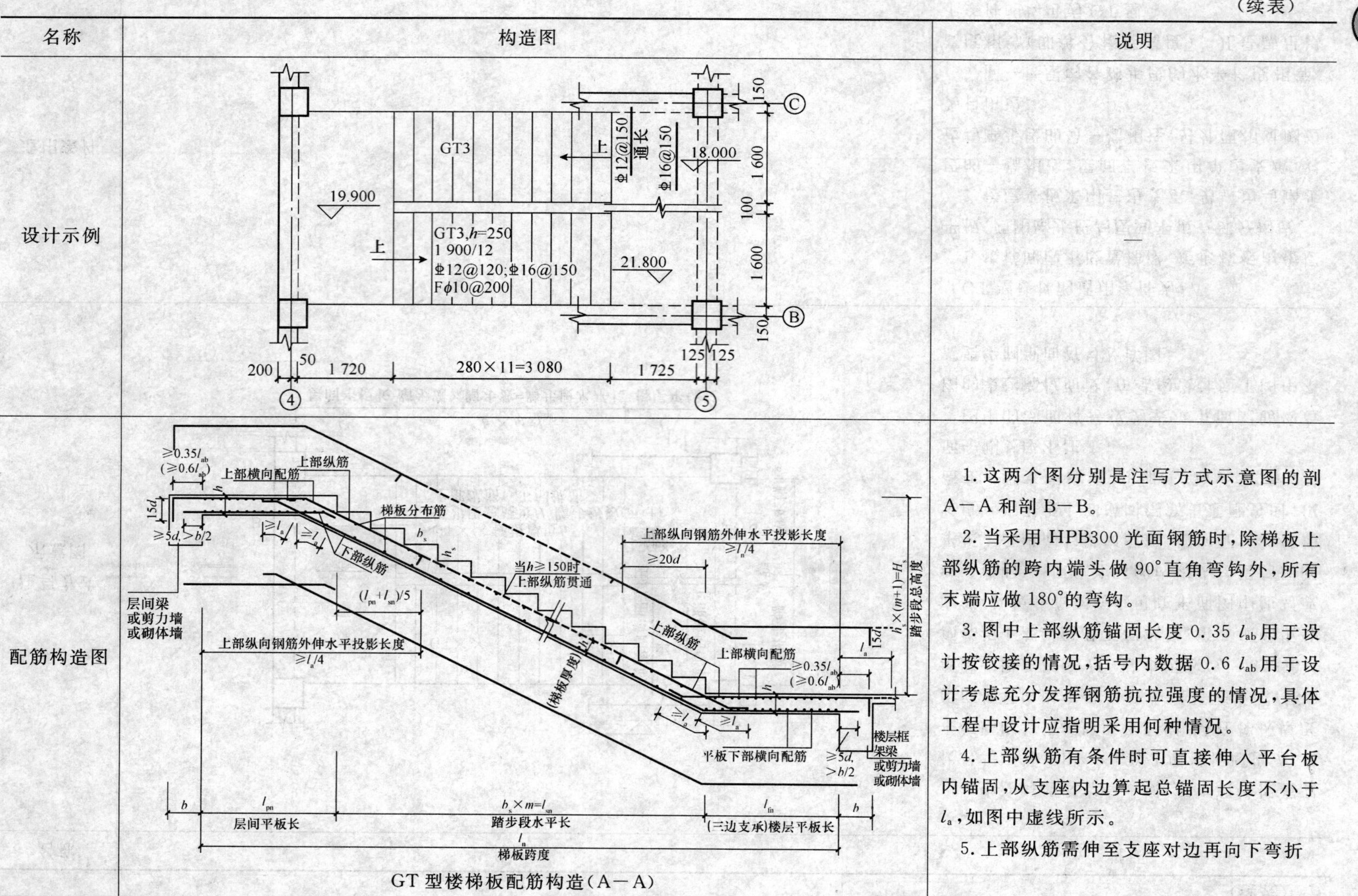	—
配筋构造图	GT 型楼梯板配筋构造（A—A）	1. 这两个图分别是注写方式示意图的剖A—A 和剖 B—B。 2. 当采用 HPB300 光面钢筋时，除梯板上部纵筋的跨内端头做 90°直角弯钩外，所有末端应做 180°的弯钩。 3. 图中上部纵筋锚固长度 0.35 l_{ab} 用于设计按铰接的情况，括号内数据 0.6 l_{ab} 用于设计考虑充分发挥钢筋抗拉强度的情况，具体工程中设计应指明采用何种情况。 4. 上部纵筋有条件时可直接伸入平台板内锚固，从支座内边算起总锚固长度不小于 l_a，如图中虚线所示。 5. 上部纵筋需伸至支座对边再向下弯折

（续表）

名称	构造图	说明
配筋构造图	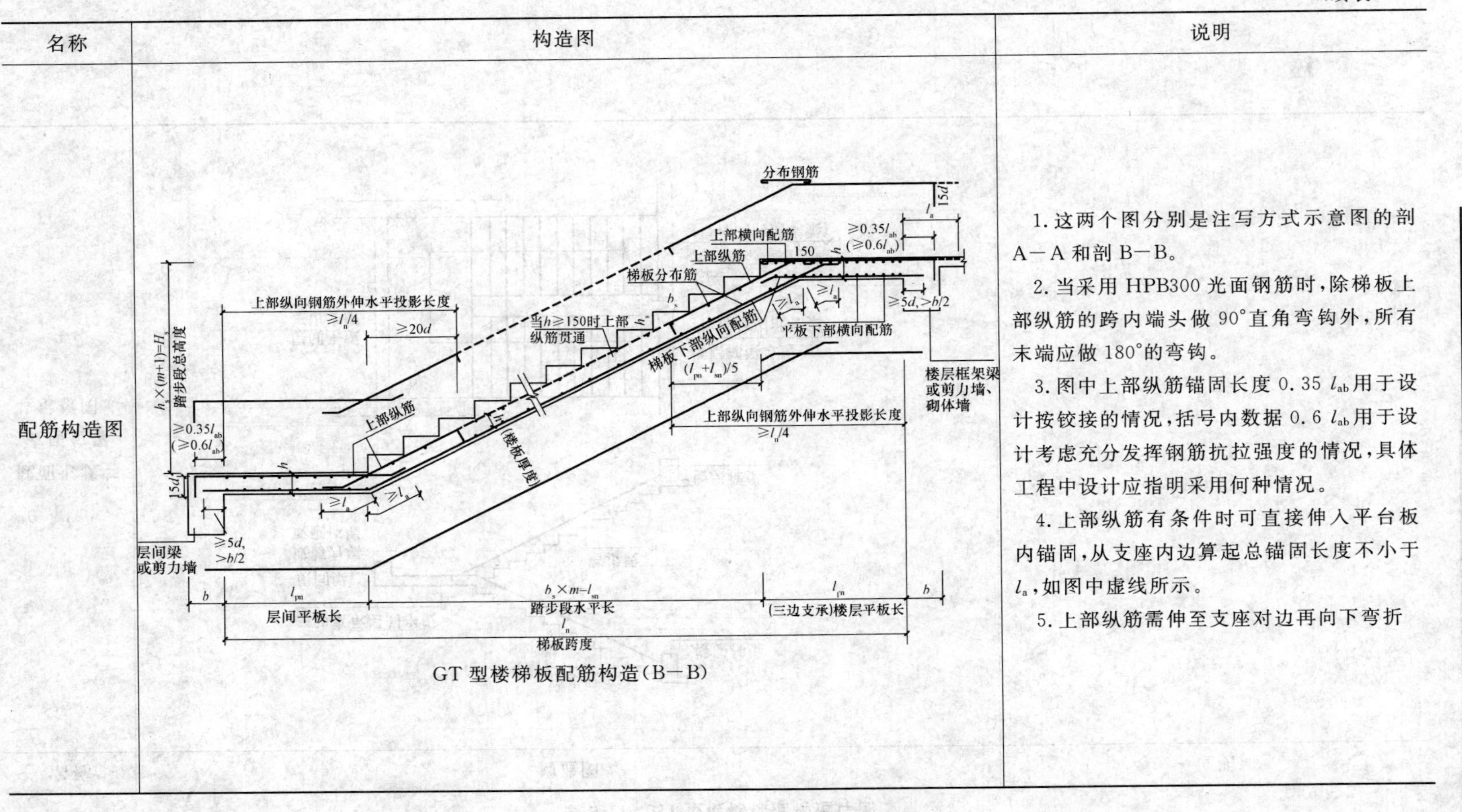 GT 型楼梯板配筋构造（B—B）	1.这两个图分别是注写方式示意图的剖A—A和剖B—B。 2.当采用HPB300光面钢筋时，除梯板上部纵筋的跨内端头做90°直角弯钩外，所有末端应做180°的弯钩。 3.图中上部纵筋锚固长度0.35 l_{ab}用于设计按铰接的情况，括号内数据0.6 l_{ab}用于设计考虑充分发挥钢筋抗拉强度的情况，具体工程中设计应指明采用何种情况。 4.上部纵筋有条件时可直接伸入平台板内锚固，从支座内边算起总锚固长度不小于l_a，如图中虚线所示。 5.上部纵筋需伸至支座对边再向下弯折

八、HT 型楼梯

HT 型楼梯标准构造详图，见表 5-11。

表 5-11　HT 型楼梯标准构造详图

名称	构造图	说明
截面形状与支座位置示意图		

（续表）

名称	构造图	说明
注写方式示意图	C C A B 上部横向配筋 外伸长度 ××× 上部横向配筋 外伸长度 下部横向配筋 HT× 上 HT××，梯板厚度h 踏步段总高度H/踏步级数$(m+1)$ 上部纵筋；下部纵筋 层间平板下部横向配筋 上 ××× TLX ××× A B 踏步板宽 缝宽 踏步板宽 梯梁宽 l_{pn} $b_s \times m = l_{sn}$ b b_{fn} 层间平板长 踏步宽×踏步数=踏步段水平长 楼层平台板宽	集中注写的内容有5项：第1项梯板类型代号与序号HT××；第2项梯板厚度h，当平板厚度与梯板厚度不同时，可在梯板厚度后面括号内以字母P打头注写平板厚；第3项踏步段总高度H_s/踏步级数$(m+1)$；第4项梯板上部纵筋及下部纵筋；第5项梯板分布筋（梯板分布钢筋也可在平面图中注写或统一说明）。原位注写的内容为楼层与层间平板上部纵向与横向配筋，横向配筋的外伸长度。当平板上部横向钢筋贯通配置时，仅需在一侧支座标注，并加注“通长”二字，对面一侧支座不注。 图中的剖面符号仅为表示下面配筋构造详图的表达部位而设，在结构设计施工图中不需要绘制剖面符号及详图
适用条件	—	1. 楼梯间设置楼层梯梁，但不设置层间梯梁；矩形梯板由两跑踏步段与层间平台板两部分构成。 2. 层间平台板采用三边支承，另一边与踏步段的一端相连，踏步段的另一端以楼层梯梁为支座。 3. 同一楼层内各踏步段的水平长度相等，高度相等（即等分楼层高度）。凡是满足以上要求的可为HT型，如双跑楼梯，双分楼梯等

（续表）

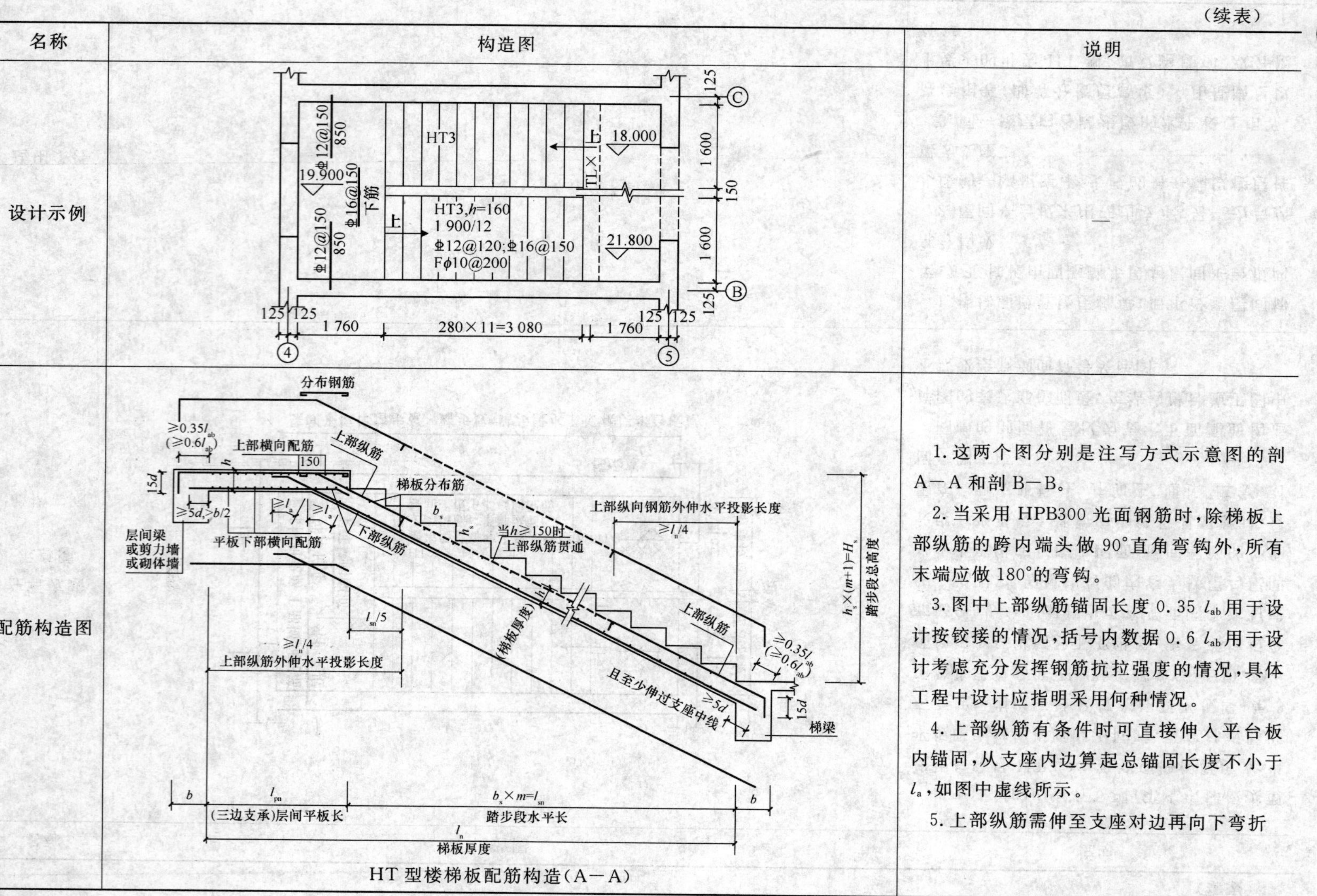

名称	构造图	说明
设计示例	（见上图）	—
配筋构造图	HT 型楼梯板配筋构造（A－A）	1. 这两个图分别是注写方式示意图的剖A－A和剖B－B。 2. 当采用HPB300光面钢筋时，除梯板上部纵筋的跨内端头做90°直角弯钩外，所有末端应做180°的弯钩。 3. 图中上部纵筋锚固长度0.35 l_{ab}用于设计按铰接的情况，括号内数据0.6 l_{ab}用于设计考虑充分发挥钢筋抗拉强度的情况，具体工程中设计应指明采用何种情况。 4. 上部纵筋有条件时可直接伸入平台板内锚固，从支座内边算起总锚固长度不小于l_a，如图中虚线所示。 5. 上部纵筋需伸至支座对边再向下弯折

（续表）

名称	构造图	说明
配筋构造图	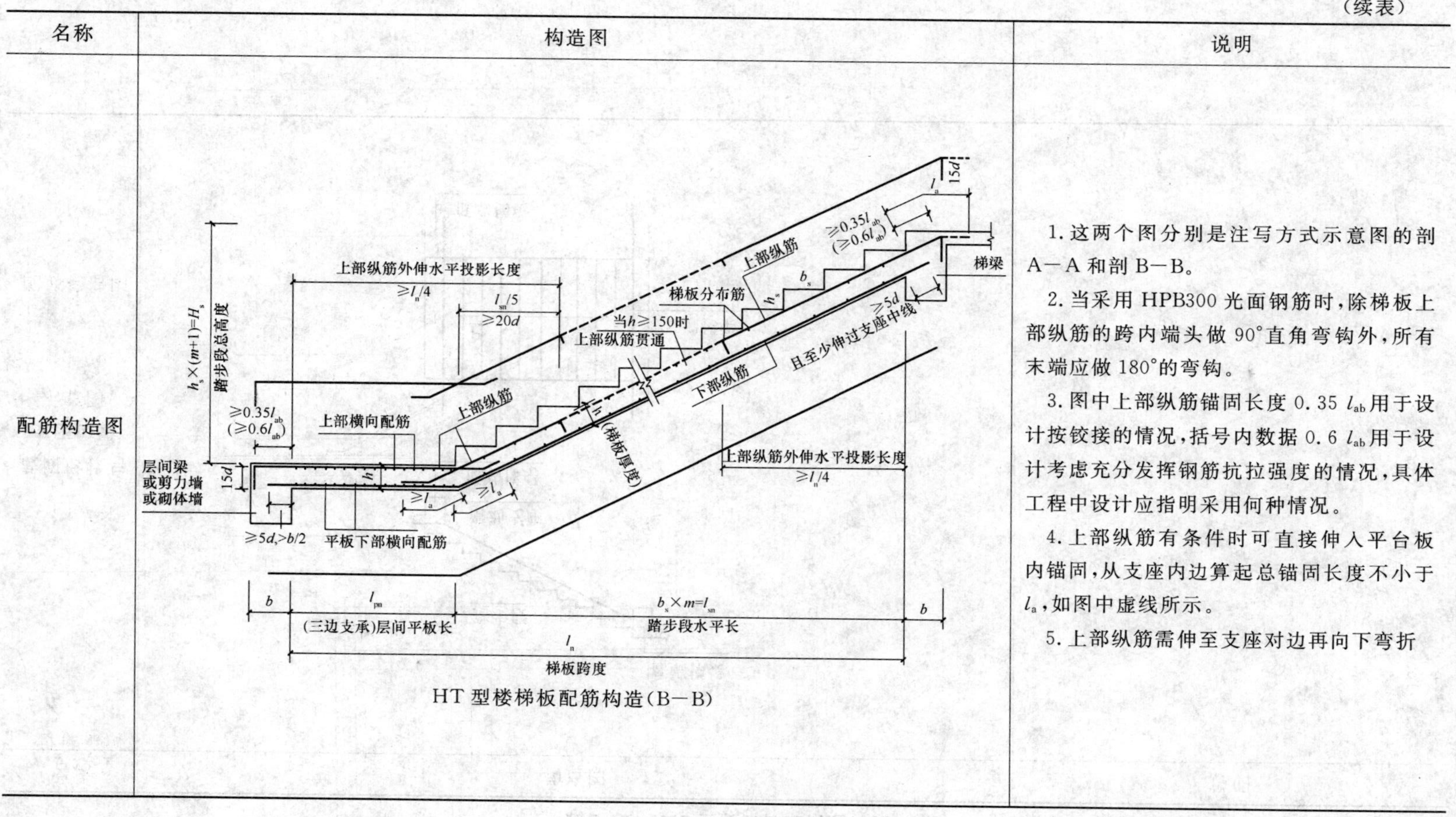 HT 型楼梯板配筋构造(B—B)	1. 这两个图分别是注写方式示意图的剖A—A 和剖 B—B。 2. 当采用 HPB300 光面钢筋时，除梯板上部纵筋的跨内端头做 90°直角弯钩外，所有末端应做 180°的弯钩。 3. 图中上部纵筋锚固长度 0.35 l_{ab} 用于设计按铰接的情况，括号内数据 0.6 l_{ab} 用于设计考虑充分发挥钢筋抗拉强度的情况，具体工程中设计应指明采用何种情况。 4. 上部纵筋有条件时可直接伸入平台板内锚固，从支座内边算起总锚固长度不小于 l_a，如图中虚线所示。 5. 上部纵筋需伸至支座对边再向下弯折

九、ATa 型楼梯

1. ATa 型楼梯标准构造详图(见表 5-12)

表 5-12　ATa 型楼梯标准构造详图

名称	构造图	说明
截面形状与支座位置示意图	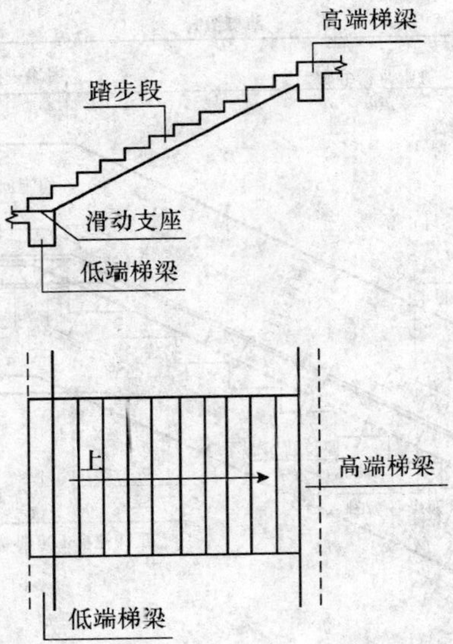 高端梯梁 踏步段 滑动支座 低端梯梁 上 高端梯梁 低端梯梁	—

（续表）

名称	构造图	说明
注写方式示意图	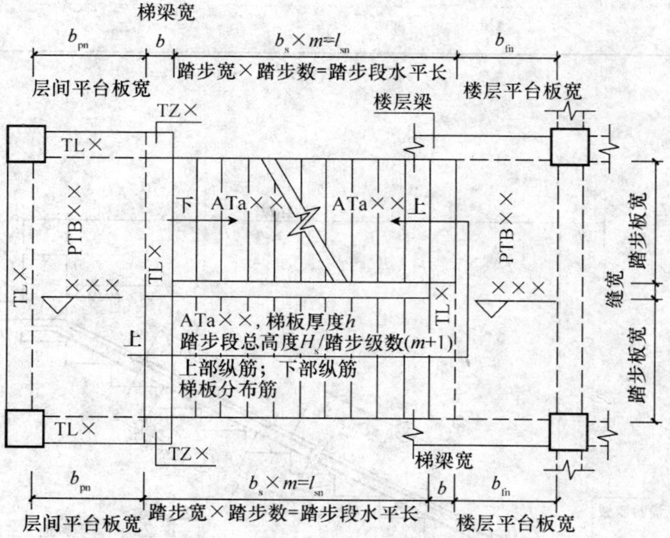 梯梁宽 b_{pn} b $b_s\times m=l_{sn}$ b_{fn} 层间平台板宽 踏步宽×踏步数=踏步段水平长 楼层平台板宽 TZ× 楼层梁 TL× PTB×× ××× 下 ATa×× ATa×× 上 TL× 缝宽 踏步板宽 ATa××，梯板厚度h 踏步段总高度H_s/踏步级数$(m+1)$ 上部纵筋；下部纵筋 梯板分布筋 TZ× 梯梁宽 b_{pn} $b_s\times m=l_{sn}$ b b_{fn} 层间平台板宽 踏步宽×踏步数=踏步段水平长 楼层平台板宽	1 集中注写的内容有 5 项，第 1 项为梯板类型代码与序号 ATa××；第 2 项为梯板厚度 h；第 3 项为踏步段总高度 H_s/踏步级数（$m+1$）；第 4 项为上部纵筋及下部纵筋；第 5 项为梯板分布筋。 2. 梯板分布筋可直接标注，也可统一说明。 3. 设计时应注意，当 ATa 作为两跑楼梯中的一跑时，上下梯段平面位置错开一个踏步宽
适用条件	—	两梯梁之间的矩形梯板全部由踏步段构成，即踏步段两端均以梯梁为支座，且梯板低端支承处做成滑动支座，滑动支座直接落在梯梁上。框架结构中，楼梯中间平台通常设梯柱、梁，中间平台可与框架柱连接

（续表）

名称	构造图	说明
配筋构造图	③ ③ 附加纵筋2Φ20(一、二级) 2Φ16(三、四级) ② h ① ③ 1—1 附加纵筋2Φ20(一、二级) 2Φ16(三、四级) l_{aE} l_{aE} 上部纵筋伸进平台板 高端梯梁 b_s 上部纵筋 ② h_s h(梯板厚度) 下部纵筋 ① 分布筋 ③ 分布筋 ③ b_s 滑动支座 低端梯梁 $b_s\times(m+1)=H_s$ 踏步段高度 b $b_s\times m-l_{sn}$ 梯板跨度 b	当采用 HPB300 光面钢筋时，除梯板上部纵筋的跨内端头做 90°直角弯钩外，所有末端应做 180°的弯钩

2. ATa 型楼梯滑动支座构造图(图 5-1)

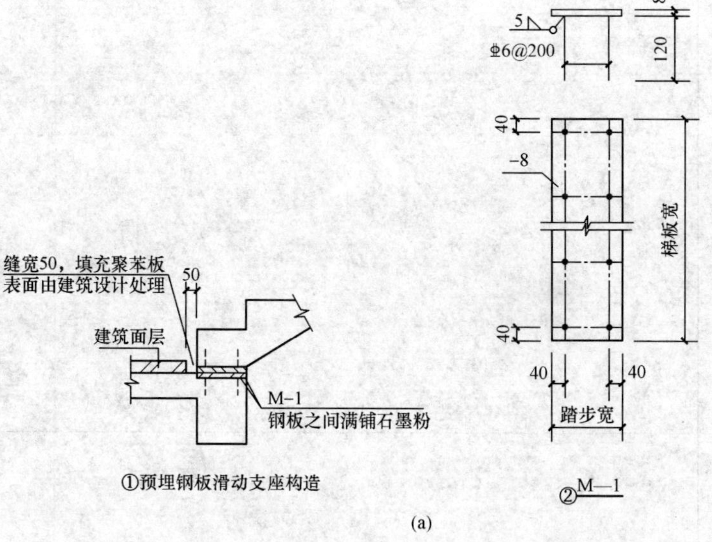

(a)

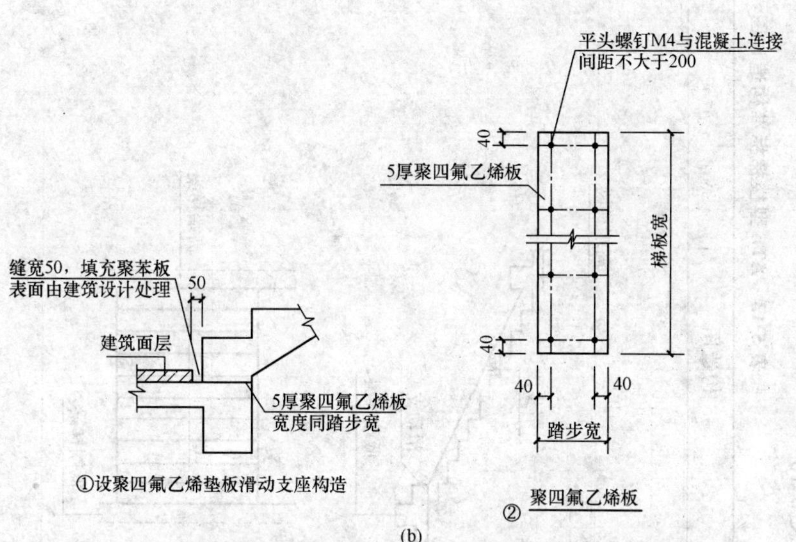

(b)

图 5-1　ATa 型楼梯滑动支座构造图

(a)预埋钢板；(b)设聚四氟乙烯垫板(梯段浇筑时应在垫板上铺设塑料薄膜)

十、ATb 型楼梯

1. ATb 型楼梯标准构造详图(见表 5-13)

表 5-13　ATb 型楼梯标准构造详图

名称	构造图	说明
截面形状与支座位置示意图	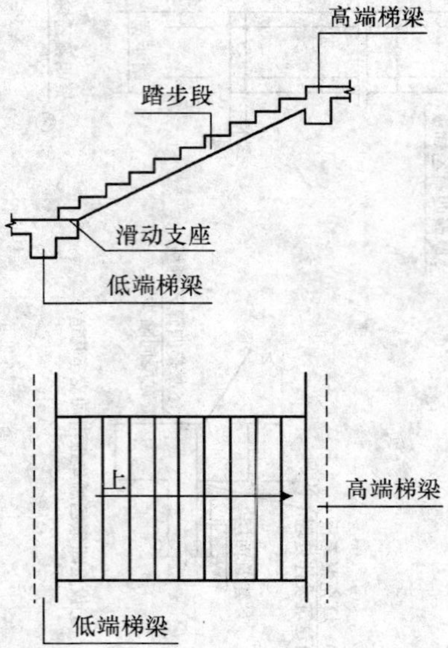	—

（续表）

名称	构造图	说明
注写方式示意图	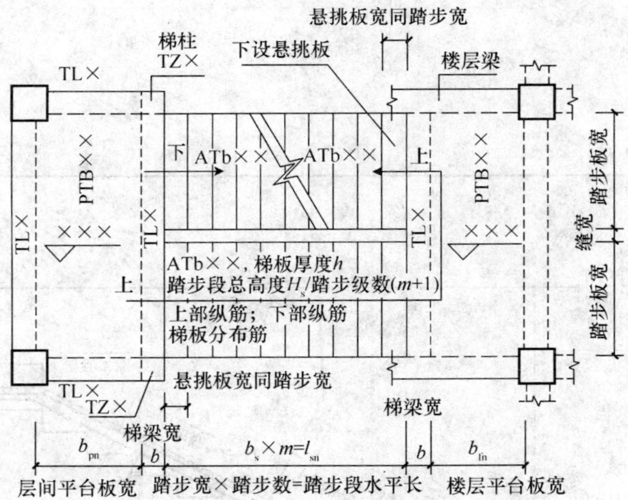 悬挑板宽同踏步宽 梯柱 TZ×　下设悬挑板　楼层梁 TL×　PTB××　×××　下　ATb××　ATb××　上　TL×　PTB××　××× ATb××，梯板厚度h 踏步段总高度H_s/踏步级数(m+1) 上部纵筋；下部纵筋 梯板分布筋 踏步板宽　缝宽　踏步板宽 TL×　TZ×　悬挑板宽同踏步宽　梯梁宽　梯梁宽 b_{pn}　b　$b_s \times m = l_{sn}$　b　b_{fn} 层间平台板宽　踏步宽×踏步数=踏步段水平长　楼层平台板宽	1. 集中注写的内容有 5 项，第 1 项为梯板类型代码与序号 ATa××；第 2 项为梯板厚度 h；第 3 项为踏步段总高度 H_s/踏步级数（m+1）；第 4 项为上部纵筋及下部纵筋；第 5 项为梯板分布筋。 2. 梯板分布筋可直接标注，也可统一说明
适用样式	—	两梯梁之间的矩形梯板全部由踏步段构成，即踏步段两端均以梯梁为支座，且梯板低端支承处做成滑动支座，滑动支座直接落在梯梁上。框架结构中，楼梯中间平台通常设梯柱、梁，中间平台可与框架柱连接

（续表）

名称	构造图	说明
配筋构造图	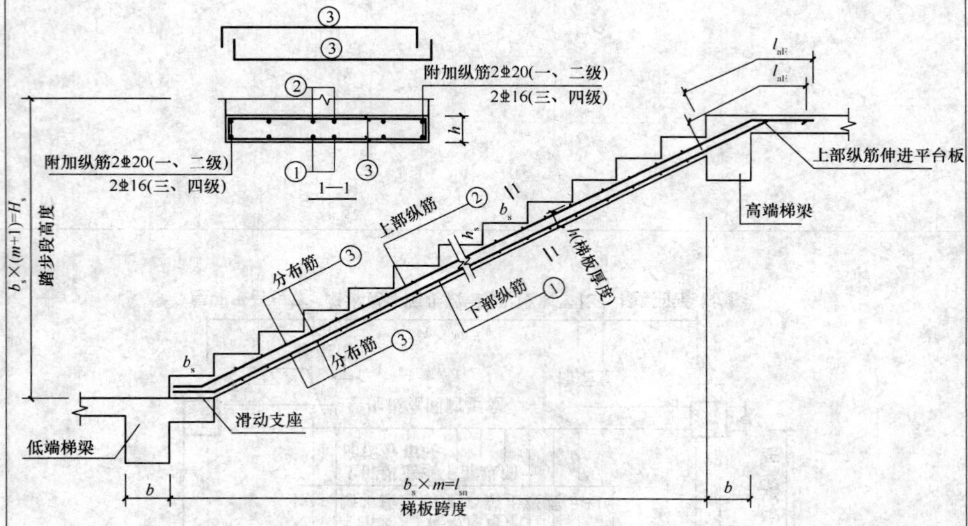	当采用 HPB300 光面钢筋时，除梯板上部纵筋的跨内端头做 90°直角弯钩外，所有末端应做 180°的弯钩

2. ATb 型楼梯滑动支座构造图(图 5-2)

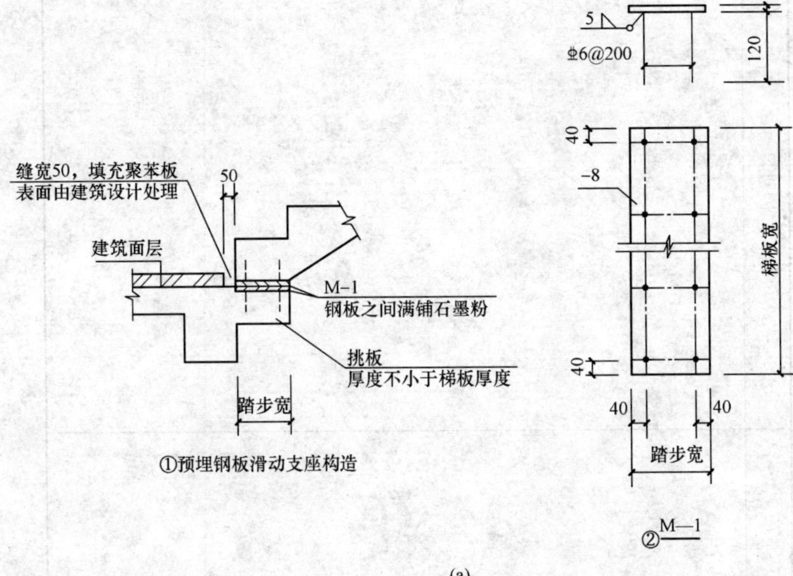

(a)

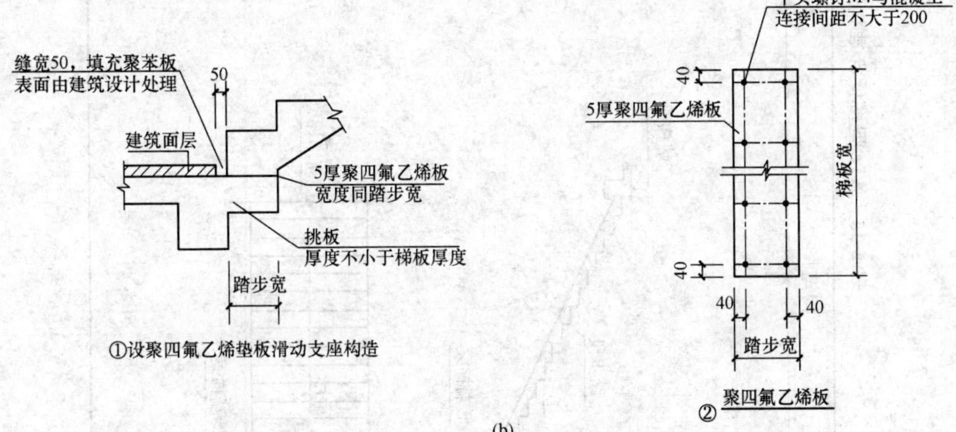

(b)

图 5-2　ATb 型楼梯滑动支座构造图

(a)预埋钢板；(b)设聚四氟乙烯垫板(梯段浇筑时应在垫板上铺设塑料薄膜)

十一、ATc 型楼梯

ATc 型楼梯标准构造详图，见表 5-14。

表 5-14 ATc 型楼梯标准构造详图

名称	构造图	说明
截面形状与支座位置示意图		—

（续表）

名称	构造图	说明
注写方式示意图	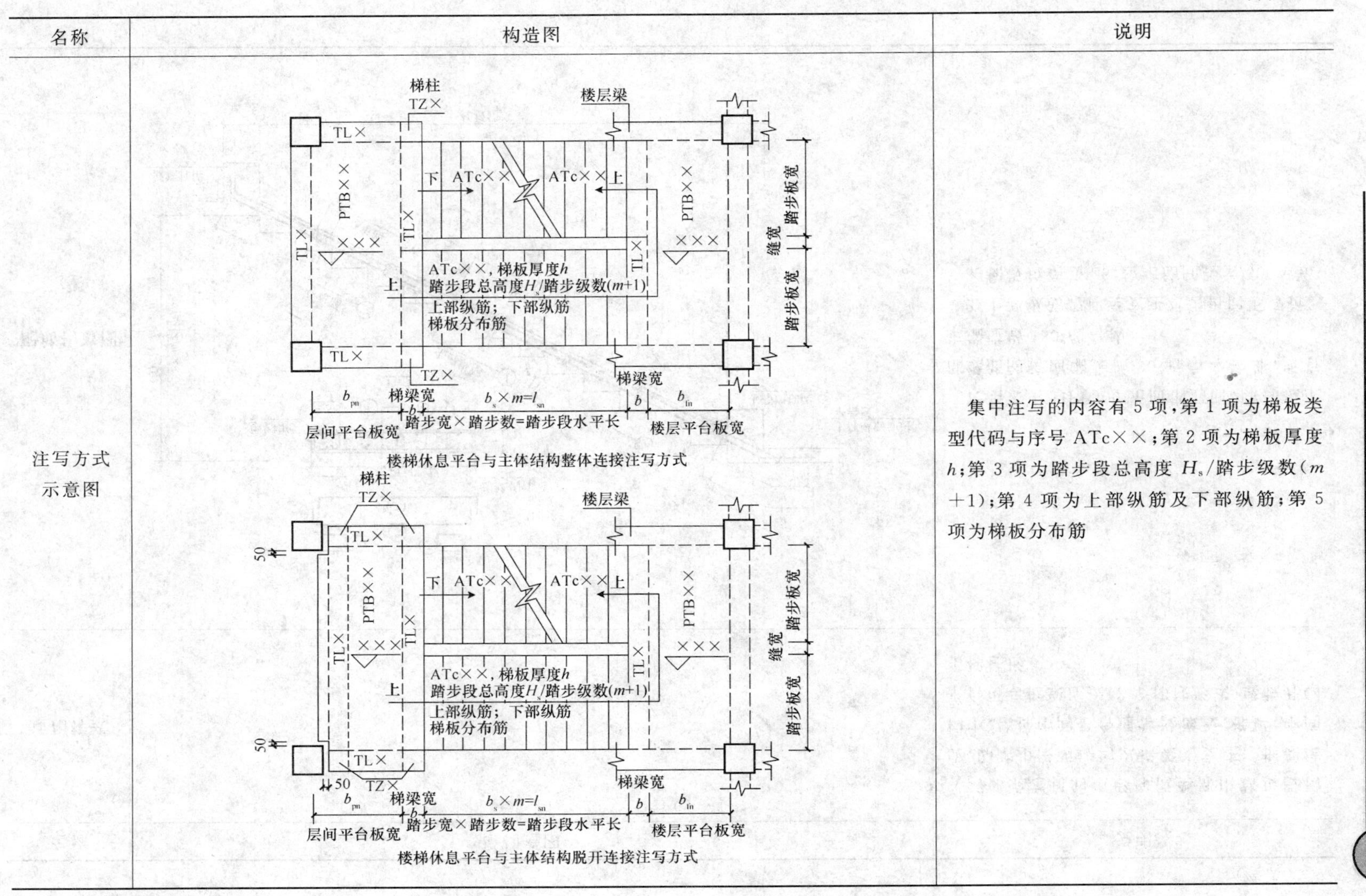楼梯休息平台与主体结构整体连接注写方式 楼梯休息平台与主体结构脱开连接注写方式	集中注写的内容有5项，第1项为梯板类型代码与序号ATc××；第2项为梯板厚度h；第3项为踏步段总高度H_s/踏步级数（m+1）；第4项为上部纵筋及下部纵筋；第5项为梯板分布筋

（续表）

名称	构造图	说明
适用样式	—	两梯梁之间的矩形梯板全部由踏步段构成，即踏步段两端均以梯梁为支座。框架结构中，楼梯中间平台通常设梯板、梯梁，中间平台可与框架连接（2 个梯柱形式）或脱开（4 个梯柱形式）
配筋构造图	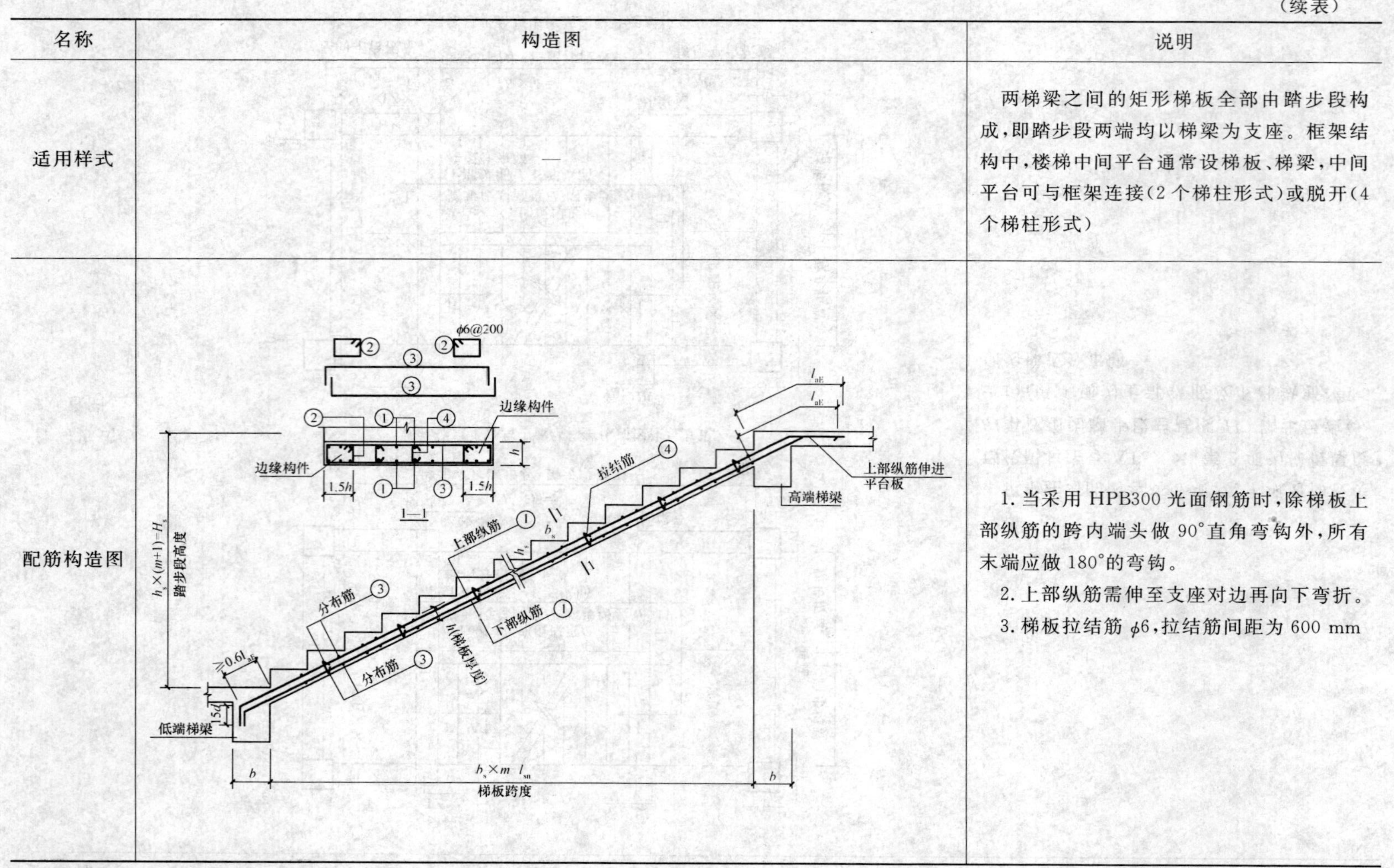	1. 当采用 HPB300 光面钢筋时，除梯板上部纵筋的跨内端头做 90°直角弯钩外，所有末端应做 180°的弯钩。 2. 上部纵筋需伸至支座对边再向下弯折。 3. 梯板拉结筋 φ6，拉结筋间距为 600 mm

参考文献

[1]中华人民共和国住房和城乡建设部.混凝土结构设计规范(GB 50010—2010)[S].北京:中国建筑工业出版社,2010.

[2]中华人民共和国住房和城乡建设部.混凝土结构工程施工质量验收规范(GB 50204—2002)(2011版)[S].北京:中国建筑工业出版社,2011.

[3]中华人民共和国住房和城乡建设部.钢筋焊接及验收规程(JGJ 18—2012)[S].北京:中国建筑工业出版社,2012.

[4]中国建筑标准设计研究院.混凝土结构施工图平面整体表示方法制图规则和结构详图(现浇混凝土框架、剪力墙、梁、板)(11G101—1)[S].北京:中国建筑标准设计研究院,2011.

[5]中国建筑标准设计研究院.混凝土结构施工图平面整体表示方法制图规则和结构详图(现浇混凝土板式楼梯)(11G101－2)[S].北京:中国建筑标准设计研究院,2011.

[6]中国建筑标准设计研究院.混凝土结构施工图平面整体表示方法制图规则和结构详图(独立基础、条形基础、筏形基础及桩基承台)(11G101－3)[S].北京:中国建筑标准设计研究院,2011.

[7]陈达飞.平法识图与钢筋计算[M].北京:中国建筑工业出版社,2010.

[8]王武奇.钢筋工程量计算[M].北京:中国建筑工业出版社,2010.

[9]何辉.工程算量技能实训[M].北京:中国建筑工业出版社,2011.

[10]李文渊、彭波.平法钢筋识图算量[M].北京:中国建筑工业出版社,2009.

[11]靳晓勇.土木工程现场施工技术细节丛书——钢筋工[M].北京:化学工业出版社,2007.

[12]曹照平.钢筋工程便携手册[M].北京:机械工业出版社,2007.

我们提供

图书出版、图书广告宣传、企业/个人定向出版、设计业务、企业内刊等外包、代选代购图书、团体用书、会议、培训，其他深度合作等优质高效服务。

编辑部 010-88386904

图书广告 010-68361706

出版咨询 010-68343948

图书销售 010-68001605

设计业务 010-88376510转1008

邮箱：jccbs-zbs@163.com　　网址：www.jccbs.com.cn

发展出版传媒　服务经济建设

传播科技进步　满足社会需求

（版权专有，盗版必究。未经出版者预先书面许可，不得以任何方式复制或抄袭本书的任何部分。举报电话：010-68343948）